W0261846

J. Pawlowski

Die Ähnlichkeitstheorie in der physikalisch-technischen Forschung

Grundlagen und Anwendung

Springer-Verlag Berlin · Heidelberg · New York 1971

Dr. phil. JURI PAWLOWSKI
Farbenfabriken Bayer AG

Mit 45 Abbildungen

ISBN-13:978-3-642-65096-3   e-ISBN-13:978-3-642-65095-6
DOI: 10.1007/978-3-642-65095-6

Library of Congress Catalog Card Number 74-140509

Vorwort

Die ähnlichkeitstheoretischen Methoden sind längst zu einem wichtigen Instrument der ingenieurwissenschaftlichen Forschung geworden. Das vorliegende Buch, das aus den Seminarkursen hervorgegangen ist, die vom Verfasser 1966 bis 1969 in den Farbenfabriken Bayer in Leverkusen durchgeführt wurden, hat zum Ziel, dem ingenieurwissenschaftlich tätigen Forscher und dem Studierenden einen vertieften Einblick in die Methoden der Ähnlichkeitstheorie zu vermitteln.

Da man diese Methode nur dann sicher und sachkritisch auf Forschungsprobleme anwenden kann, wenn über ihre Grundlagen und ihre Tragweite Klarheit besteht, werden im 1. Kapitel die erkenntnistheoretische Basis und die logische Struktur der Dimensionstheorie ausführlich und didaktisch neu durchgeformt behandelt: Den Ausgangspunkt bildet die Darstellung von physikalischen und technischen Sachverhalten als mengentheoretische Relationen zwischen physikalischen Größen, aus der heraus u. a. die Fragen der grundsätzlichen mathematischen Formulierbarkeit der physikalisch-technischen Zusammenhänge, der Invarianz und der dimensionslosen Darstellbarkeit von physikalischen Beziehungen sowie die formal-logische Natur des Dimensionsbegriffes zwanglos und folgerichtig diskutiert werden.

Die methodologischen Fragen der Anwendung der Ähnlichkeitstheorie werden im 2. Kapitel ausführlich diskutiert. Man ist beim Erforschen von komplexen physikalisch-technischen Sachverhalten, für die eine theoretisch fundierte mathematische Formulierung des Problems nicht vorliegt, häufig auf die Dimensionsanalyse der problemrelevanten Größen und die Aufstellung eines vollständigen Satzes voneinander linearunabhängiger dimensionsloser Größen (pi-Größen) angewiesen. Es werden u. a. formal-logische Bedingungen erörtert, denen eine physikalisch konsistente Menge von problemrelevanten Größen zu genügen hat, und ein auf das notwendige Minimum reduziertes Verfahren zur Ermittlung von vollständigen pi-Sätzen erläutert. Ferner wird eine bisher kaum beachtete Möglichkeit einer verschärften Dimensionsanalyse diskutiert, die auf dem Wechsel von Dimensionssystemen beruht.

Das 3. Kapitel ist einem bisher systematisch noch nicht diskutierten Problem, der Anwendung der ähnlichkeitstheoretischen Methoden auf Vorgänge mit veränderlichen, z. B. temperaturabhängigen, Stoffgrößen, gewidmet. Im Mittelpunkt der Diskussion steht einerseits die ähnlichkeitstheoretische Darstellung der Stoffunktionen, insbesondere die Möglichkeit einer bezugsinvarianten Approximation, und andererseits die für die experimentelle Forschung entscheidende Frage der Erweiterung des dimensionslosen Darstellungsraumes (pi-Raumes), die dieser erfährt, wenn man den Übergang von Vorgängen mit konstanten Stoffgrößen zu solchen mit veränderlichen Stoffgrößen vollzieht. Die grundsätzlichen Ausführungen werden an einigen konkreten Problemen theoretischer und experimenteller Natur erläutert.

Das Ähnlichkeitsprinzip und die Modelltheorie, die besonders in der verfahrenstechnischen Praxis eine große Bedeutung haben, werden im 4. Kapitel behandelt. Bei dimensionsloser Darstellung von physikalisch-technischen Sachverhalten entsprechen jedem Zustandspunkt des pi-Raumes unendlich viele grundsätzliche Realisierungsmöglichkeiten, die allerdings durch physikalische Gegebenheiten eingeschränkt sind. Darauf beruht die *analytische* Konzeption des Ähnlichkeitsprinzips, die sich besonders bei schwierigeren Problemen der Modellübertragung bewährt. Es wird an einer Modellübertragungsstudie gezeigt, wie man durch geeignete Arbeitshypothesen auch bei einem Vorgang, der sich an *einem* Modell nicht vollständig realisieren läßt, zu den Aussagen über die Hauptausführung gelangen kann.

Im 5. Kapitel wird die ebenfalls noch wenig diskutierte ähnlichkeitstheoretische Erfassung von Vorgängen in Verbindung mit beliebigen rheologischen Stoffen systematisch erörtert. Das Problem weist weitgehende Analogien zur Erfassung von Vorgängen mit veränderlichen Stoffgrößen auf: Es werden aus der dimensionsanalytischen Diskussion der rheologischen Zustandsgleichungen Schlußfolgerungen über die Erweiterung des pi-Raumes beim Übergang von einem Newtonschen zu dem analogen nicht-Newtonschen Fall gezogen, aus denen sich einige Konsequenzen für die Ähnlichkeitsübertragungen ergeben.

Während es in den ersten 5 Kapiteln um die Ähnlichkeitstheorie als solche geht und die vielen Beispiele nur als Erläuterungen dienen, steht im 6. Kapitel ein konkretes Sachproblem — eine umfassende ähnlichkeitstheoretische Diskussion der verfahrenstechnischen Eigenschaften von einspindeligen Schnecken — im Vordergrund. Hier bietet kombinierte mathematische und ähnlichkeitstheoretische Diskussion eine günstige Ausgangsbasis für die experimentelle Erforschung des Problems. Es werden förder-, misch- und wärmetechnische Aspekte diskutiert, durch zahlreiche Versuchsergebnisse verifiziert und einige Berechnungsunterlagen für Schnecken erarbeitet.

Der Verfasser möchte seinen Kollegen, Herren Dr. ZLOKARNIK, Dr. LIEBERAM und Dr. WASSMUTH für die kritische Durchsicht des Textes und ihre freundliche Unterstützung bei den Korrekturarbeiten sowie Herrn LORBEER für die sorgfältigen Entwürfe der Abbildungen herzlich danken.

Leverkusen, im November 1970

Juri Pawlowski

Inhaltsverzeichnis

1. Grundlagen der Dimensionstheorie

1.1 Einleitende Bemerkungen

Die Grundlagen der Ähnlichkeitstheorie beruhen auf einigen wenigen erkenntnistheoretischen Erfahrungssätzen und Prinzipen, die sowohl die Dimensionshomogenität als auch die Invarianz der physikalischen Beziehungen gewährleisten und dadurch ihre dimensionslose Darstellbarkeit sichern. Die Kenntnis dieser Grundlagen ist wichtig für eine sichere und fundierte Anwendung der ähnlichkeitstheoretischen Methoden auf die Probleme der physikalisch-technischen Forschung.

Wir sind gewohnt, mit den physikalischen Beziehungen zu arbeiten, ohne uns dabei über den erkenntnistheoretischen Hintergrund der damit verbundenen mathematischen Operationen Gedanken zu machen: So besagt z. B. das zweite Newtonsche Gesetz $K = m\,b$, daß die auf einen Massenpunkt wirkende Kraft K dem *Produkt* aus der Masse m des Punktes und dessen Beschleunigung b gleich ist. Was soll man eigentlich unter der Multiplikation zweier physikalischer Größen verstehen, und, allgemeiner gefragt, welchen erkenntnistheoretischen und logischen Voraussetzungen ist es zu verdanken, daß die physikalischen Zusammenhänge grundsätzlich mathematisch formulierbar sind? Diese Fragen beziehen sich nicht auf das Wesen der physikalischen Sachverhalte, sondern lediglich auf die Strukturen, die den physikalischen Größen und den physikalischen Zusammenhängen innewohnen. Diese Strukturen lassen sich mit den Mitteln der *Mengentheorie* adäquat darstellen, indem die physikalischen Größen als Mengenelemente und die physikalischen Sachverhalte als *Relationen* zwischen ihnen aufgefaßt werden.

Diese Relationen sind zwar einer mathematischen Berechnung nicht unmittelbar zugänglich, doch können die Mengenelemente (physikalische Größen) und Relationen zwischen ihnen auf die Menge der reellen Zahlen (Zahlenkörper) abgebildet werden, so daß es möglich ist, die physikalischen Sachverhalte durch Zahlenbeziehungen darzustellen. Dazu werden allerdings entsprechende Vergleichsnormale (Maßeinheiten) benötigt, wobei jede Vergleichsoperation stets auf einem *physikalischen Experiment* beruht.

Für den rationellen Aufbau der Physik ist die Forderung der Invarianz der mathematischen Beziehungen gegen bestimmte Veränderungen der Maßeinheiten von außerordentlicher Wichtigkeit. Es stellt sich dabei die Frage, welches die Voraussetzungen für eine solche Invarianz sind und ob diese Voraussetzungen beim Erforschen der physikalisch-technischen Sachverhalte erfüllt sind bzw. sich herbeiführen lassen. Die Diskussion dieser Frage führt zu dem wichtigen Begriff der Kohärenz der Maßeinheiten.

Bei der Darstellung der dimensionstheoretischen Grundlagen wird gewöhnlich der Begriff der physikalischen Dimensionen als eine Primärkategorie an den Anfang der Diskussion gesetzt [1—4]. Man geht dabei meistens von den sogenannten Grunddimensionen, der Länge (L), der Zeit (T) und der Masse (M) bzw. der Kraft (K) als einem a priori fixierten Bezugssystem aus. Dadurch wird die Vorstellung genährt, daß z. B. die fortschreitende Erfassung mechanischer Phänomene, beginnend mit den rein geometrischen Sachverhalten über die kinematischen Zusammenhänge bis zu den dynamischen Vorgängen hin *notwendigerweise* eine sukzessive Erweiterung des Systems der Grunddimensionen von (L) über (L, T) zu dem System (L, T, M) oder (L, T, K) erfordere. Eine konsequente Diskussion zeigt jedoch, daß der Begriff der physikalischen Dimensionen nicht eine Prämisse der Dimensionstheorie, sondern eine der Schlußfolgerungen ist: Der Begriff der physikalischen Dimensionen folgt zwanglos aus der Homogenität der mathematischen Beziehungen, auf die die physikalischen Relationen abgebildet werden. Die Analyse dieses Problems zeigt besonders deutlich, daß durch die physikalischen Dimensionen nicht irgendwelche Merkmale der physikalischen Größen erfaßt werden, die diesen Größen immanent sind, sondern daß sie lediglich ein weitgehend frei wählbares Zuordnungsschema für die physikalischen Größen bilden. Man erkennt insbesondere, daß für die Darstellung der Vorgänge der Mechanik es nicht notwendig ist, von drei Grunddimensionen auszugehen. Wir diskutieren in diesem Zusammenhang einige Dimensionssysteme, die durch schrittweise Verringerung der Anzahl der Grunddimensionen erzeugt werden (Tabelle 1.4.1). Andererseits werden wir auf die Fragen der praktischen Dimensionslehre nicht eingehen, da diese für die Begründung der Ähnlichkeitstheorie ohne Belang sind und in der bereits vorhandenen Literatur [5—7] ausführlich behandelt werden.

Die heute bestehende Auffassung, daß die physikalischen Beziehungen mathematisch direkt berechenbare Verknüpfungen zwischen den physikalischen Größen sind, beruht auf einem zusätzlichen *Algebraisierungspostulat*, dessen Tragfähigkeit durch die grundsätzliche Abbildbarkeit der physikalischen Relationen auf den Zahlenkörper gesichert ist (Abschn. 1.5).

Den Kernpunkt der Dimensionstheorie bildet das bekannte *pi-Theorem*, welches die grundsätzliche dimensionslose Darstellbarkeit von physikalischen und technischen Gesetzmäßigkeiten durch die sogenannten *pi-Größen* beinhaltet. Seine Bedeutung liegt nicht nur in der rationellen Darstellung: Die pi-Darstellbarkeit ist außerdem die Grundlage der ähnlichkeitstheoretischen Modellübertragungen, da jedem Zustandspunkt des *pi-Raums* unendlich viele physikalische Realisierungsmöglichkeiten entsprechen. Die Probleme der Modellübertragbarkeit, denen in den Ingenieurwissenschaften besondere praktische Bedeutung zukommt, werden im 4. Kapitel eingehend erläutert.

1.2 Größenrelationen und ihre Abbildungen

Bei der Erforschung von Vorgängen und Zusammenhängen physikalischer und technischer Natur, die wir im weiteren summarisch als *physikalisch-technische Sachverhalte* bezeichnen werden, geht es bekanntlich nicht um das „Wesen" der vielfältigen Erscheinungsformen der physikalischen Welt, wie Masse, Energie, Zeit, Viskosität usw., sondern nur um *strukturelle* und *quantitative* Erfassung von Zusammenhängen und wechselseitigen Bedingtheiten zwischen ihnen, die unter gegebenen Umständen in reproduzierbarer Weise in Erscheinung treten.

Die Objekte, deren Wechselspiel in der Physik untersucht und in der Technik genutzt wird, nennt man *physikalische Größen*, wobei schon die einfachsten Erfahrungen lehren, daß es Größen sowohl gleicher als auch unterschiedlicher *Entität* (Größenart) gibt. Die Entscheidung über die etwaige Gleichartigkeit der physikalischen Größen erfolgt auf Grund der physikalischen Erfahrungen und unterliegt gelegentlichen Wandlungen, die den jeweiligen Stand der physikalischen Erkenntnisse widerspiegeln. So wurden z. B. die Kraft und die kinetische Energie, die LEIBNITZ „lebendige Kraft" nannte, längere Zeit für Größen gleicher Entität gehalten; die mechanische Energie und die Wärme galten vor R. MAYER als Größen verschiedener Entität, und möglicherweise werden die Masse und die Energie in Zukunft, vermöge der Einsteinschen Beziehung $E = m \cdot c^2$, als Größen gleicher Entität interpretiert werden. Es sei schon hier erwähnt, daß die Gleichheit der physikalischen Dimensionen nicht die Gleichartigkeit der Größen impliziert: Größen unterschiedlicher Entität können durchaus gleiche physikalische Dimension besitzen, z. B. die Arbeit und das Drehmoment, die Frequenz und die Deformationsgeschwindigkeit. Umgekehrt ist es mitunter zweckmäßig, Größen gleicher Entität unterschiedliche physikalische Dimensionen zuzuordnen und sie mit verschiedenen Maßeinheiten zu messen (z. B. mechanische und kalorische Erfassung der Energie).

Die Dimensionstheorie, deren Grundlagen in diesem Kapitel erörtert werden, befaßt sich nicht mit dem *substantiellen* Inhalt der physikalischen Beziehungen, sondern betrifft nur die Gesetzmäßigkeiten der *formalen* Sprache, in der die physikalischen Aussagen formuliert werden. Der logische Aufbau der Dimensionstheorie tritt daher besonders deutlich hervor, wenn man sie vom mengentheoretischen Standpunkt aus betrachtet.

Physikalische Größen können als mengentheoretische Objekte interpretiert werden: Man ordnet jeder physikalischen Entität eine Menge $(X, Y, Z, \ldots)$ zu, die alle möglichen Realisierungen der physikalischen Größen $(x, y, z, \ldots)$ der betreffenden Entität als ihre Elemente umfassen, was in der Mengentheorie durch $x \in X$, $y \in Y$, $z \in Z$, $\ldots$ zum Ausdruck gebracht wird.

Die Grundlagen der Dimensionstheorie lassen sich auf die folgenden beiden Erfahrungspostulaten zurückführen:

Metrisierungspostulat

Es ist stets möglich, zwei beliebige Größen gleicher Entität durch geeignete experimentelle Operationen miteinander quantitativ zu vergleichen und dem geordneten Größenpaar eindeutig eine positive reelle Zahl zuzuordnen[1].

Relationenpostulat

Jedem physikalisch-technischen Sachverhalt kann eine Relation $R(x_i, y_j, z_k, \ldots)$ zwischen den an dem Sachverhalt beteiligten physikalischen Größen zugeordnet werden, mit der der betreffende Sachverhalt adäquat dargestellt wird.

Diese beiden Postulate implizieren zugleich, daß die etwaige Variabilität einer physikalischen Größe nur in der Änderung ihrer Quantität, nicht jedoch ihrer Entität zum Ausdruck kommt. (Das Prinzip der *Konsistenz* der physikalischen Größen[2].)

Das Metrisierungspostulat ist in Bild 1.2.1 veranschaulicht: In der symbolisch angedeuteten Menge X seien zwei beliebige Elemente x_1 und x_2 herausgegriffen. Durch eine geeignete physikalische Operation können diese beiden Elemente miteinander quantitativ verglichen werden (entspricht z. B. die X-Menge der Entität „Masse", so handelt es sich bei einer derartigen Operation um eine Wägung). Wird dabei das Quantitätsverhältnis von x_1 in bezug auf x_2 ermittelt (x_2 fungiert hierbei als ein Vergleichsnormal), so kann das Ergebnis, eine gewisse positive Zahl x_{12}, als ein Element der Menge R der reellen Zahlen, d. h. als ein Punkt der Zahlenachse, dargestellt werden. Werden dagegen die Rollen

---

[1] Die axiomatischen Voraussetzungen der Metrisierbarkeit von physikalischen Größen sind in [10] ausführlich diskutiert.

[2] Wir werden uns in Kapitel 5 mit dimensionstheoretischen Folgen befassen, die sich bei der Verletzung dieses Prinzips in Verbindung mit dem rheologischen Reibungsgesetz nach OSTWALD-DE WAELE ergeben.

von x_1 und x_2 vertauscht, so erhält man als Ergebnis der Vergleichs-operation eine andere Zahl x_{21}. Die beiden Zahlen x_{12} und x_{21} sind einander reziprok. Der Umstand, daß x_{12} und x_{21} im allgemeinen nicht

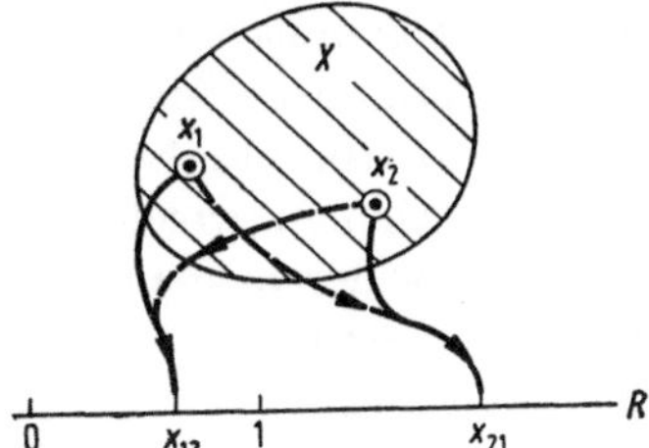

Bild 1.2.1 Zur Veranschaulichung des Metri-sierungspostulates. Zwei beliebigen Elementen x_1 und x_2 aus einer Größenmenge X werden durch geeignete physikalische Operationen — je nachdem, welches von diesen Elementen als Ver-gleichselement gewählt wird — zwei reelle posi-tive Zahlen x_{12} und x_{21} zugeordnet ($x_{12} \cdot x_{21} = 1$), die ihrerseits Elemente der Menge R der reellen Zahlen (der Zahlenachse) sind. Die ausgezogenen Verknüpfungslinien verbinden das jeweils quan-titativ zu kennzeichnende Element aus X mit der betreffenden Maßzahl in R, die gestrichelten Verknüpfungslinien gehen von dem jeweiligen Vergleichselement in X aus.

gleich sind, unterstreicht, daß es sich um eine Verknüpfung zwischen einem *geordneten* Elementenpaar aus X und einem Element aus R ge-mäß dem Metrisierungspostulat handelt.

Legt man in den Mengen $X, Y, Z, \ldots$ je ein Element $e_x, e_y, e_z, \ldots$ als ein Vergleichsnormal, das man *Maßeinheit* nennt, willkürlich fest, so werden auf Grund des Metrisierungspostulates den Größen $x, y, z, \ldots$ je eine positive reelle Zahl $x, y, z, \ldots$ eindeutig zugeordnet, die man *Maßzahl* der betreffenden Größe in bezug auf die gewählte Maßeinheit nennt. Die gegenseitige Zuordnung der Elemente x, e_x und x kann durch eine produktartige Verknüpfung

$$x = x * e_x \tag{1.2.1}$$

dargestellt werden. Durch das (*)-Symbol wird verdeutlicht, daß es sich um eine Verknüpfung handelt, die nicht identisch mit der Multi-plikation zweier Zahlen ist und die erst durch eine entsprechende physikalische Vergleichsoperation explizit definiert wird. Es gelten für diese Verknüpfung die Gleichungen

$$a_1 * e = e * a_1, \tag{1.2.2}$$

$$1 * e = e, \tag{1.2.3}$$

$$a_1 * (a_2 * e) = (a_1 \cdot a_2) * e, \tag{1.2.4}$$

die, neben einigen weiteren Verknüpfungsgesetzen, die algebraische Struktur der impliziten Metrisierung festlegen. Dabei sind e eine be-liebige physikalische Größe und a_1, a_2 beliebige Zahlen.

Maßeinheiten und Maßzahlen haben kontravariantes Transforma-tionsverhalten: Wird eine gegebene Größe x bezogen auf zwei ver-schiedene Maßeinheiten e und $e' = a * e$ ($a > 0$) dargestellt

$$x = x * e = x' * e', \tag{1.2.5}$$

so erhält man daraus nach (1.2.4) die Transformationsgleichungen

$$e' = a * e, \quad x = a \cdot x'. \tag{1.2.6}$$

Das Relationenpostulat bringt die Erfahrung zum Ausdruck, daß sich jeder physikalische oder technische Vorgang als ein Zusammenhang bzw. ein Wechselspiel zwischen gewissen physikalischen Größen darbietet. So wird beispielsweise das Beschleunigen von Massenkörpern durch eine Größenrelation $R(m, b, k)$ erfaßt, die zum Ausdruck bringt, daß einer bestimmten Masse m, auf die eine bestimmte Kraft k einwirkt, eine bestimmte Beschleunigung b erteilt wird. Die Gesamtheit der Relationen, welche die Vielfalt der physikalisch-technischen Sachverhalte widerspiegeln, bildet den Gegenstand der physikalisch-technischen Forschung.

Die Relationen

$$\boxed{R(x_i, y_j, z_k, \ldots)} \tag{1.2.7}$$

zwischen einer begrenzten Zahl von physikalischen Größen sind rechnerisch nicht unmittelbar zu handhaben, wenngleich sie einen quantitativen Zusammenhang zwischen diesen Größen beinhalten. Jede Relation zwischen Elementen der Größenmengen $X, Y, Z, \ldots$ kann jedoch mit Hilfe der Verknüpfung (1.2.1) auf eine Beziehung zwischen reellen Zahlen abgebildet werden: Ist E die Menge der zunächst willkürlich wählbaren Maßeinheiten der in (1.2.7) vertretenen Entitäten

$$E(e_x, e_y, e_z, \ldots), \tag{1.2.8}$$

so wird der Größenrelation (1.2.7) vermöge des Metrisierungspostulates eine mathematische Beziehung

$$F(x_i, y_j, z_k, \ldots) = 0 \tag{1.2.9}$$

zugeordnet, deren Variablen mit den betreffenden physikalischen Größen und Maßeinheiten gemäß (1.2.1) verknüpft sind (vgl. Bild 1.2.2).

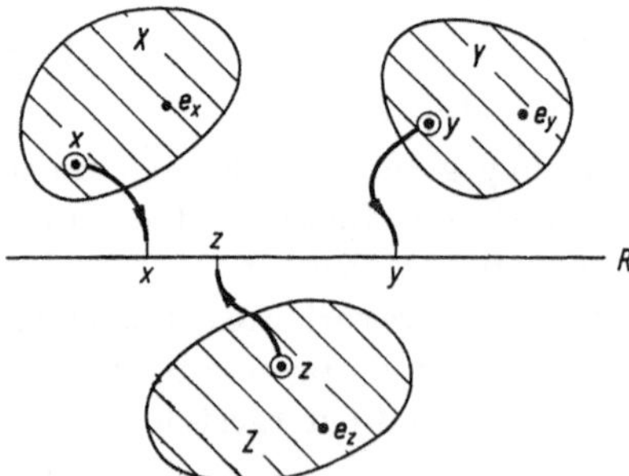

Bild 1.2.2 Abbildung einer Größenrelation auf eine Beziehung zwischen den Zahlen: Bei einem physikalischen Vorgang mögen sich die Elemente x, y und z aus den betreffenden Mengen X, Y und Z gegenseitig bedingen, so daß zwischen diesen Elementen eine Relation $R(x, y, z)$ besteht. Diese Relation wird — bei willkürlich festgelegten Maßeinheiten e_x, e_y und e_z — vermöge des Metrisierungspostulates auf einen Zusammenhang zwischen den Elementen x, y und z der Menge der reellen Zahlen R abgebildet.

Die Indizes in (1.2.7) und (1.2.9) sollen andeuten, daß dort mehrere Größen der betreffenden Entität vorkommen können.

Die *Abbildung F* der Größenrelation R hängt im allgemeinen von der Wahl der Maßeinheiten, d. h. von der Menge E, ab: Beim Übergang von E zu einem anderen System der Maßeinheiten E' mit

$$e'_x = a * e_x, \quad e'_y = b * e_y, \quad e'_z = c * e_z, \dots, \qquad (1.2.10)$$

worin $a, b, c, \dots$ willkürliche positive Zahlen sind, besteht zwischen den gemäß (1.2.6) transformierten Maßzahlen

$$x'_i = x_i/a, \quad y'_j = y_j/b, \quad z'_k = z_k/c, \dots \qquad (1.2.11)$$

eine im allgemeinen mit F nicht identische Beziehung

$$F'(x'_i, y'_j, z'_k, \dots) = 0. \qquad (1.2.12)$$

Im nächsten Abschnitt werden wir die notwendigen und hinreichenden Bedingungen diskutieren, die die Invarianz der Abbildungen gegen gewisse Änderungen der Maßeinheiten gewährleisten. Hier sei noch die sich aus (1.2.9) und (1.2.11) ergebende Beziehung

$$F(a \cdot x'_i, b \cdot y'_j, c \cdot z'_k, \dots) = 0 \qquad (1.2.13)$$

angegeben, die später noch benötigt wird.

1.3 Kohärente Maßeinheiten und das Invarianzprinzip für Abbildungen

Zur Diskussion des Transformationsverhaltens von Abbildungen bei einer Änderung des Maßeinheitensystems gehen wir von einer Relation

$$R(x_i, y_j, \dots, u) \qquad (1.3.1)$$

zwischen den Größen unterschiedlicher Entität aus, wobei die Indizes $i, j, \dots$ gewisse Wertebereiche durchlaufen mögen. Die Entitätsmenge U sei nur durch eine einzige Größe u in R vertreten, welcher in der nachstehenden Diskussion eine besondere Rolle zukommen wird. Die Abbildung dieser Größenrelation auf die Menge der reellen Zahlen sei in Verbindung mit zwei verschiedenen und vorerst beliebigen Mengen der Maßeinheiten

$$E(e_x, e_y, \dots, e_u), \qquad (1.3.2)$$

$$E'(e'_x, e'_y, \dots, e'_u) \qquad (1.3.3)$$

durch die Beziehungen

$$u = f(x_i, y_j, \dots), \qquad (1,3.4)$$

$$u' = f'(x'_i, y'_j, \dots) \qquad (1.3.5)$$

gegeben.

Da zwischen den Maßeinheiten E und E' und den betreffenden Maßzahlen gemäß (1.2.6) die Gleichungen

$$\left.\begin{aligned}
e'_x &= a * e_x, & x_i &= a \cdot x'_i \\
e'_y &= b * e_y, & y_j &= b \cdot y'_j \\
\cdots \cdots \cdots & & \cdots \cdots \cdots \\
e'_u &= k * e_u, & u &= k \cdot u'
\end{aligned}\right\} \qquad (1.3.6)$$

mit willkürlichen positiven Zahlen $a, b, \ldots, k$ bestehen, müssen die
beiden Funktionen f und f' der Beziehung

$$k \cdot f'(x'_i, y'_j, \ldots) = f(x_i, y_j, \ldots) = f(a \cdot x'_i, b \cdot y'_j, \ldots) \qquad (1.3.7)$$

genügen.

Diese Transformationsgleichungen zeigen, daß zwischen f und f' eine
Identität nicht bestehen kann, sofern k unabhängig von den übrigen
Transformationsparametern $a, b, \ldots$ gewählt wird. Wir werden aber
gleich sehen, daß die Invarianz von f für eine bestimmte Klasse von
Funktionen erreicht werden kann, wenn die Maßeinheiten ihrerseits
der betreffenden Größenrelation (1.3.1) genügen:

$$R\big((e_x)_i, (e_y)_j, \ldots, e_u\big), \qquad R\big((e'_x)_i, (e'_y)_j, \ldots, e'_u\big). \qquad (1.3.8)$$

Die Indizes $i, j, \ldots$ sollen dabei zum Ausdruck bringen, daß die Maßeinheiten für *alle* Größen der betreffenden Entität zu setzen sind. Eine
derartige Einschränkung in der Wahl und folglich auch in der Variabilität der Maßeinheiten bezeichnet man als *Kohärenzbedingung in bezug
auf eine vorgegebene Größenrelation R.*

In Verbindung mit der Kohärenzbedingung (1.3.8) und der Identi-
tätsverknüpfung (1.2.3) genügen die beiden Funktionen f und f' der
Bedingung

$$f(1, 1, \ldots) = f'(1, 1, \ldots) = 1, \qquad (1.3.9)$$

wobei auch hier die Eins für sämtliche Argumente zu setzen ist. Mit
$x'_i = y'_j = \cdots = 1$ folgt aus (1.3.7) für die Transformationsparameter
die Beziehung

$$k = f(a, b, \ldots), \qquad (1.3.10)$$

so daß die Transformationsgleichung (1.3.7) die speziellere Form

$$f'(x'_i, y'_j, \ldots) = \frac{f(a \cdot x'_i, b \cdot y'_j, \ldots)}{f(a, b, \ldots)} \qquad (1.3.11)$$

annimmt, wobei die Transformationsparameter $a, b, \ldots$ eine Schar von
Funktionen f' definieren. Obwohl alle diese Funktionen eine objektive,
von den Maßeinheiten $e_x, e_y, \ldots$ unabhängige Aussage über die physikalische Größenrelation (1.3.1) beinhalten, stellen sie noch keine eigentlichen „physikalischen Beziehungen" dar, weil ihre mathematische
Struktur von der Wahl der Maßeinheiten abhängt.

Wird nunmehr die *Invarianz* von f gegen die kohärenzverträglichen Änderungen der Maßeinheiten gefordert (*Invarianzprinzip* für physikalische Beziehungen)[1], so muß f der Funktionalgleichung

$$f(x_i, y_j, \ldots) = \frac{f(a \cdot x_i, b \cdot y_j, \ldots)}{f(a, b, \ldots)} \equiv \Phi(a, b, \ldots) \qquad (1.3.12)$$

genügen, deren rechte Seite mit Φ bezeichnet sei. Da die linke Seite dieser Funktionalgleichung nunmehr von den Transformationsparametern $a, b, \ldots$ unabhängig ist, müssen die partiellen Ableitungen von Φ nach diesen Parametern gleich Null sein:

$$\frac{\partial \Phi}{\partial a} = \frac{\partial \Phi}{\partial b} = \cdots = 0. \qquad (1.3.13)$$

Nach Differentiation und Einsetzen von $a = b = \cdots = 1$ folgen daraus die bekannten Eulerschen Homogenitätsbedingungen

$$\sum_i x_i \frac{\partial f}{\partial x_i} - p\,f = 0,$$
$$\sum_j y_j \frac{\partial f}{\partial y_j} - q\,f = 0 \qquad (1.3.14)$$
$$\cdots \cdots \cdots \cdots$$

mit

$$p = \left[\sum_i \frac{\partial f}{\partial x_i}\right]_{x_i = y_j = \cdots = 1},$$
$$q = \left[\sum_j \frac{\partial f}{\partial y_j}\right]_{x_i = y_j = \cdots = 1}, \qquad (1.3.15)$$
$$\cdots \cdots \cdots \cdots \cdots$$

Die Funktion f ist somit bezüglich der Argumente gleicher Entität homogen, wobei die jeweilige Homogenitätsordnung durch die Gln. (1.3.15) bestimmt wird. Sie genügt daher der Funktionalgleichung

$$\boxed{f(a \cdot x_i, b \cdot y_j, \ldots) = a^p\, b^q \ldots f(x_i, y_j, \ldots)}, \qquad (1.3.16)$$

die den Bedingungen (1.3.14) äquivalent ist [55]. Die Gl. (1.3.16) ist eine Identität bezüglich der Variablen $x_i, y_j, \ldots$ und der Transformationsparameter $a, b, \ldots$ Soll also die Abbildung der Relation (1.3.1)

---

[1] Das Invarianzprinzip ist nicht etwa eine zwingende Folge der formulierten erkenntnistheoretischen Postulate, sondern eine zusätzliche Forderung, die für den rationellen Aufbau der Physik von größter Bedeutung ist. Dieser Umstand wird gewöhnlich bei der Darstellung der dimensionstheoretischen Grundlagen nicht beachtet [2; 11], indem man a priori $f \equiv f'$ voraussetzt. Wir werden noch sehen, daß die Invarianzforderung hinsichtlich der Definitionsrelationen unter Zuhilfenahme von Dimensionskonstanten stets erfüllbar ist.

auf den Zahlenkörper gegen kohärenzverträgliche Änderungen der Maßeinheiten invariant bleiben, so muß f der Funktionalgleichung (1.3.16)
genügen.

Mit $x_i = y_j = \cdots = 1$ und in Verbindung mit (1.3.10) geht daraus
u. a. hervor, daß zwischen den unabhängigen Transformationsparametern $a, b, \ldots$ und dem von ihnen abhängigen Transformationsparameter k eine einfache Potenzproduktbeziehung

$$\boxed{k = f(a, b, \ldots) = a^p\, b^q \ldots}$$
(1.3.17)

besteht.

Werden die Maßeinheiten $e_x, e_y, \ldots$ als frei wählbare Größen aufgefaßt, so wird die Maßeinheit e_u vermöge der Kohärenzbedingung durch
(1.3.8) und (1.3.17), d. h. letztlich durch die vorgegebene Größenrelation (1.3.1), eindeutig festgelegt. Die Kohärenzkonzeption führt also
zur Einteilung der Maßeinheiten in *Primär-* und *Sekundärmaßeinheiten*.
Wir werden in dem nächsten Abschnitt sehen, daß diese Konzeption
darüber hinaus eine entsprechende Klassifizierung der Entitäten ermöglicht und schließlich zu dem zentralen Begriff der physikalischen Dimensionen führt. Bei dieser Klassifizierung handelt es sich allerdings nicht
um Merkmale, die den Entitäten immanent wären und ihnen als solchen
zukämen, sondern lediglich um eine auf physikalischen Sachverhalten
beruhende gegenseitige Zuordnung. Die kohärente Anpassung von e_u an
die übrigen Maßeinheiten in bezug auf die Größenrelation (1.3.1) ist
durch die Relation (1.3.2) und die Transformationsgleichungen

$$e_x' = a * e_x,$$
$$e_y' = b * e_y, \qquad e_u' = (a^p \cdot b^q \ldots) * e_u,$$
$$\cdots\cdots\cdots$$
(1.3.18)

gewährleistet.

Eine allgemeinere Formulierung der Invarianzbedingungen für eine
Abbildung einer Größenrelation auf die Menge der reellen Zahlen ergibt
sich aus der Diskussion einer Größenrelation

$$R(x_i, y_j, \ldots, u_r, v),$$
(1.3.19)

in der für die Größen u_r eine bereits vorweg gemäß (1.3.18) festgelegte
Sekundärmaßeinheit e_u gilt. Wird die Abbildung der Größenrelation
(1.3.19) durch

$$v = f(x_i, y_j, \ldots, u_r)$$
(1.3.20)

dargestellt, so lautet die Invarianzbedingung analog zu der Funktionalgleichung (1.3.12):

$$f(x_i, y_j, \ldots, u_r) = \frac{f(a \cdot x_i, b \cdot y_j, \ldots, a^p\, b^q \ldots u_r)}{f(a, b, \ldots, a^p\, b^q \ldots)} \equiv \Phi(a, b, \ldots),$$
(1.3.21)

aus der sich mit $\dfrac{\partial \Phi}{\partial a} = \dfrac{\partial \Phi}{\partial b} = \cdots = 0$ die den Gln. (1.3.14) und (1.3.15) entsprechenden Gleichungen

$$\sum_{i,r}\left(x_i\,\frac{\partial f}{\partial x_i} + p\,u_r\,\frac{\partial f}{\partial u_r}\right) - s\,f = 0,$$

$$\sum_{j,r}\left(y_j\,\frac{\partial f}{\partial y_j} + q\,u_r\,\frac{\partial f}{\partial u_r}\right) - t\,f = 0 \tag{1.3.22}$$

$$\cdots\cdots\cdots\cdots\cdots\cdots\cdots$$

mit

$$s = \left[\sum_{i,r}\left(\frac{\partial f}{\partial x_i} + p\,\frac{\partial f}{\partial u_r}\right)\right]_{x_i = y_j = \cdots = u_r = 1},$$

$$t = \left[\sum_{j,r}\left(\frac{\partial f}{\partial y_j} + q\,\frac{\partial f}{\partial u_r}\right)\right]_{x_i = y_j = \cdots = u_r = 1} \tag{1.3.23}$$

$$\cdots\cdots\cdots\cdots\cdots\cdots\cdots$$

ergeben. Die Abbildungsfunktion genügt der Funktionalgleichung

$$\boxed{f(a \cdot x_i,\, b \cdot y_j,\, \ldots,\, a^p\, b^q \ldots u_r) = a^s\, b^t \ldots f(x_i,\, y_j,\, \ldots,\, u_r)} \tag{1.3.24}$$

die den Bedingungen (1.3.22) äquivalent ist und eine Verallgemeinerung der Funktionalgleichung (1.3.16) darstellt. Auch diese Gleichung ist eine Identität bezüglich der Variablen $x_i, y_j, \ldots, u_r$ und der Primärtransformationsparameter $a, b, \ldots$ Die Transformationsgleichung für die kohärente Maßeinheit e_v lautet in Verbindung mit (1.3.18):

$$e'_v = (a^s\, b^t \ldots) * e_v. \tag{1.3.25}$$

Wird die Beziehung (1.3.20) als eine implizite Funktion

$$F(x_i,\, y_j,\, \ldots,\, u_r,\, v) = 0 \tag{1.3.26}$$

aufgefaßt, so besteht nach (1.3.24) infolge der Dimensionshomogenität dieser Funktion für beliebige und von den Variablen $x_i, y_j, \ldots, u_r, v$ unabhängig wählbare positive Parameter $a, b, \ldots$ die Identität

$$\boxed{F(a \cdot x_i,\, b \cdot y_j,\, \ldots,\, a^p\, b^q \ldots u_r,\, a^s\, b^t \ldots v) = 0} \tag{1.3.27}$$

aus der sich, wie wir es noch im Abschn. 1.7 zeigen werden, die dimensionslose Darstellbarkeit der Abbildung ergibt.

Die Invarianz der Abbildungen der Größenrelationen ist somit nur bei kohärenzverträglichen Änderungen der Maßeinheiten möglich und setzt außerdem voraus, daß die f-Funktion eine bestimmte Homogenitätsstruktur besitzt, die durch die Funktionalgleichung (1.3.24) festgelegt wird und die man als Dimensionshomogenität bezeichnet.

Eine Größenrelation, deren Abbildung auf die Menge der reellen Zahlen (Zahlenkörper) eine dimensionshomogene Funktion ist, wird ebenfalls als dimensionshomogen bezeichnet.

Für den Aufbau der Physik als einer systematischen Wissenschaft, deren Gesetzmäßigkeiten durch invariante mathematische Beziehungen dargestellt werden, ist die Frage entscheidend, ob und inwiefern die Größenrelationen der Physik dimensionshomogen sind oder als solche formuliert werden können. Wir werden im nächsten Abschnitt in Verbindung mit der Diskussion der physikalischen Dimensionen und der Dimensionssysteme sehen, daß es mit Hilfe der sogenannten *Dimensionskonstanten* stets möglich ist, die Dimensionshomogenität der Größenrelationen und somit die Invarianz ihrer mathematischen Abbildungen zu gewährleisten. Auf dieser grundsätzlichen Möglichkeit beruht das *Prinzip der Dimensionshomogenität der physikalischen Größenrelationen und der Invarianz ihrer Abbildungen*, welches dem Aufbau der Physik zugrunde liegt.

1.4 Physikalische Dimensionen und Dimensionssysteme

Das Kohärenzprinzip impliziert den für den systematischen Aufbau der Physik sehr wichtigen Begriff der physikalischen Dimensionen. Die Größenrelationen (1.3.1) und (1.3.19) dienen in Verbindung mit der Kohärenzbedingung (1.3.8) nicht nur zur Festlegung einer neuen Maßeinheit (e_u bzw. e_v), sondern darüber hinaus auch zur Dimensionskennzeichnung der betreffenden Entitäten U bzw. V: Sie ordnen diesen Entitäten gemäß (1.3.15) bzw. (1.3.23) je einen n-Tupel von reellen Zahlen $(p, q, \ldots)$ bzw. $(s, t, \ldots)$ zu, der die *physikalische Dimension* der betreffenden Entitäten in bezug auf vorgegebene *Grundentitäten* $X, Y, \ldots$ definiert. Dieser Sachverhalt sei durch die symbolische Zuordnung

$$\text{Dim}\,(U/X, Y, \ldots) = (p, q, \ldots),$$
$$\text{Dim}\,(V/X, Y, \ldots) = (s, t, \ldots) \tag{1.4.1}$$

zum Ausdruck gebracht. Damit ist es möglich, der Gesamtheit der physikalischen Entitäten mit Hilfe der geeigneten Definitionsrelationen und in bezug auf einige wenige weitgehend frei wählbare Grundentitäten bestimmte physikalische Dimensionen zuzuordnen und auf diese Weise die Gesamtheit der physikalischen Entitäten in einem Ordnungsschema, das man als *Dimensionssystem* bezeichnet, zusammenfassen. Auch für die Grundentitäten werden die sogenannten *Grunddimensionen* gemäß der Zuordnung

$$\text{Dim}\,(X/X, Y, \ldots) = (1, 0, 0, 0, \ldots),$$
$$\text{Dim}\,(Y/X, Y, \ldots) = (0, 1, 0, 0, \ldots) \tag{1.4.2}$$
$$\cdots\cdots\cdots\cdots\cdots\cdots\cdots\cdots\cdots$$

definiert. Wir haben aus didaktischen Gründen vorerst noch nicht die übliche Darstellung der Dimensionsgleichungen als Potenzprodukt, etwa in der Form

$$\text{Dim}_u = (\text{Dim}_x)^p \cdot (\text{Dim}_y)^q \ldots, \tag{1.4.3}$$

sondern die Zuordnung gemäß (1.4.1) eingeführt, weil dadurch die eigentliche formale Bedeutung des Dimensionsbegriffes deutlicher in Erscheinung tritt. Die Berechtigung und die Zweckmäßigkeit der Potenzproduktdarstellung (1.4.3), von der wir im weiteren Gebrauch machen werden, kann erst in Verbindung mit den Grundregeln des sogenannten *Größenkalküls* (Abschn. 1.5) dargelegt werden.

Bei der Erörterung der Grundlagen der Dimensionstheorie geht man gewöhnlich [1—5] von der Feststellung aus, daß es einige Grundentitäten — Länge, Zeit, Masse, Temperatur, elektrische Ladung usw. — gebe, auf denen das ganze Gebäude der physikalischen Dimensionen beruhe. Die Auffassung von der grundlegenden Natur dieser Entitäten erfolgte, geschichtlich gesehen, in Verbindung mit naturphilosophischen Erwägungen über die Kategorien des Raumes, der Zeit und der Materie. Es ist erst später erkannt worden, daß die *logische Struktur* der Dimensionstheorie einer solchen Begründung nicht bedarf. Es geht auch aus unserer Diskussion deutlich hervor, daß die physikalischen Dimensionen nicht etwa wesenhafte Merkmale der physikalischen Entitäten sind, sondern lediglich eine Relativzuordnung der Entitäten untereinander zum Ausdruck bringen, die — obwohl ihr objektiv bestehende physikalische Sachverhalte zugrunde gelegt werden — auf mannigfache Weise durchgeführt werden kann.

Es ist in der Tat möglich, ausgehend von irgendeinem System der weitgehend willkürlich wählbaren Grundentitäten und unter Ausnutzung der geeigneten physikalischen Sachverhalte (*Definitionsrelationen*) zu verschiedenen Dimensionssystemen zu gelangen, mit denen sämtliche physikalische Entitäten widerspruchsfrei erfaßt werden. Ein Dimensionssystem ist erst eindeutig festgelegt, wenn neben den Grunddimensionen auch die Definitionsrelationen festgelegt sind[1]. Wir werden etwas später einige Dimensionssysteme kennenlernen, denen unterschiedliche Grundentitäten und Definitionsrelationen zugrunde liegen.

Beim systematischen Aufbau von Dimensionssystemen kommt es vor, daß zur Festlegung der Dimension einer bestimmten Entität gleichzeitig mehrere physikalische Sachverhalte verfügbar sind, die zu unterschiedlichen Dimensionen für die betreffende Entität führen. In einem solchen Fall genügt es nicht, sich für eine der möglichen Definitionsrelationen zu entscheiden: Zum Aufbau eines widerspruchsfreien Dimensionssystems ist es außerdem erforderlich, die übrigen zur Ver-

---

[1] Vgl. Fußnote, S. 16.

fügung stehenden Sachverhalte entweder zum ad hoc-Definieren von gewissen *Dimensionskonstanten* oder zur *Reduktion des Systems der Grundentitäten* zu verwenden. Als ein Beispiel dafür sei die Situation erläutert, die durch die Entdeckung des zweiten und des dritten Newtonschen Gesetzes entstand:

Es handelt sich dabei um zwei Größenrelationen $R_1(m, b, k)$ und $R_2(m_1, m_2, r, k)$; durch die erste wird die Kraft beim Beschleunigen einer Masse, durch die zweite die Anziehungskraft zwischen zwei Massen, die sich in einem Abstand r voneinander befinden, erfaßt. Es mögen dabei die Dimensionen sämtlicher darin vertretenen Entitäten mit Ausnahme der Kraft bereits in einem beliebigen Dimensionssystem fixiert sein. Wird eine der beiden Relationen zur Festlegung der Dimension der Kraft herangezogen, so erweist sich die andere Größenrelation als nicht dimensionshomogen. Diese Diskrepanz wurde behoben, indem man das dritte Newtonsche Gesetz als eine Definitionsrelation für eine neue, ad hoc postulierte physikalische Größe, die Gravitationskonstante γ, auffaßte. Damit trat anstelle von R_2 eine erweiterte Relation $R_3(m_1, m_2, r, k, \gamma)$. Dieses Beispiel ist typisch für die Art, wie man in der Physik derartige Unverträglichkeiten auflöst, und zeigt den formal-logischen Ursprung einiger universeller Konstanten der Physik auf.

Man kann jedoch auf die Einführung der Gravitationskonstante verzichten und die beiden Newtonschen Gesetze im Sinne der Relationen R_1 und R_2 interpretieren, so daß zwischen den ursprünglichen Grunddimensionen L (Länge), T (Zeit) und M (Masse) ein Zusammenhang

$$\mathsf{M} \cdot \mathsf{L}^{-3} \cdot \mathsf{T}^2 = 1 \qquad\qquad (1.4.4)$$

im Sinne der Dimensionsgleichung (1.4.3) hergestellt und das ursprüngliche System der Grunddimensionen von drei auf zwei Komponenten reduziert wird: Man kann z. B. aus (1.4.4) M durch L und T ausdrücken und gelangt dadurch zum sogenannten *astronomischen Dimensionssystem*[1] [1].

Die erläuterte formal-logische Natur der Dimensionskonstanten gilt natürlich nicht für physikalische Konstanten, wie z. B. Masse und Ladung eines Elektrons, die mit den dimensionstheoretischen Problemen nichts zu tun haben, außer daß man diese Konstanten als natürliche Maßeinheiten verwenden kann.

Es ist im Abschn. 1.3 gezeigt worden, daß einer Entität, die mittels einer Definitionsrelation in ein aufzubauendes Dimensionssystem eingeordnet werden soll, nur dann ein n-Tupel $(p, q, \ldots)$ und somit auch eine Sekundärdimension zugeordnet werden kann, wenn die betreffende Definitionsrelation eine dimensionshomogene Struktur besitzt,

---

[1] Vgl. Fußnote, S. 16.

d. h. wenn sie sich auf eine dimensionshomogene Funktion abbildet. Die eben erläuterte Konzeption der Dimensionskonstanten gibt die formal-logische Handhabung, die Dimensionshomogenität der Relationen unter allen Umständen zu sichern. Neben der erwähnten Gravitationskonstanten seien als weitere Beispiele für dieses typische Vorgehen in der Physik die Einführung der Planckschen Konstanten h und der Vielzahl von rheologischen Stoffparametern genannt.

Um den formalen Aufbau von physikalischen Dimensionssystemen näher zu erläutern, wollen wir die bereits erwähnte Möglichkeit nutzen, die universellen physikalischen Konstanten zu eliminieren, und durch schrittweise Reduzierung des Systems der Grunddimensionen eine Folge von Dimensionssystemen erzeugen. Wir gehen dabei von einem konventionellen Dimensionssystem aus, dessen Grunddimensionen Länge (L), Zeit (T), Masse (M), Temperatur (Θ) und Wärmemenge (W) sind.

Die schrittweise Verringerung der Zahl der Grunddimensionen werden wir in Verbindung mit den bekannten Beziehungen

$$E = J \cdot Q, \qquad (1.4.5)$$

$$E = k \cdot T/2, \qquad (1.4.6)$$

$$E = h \cdot \nu, \qquad (1.4.7)$$

$$E = c^2 \cdot m \qquad (1.4.8)$$

vornehmen, die je eine universelle physikalische Konstante, das mechanische Wärmeäquivalent J, die Boltzmann-Konstante k, die Planck-Konstante h und die Lichtgeschwindigkeit im Vakuum c enthalten. Der Umstand, daß wir ausschließlich Beziehungen gewählt haben, bei denen links Energie steht, ist ohne prinzipielle Bedeutung und soll lediglich eine gewisse Systematik des Vorgehens unterstreichen.

Die Tab. 1.4.1 zeigt, wie sich die physikalischen Dimensionen einiger Entitäten der Mechanik und der Wärmelehre verändern, wenn man, ausgehend von dem Dimensionssystem (L, T, M, Θ, W), die Konstanten J, k, h und c in der angegebenen Reihenfolge als dimensionslose Faktoren mit dem Wert Eins interpretiert. Jedem der dabei gebildeten Dimensionssysteme ist in der Tabelle eine Spalte zugeordnet. Die Zahl der Grunddimensionen, die am Kopf jeder Spalte angegeben sind, verringert sich von Spalte zu Spalte bis zu der Mindestzahl Eins; denn es bedarf zur Messung von physikalischen Größen und zum Aufbau eines kohärenten Maßeinheitensystems mindestens einer Maßeinheit irgendeiner Entität. Die Tabelle besteht aus drei Feldern: Im obersten Feld sind die Dimensionskonstanten zusammengestellt, deren physikalische Dimensionen solange unverändert bleiben, bis sie als eine dimensionslose Größe interpretiert werden. Im zweiten Feld sind die ursprünglichen Grunddimensionen aufgeführt, die im Verlaufe des Reduktionsverfahrens eine nach der anderen zu Sekundärdimensionen werden[1]. Schließlich sind in dem dritten Feld die entsprechenden Dimensionen der wichtigsten physikalischen Entitäten der Mechanik und der Wärmelehre zusammengestellt.

Tabelle 1.4.1

	$(LTM\Theta W)$	$(LTM\Theta)$	(LTM)	(LT)	(L)
Mech. Wärmeäquivalent	$L^2T^{-2}M^1W^{-1}$	dimensionslos			
Boltzmann-Konstante	$L^2T^{-2}M^1\Theta^{-1}$		dimensionslos		
Planck-Konstante	$L^2T^{-1}M^1$			dimensionslos	
Lichtgeschw.-Quadrat	L^2T^{-2}				dimensionsl.
Wärmemenge	W	$L^2T^{-2}M^1$		T^{-1}	L^{-1}
Temperatur	Θ		$L^2T^{-2}M^1$	T^{-1}	L^{-1}
Masse	M			$L^{-2}T^1$	L^{-1}
Zeit	T				L^1
Länge	L				
Fläche	L^2				
Volumen	L^3				
Geschwindigkeit	L^1T^{-1}				dimensionsl.
Beschleunigung	L^1T^{-2}				L^{-1}
Winkelgeschwindigkeit, Frequenz, Deformationsgeschwindigkeit	T^{-1}				L^{-1}
Kinemat. Viskosität, Diffusionskoeffizient, Temperaturleitzahl	L^2T^{-1}				L^1
Dichte	$L^{-3}M^1$			$L^{-5}T^1$	L^{-4}
Kraft	$L^1T^{-2}M^1$			$L^{-1}T^{-1}$	L^{-2}
Druck, Spannung	$L^{-1}T^{-2}M^1$			$L^{-3}T^{-1}$	L^{-4}
Mechanische Energie, Drehmoment	$L^2T^{-2}M^1$			T^{-1}	L^{-1}
Impuls	$L^1T^{-1}M^1$			L^{-1}	
Mechanische Leistung	$L^2T^{-3}M^1$			T^{-2}	L^{-2}
Trägheitsmoment	L^2M^1			T^1	L^1
Drehimpuls	$L^2T^{-1}M^1$			dimensionslos	
Dynamische Viskosität	$L^{-1}T^{-1}M^1$			L^{-3}	
Spezifische Wärme	$M^{-1}\Theta^{-1}W^1$	$L^2T^{-2}\Theta^{-1}$	M^{-1}	L^2T^{-1}	L^1
Wärmeleitzahl	$L^{-1}T^{-1}\Theta^{-1}W^1$	$L^1T^{-3}M^1\Theta^{-1}$	$L^{-1}T^{-1}$		L^{-2}
Wärmeübergangszahl	$L^{-2}T^{-1}\Theta^{-1}W^1$	$T^{-3}M^1\Theta^{-1}$	$L^{-2}T^{-1}$		L^{-3}
Stefan-Boltzmann-Konstante	$L^{-2}T^{-1}\Theta^{-4}W^1$	$T^{-3}M^1\Theta^{-4}$	$L^{-8}T^5M^{-3}$	$L^{-2}T^2$	dimensionslos

Mit dem ohnehin willkürlich gewählten System der *Definitionsbeziehungen* (1.4.5) bis (1.4.8) lassen sich noch weitere in der Tabelle

---

[1] Man beachte, daß z. B. die Masse im Dimensionssystem (L T) der Tab. 1.4.1 eine andere Dimension hat als im „astronomischen" Dimensionssystem, Bez. (1.4.4), dessen Grunddimensionen ebenfalls L und T sind: Die Dimension einer Entität wird, wie bereits betont, nicht nur durch die Grunddimensionen, sondern auch durch die Definitionsrelationen bestimmt.

nicht dargestellte Dimensionssysteme erzeugen, wenn diese Definitionsbeziehungen in einer anderen Reihenfolge oder zur Eliminierung anderer Grunddimensionen benutzt werden.

Es bereitet gewisse Schwierigkeiten, sich von der gewohnten und in unserer Vorstellung verwurzelten Korrespondenz zwischen den physikalischen Entitäten und „ihren" physikalischen Dimensionen zu befreien und z. B. die Kraft im System (L, T) mit der Maßeinheit $cm^{-1} \cdot s^{-1}$ zu messen. Diese Erörterungen zeigen deutlich, daß die Dimensionstheorie nicht zum eigentlichen substantiellen Bestand der Physik gehört, sondern lediglich einen formal-logischen Rahmen festlegt, in dem sich die physikalischen Sachverhalte rational formulieren lassen.

Die Frage, ob aus der recht umfangreichen Menge der möglichen Dimensionssysteme irgendwelche Dimensionssysteme zu bevorzugen seien, hat neben dem naturphilosophischen Aspekt noch den der pragmatischen Zweckmäßigkeit, wobei sich im Laufe der Zeit eine deutliche Verschiebung zugunsten des zweiten Aspektes vollzogen hat. Es sind in der Physik und in der Technik verschiedene Dimensionssysteme eingeführt worden, die in dieser oder jener Hinsicht gewisse Vorteile mit sich bringen. In diesem Zusammenhang sei betont, daß es keineswegs vorteilhaft wäre, sämtliche physikalische Größen durch eine einzige Grunddimension auszudrücken. Wir werden bei der Diskussion des pi-Theorems und seiner Konsequenzen sehen, daß es mitunter sogar zweckmäßiger ist, die Zahl der Grunddimensionen bis zu einem gewissen Grade zu erhöhen, nämlich, wenn bei der Diskussion eines konkreten physikalisch-technischen Sachverhaltes die formal hinzutretenden neuen Dimensionskonstanten irrelevant sind und daher weggelassen werden können. Diese Gesichtspunkte sowie die Anwendung verschiedener Dimensionssysteme als ein Mittel der dimensionsanalytischen Diskussion von Problemen werden wir im Abschn. 2.5 eingehend diskutieren.

1.5 Einführung des Größenkalküls

Die erörterten mengentheoretischen Zusammenhänge zwischen den Größenrelationen und deren Abbildungen auf den Zahlenkörper lassen sich besonders einfach und vorteilhaft mit den Mitteln des sogenannten *Größenkalküls* darstellen. Der Größenkalkül, der sich als Interpretation der physikalischen Gleichungen durchgesetzt hat, beruht auf zwei Voraussetzungen: erstens, daß die physikalischen Gleichungen Beziehungen zwischen den physikalischen Größen zum Ausdruck bringen und, zweitens, daß es möglich ist, mit den physikalischen Größen mathematisch zu operieren. Die erste Voraussetzung deckt sich mit dem Relationenpostulat im Abschn. 1.2. Hinsichtlich der zweiten Voraussetzung werden die physikalischen Größen als *algebraische* Objekte aufgefaßt und zwischen ihnen Rechenoperationen definiert. Wir wollen nachstehend die Grundzüge des Größenkalküls und dessen Zusammenhang mit dem allgemeinen mengentheoretischen Sachverhalt kurz erläutern, ohne uns dabei in die eigentliche Axiomatik dieser algebraischen Struktur zu vertiefen [7−9].

Gegeben sei im Sinne der Ausführungen des Abschn. 1.2 ein System von Größenmengen unterschiedlicher Entität, denen in Verbindung mit irgendeinem Dimensionssystem gewisse Dimensionen zugeordnet sind. Zu diesem Mengensystem sei außerdem noch die Menge R der reellen Zahlen dazugerechnet.

Zwischen den Elementen der Größenmengen werden zwei Verknüpfungsarten, Addition und Multiplikation, definiert. Die Additionsverknüpfung ist nur zwischen den Elementen einer Größenmenge möglich und ergibt ein weiteres Element derselben Größenmenge

$$x_1 + x_2 = x_3 \quad (x_i \in X), \qquad (1.5.1)$$

wobei die Zuordnung des Elementes x_3 zu dem Elementenpaar (x_1, x_2) durch die Bedingung definiert wird, daß ihre Abbildungen auf dem Zahlenkörper R in Verbindung mit einer beliebigen Maßeinheit e_x der entsprechenden Gleichung

$$x_1 + x_2 = x_3 \quad (x_i \in R) \qquad (1.5.2)$$

genügen. Die Additionsverknüpfung ist demnach kommutativ und assoziativ:

$$x_1 + x_2 = x_2 + x_1, \qquad (1.5.3)$$
$$(x_1 + x_2) + x_3 = x_1 + (x_2 + x_3). \qquad (1.5.4)$$

Die Multiplikationsverknüpfung ist zwischen beliebigen Elementen des Mengensystems möglich, wobei allerdings die Definition dieser Verknüpfung zum Teil, wie wir es gleich sehen werden, nur implizit angegeben werden kann. Durch multiplikative Verknüpfung einer Größe x mit einer reellen Zahl r, d. h. mit einem Element aus R, wird diesem Elementenpaar ein Element aus der Menge X zugeordnet:

$$x_1 \cdot r = x_2 \quad (x_i \in X,\ r \in R), \qquad (1.5.5)$$

und zwar derart, daß zwischen den Abbildungen der beiden Elemente x_i auf R in Verbindung mit einer beliebigen Maßeinheit e_x die Beziehung

$$x_1 r = x_2 \quad (x_i,\ r \in R) \qquad (1.5.6)$$

besteht. Diese Verknüpfung ist somit identisch mit (1.2.1).

Der multiplikativen Verknüpfung zwischen zwei Elementen gleicher Entität X wird ein Element einer ad hoc zu postulierenden Menge XX zugeordnet, deren Dimension im Sinne der Beziehung (1.4.3) durch

$$\mathrm{Dim}\,(XX) = \mathrm{Dim}\,(X^2) = \big(\mathrm{Dim}\,(X)\big)^2 \qquad (1.5.7)$$

festgelegt wird.

Ähnlich wird dem Produkt zweier Elemente aus verschiedenen Größenmengen X und Y ein Element einer entsprechend einzuführenden Menge XY zugeordnet. In Verallgemeinerung dieses Verfahrens wird dem Produkt zweier Elemente aus den Mengen $X^a Y^b$ und $X^c Y^d$ ein Element einer Menge $X^{a+c} Y^{b+d}$ zugeordnet, wobei dieses Verfahren auch auf negative Exponenten der Dimensionssymbole ausgedehnt wird. Dabei werden Mengen, deren Dimensionsexponenten sämtlich Nullen sind, z. B. die Menge $X^0 Y^0$, mit der Menge R der reellen Zahlen identifiziert. Die Produktverknüpfung ist ebenfalls kommutativ und assoziativ:

$$x \cdot y = y \cdot x, \tag{1.5.8}$$

$$(x \cdot y) \cdot z = x \cdot (y \cdot z). \tag{1.5.9}$$

Es gilt ferner folgende *Äquivalenzbedingung*, die diesen formalen Kalkül für die Behandlung der physikalischen Probleme erst brauchbar macht: Wird einer Entität U in bezug auf die Entitäten X und Y im Sinne der Beziehung (1.4.1) ein Zahlenpaar (p, q) zugeordnet, so werden die Menge U und die durch Produktbildung erzeugte Menge $X^p Y^q$ als einander äquivalent erklärt.

Zur *expliziten* Festlegung der multiplikativen Verknüpfungen dient das Kohärenzprinzip: So wird beispielsweise das Produkt zwischen den Elementen der Menge „Kraft" und denen der Menge „Länge" durch die Äquivalenzgleichung **dyn · cm = erg** festgelegt und somit die Produktverknüpfung $k \cdot l$ in der Menge „Energie" eindeutig definiert. Die explizite Zuordnung der Multiplikation kann also nur für Mengen vollzogen werden, die vermittels der Äquivalenzbedingung durch einen physikalischen Sachverhalt belegt werden können. Alle übrigen Mengenkonstruktionen bleiben daher nur implizit definiert, was allerdings für die praktische Anwendung des Größenkalküls im Rahmen der Physik ohne Bedeutung ist.

Während bei der allgemein geführten mengentheoretischen Darstellung der Dimensionstheorie die mathematische Handhabung der Größenrelationen (1.2.7) erst durch ihre Abbildung auf den Zahlenkörper ermöglicht wird, werden im Rahmen des skizzierten Größenkalküls die Größenrelationen als *algebraische Zusammenhänge* aufgefaßt. Dies entspricht der Auffassung von physikalischen Beziehungen als *Größengleichungen* [7], indem die Größenrelationen (1.2.7) analog zu ihren Abbildungen (1.2.9) als mathematisch unmittelbar berechenbare Beziehungen

$$F(x_i, y_j, z_k, \ldots) = 0 \tag{1.5.10}$$

erklärt werden. Da aber auch hier die Entwickelbarkeit der mathematischen Funktionen in eine Potenzreihe in gleichem Maße gilt wie im

Falle der Zahlenargumente, folgt daraus unmittelbar sowohl die Dimensionshomogenität der Größengleichungen (1.5.10) als auch ihre dimensionslose Darstellbarkeit: So hat z. B. die durch die Reihe

$$\exp(x) \equiv 1 + x + \frac{1}{2!} \cdot x^2 + \frac{1}{3!} \cdot x^3 + \cdots \qquad (1.5.11)$$

definierte Exponentialfunktion einer Größe x in dem Größenkalkül nur dann einen Sinn, wenn alle Glieder der Reihe Elemente ein und derselben Menge sind, was jedoch auf Grund der erklärten Verknüpfungsregeln nur dann erfüllt ist, wenn x ein Element der Menge R ist. Daraus folgt, daß die Funktionsargumente dimensionslose Potenzprodukte der Größen, d. h. reine Zahlen, sein müssen. Diesem Beweis der pi-Darstellbarkeit der Größengleichungen kommt allerdings im erkenntnistheoretischen Sinne nur eine heuristische Bedeutung zu: Die Grundidee des Größenkalküls ist im Rahmen der allgemeinen Dimensionstheorie zwar zweckdienlich, aber nicht notwendig, da sie außer dem Metrisierungs- und dem Relationenpostulat noch ein zusätzliches *Algebraisierungspostulat* erfordert. Wir werden daher im Abschn. 1.7 das pi-Theorem ohne Heranziehung des Größenkalküls beweisen.

1.6 Einiges über die Linearabhängigkeit

In der Ähnlichkeitstheorie sowie bei der praktischen Anwendung der ähnlichkeitstheoretischen Methoden spielt die Frage eine wichtige Rolle, ob zwischen dimensionstheoretischen Objekten, zu denen Maßzahlen, Maßeinheiten, physikalische Dimensionen und dimensionslose pi Größen zählen, eine *strukturelle* Abhängigkeit besteht. So sind z. B. die Reynolds-Zahl $Re \equiv v\,d/\nu$, die Prandtl-Zahl $Pr \equiv \nu/a$ und die Péclet-Zahl $Pe \equiv v\,d/a$ untereinander strukturell abhängig, da zwischen diesen Kennzahlen eine Beziehung $Pe = Re \cdot Pr$ besteht, die hinsichtlich aller darin vorkommenden Strukturelemente (v, d, v, a) eine Identität darstellt. Hingegen kann aus der bekannten [31] Beziehung $Nu = \mathrm{const} \cdot Re^m \cdot Pr^n$, in der $Nu \equiv \alpha\,d/\lambda$ die Nusselt-Zahl ist, keineswegs der Schluß gezogen werden, daß auch Nu, Re und Pr strukturell voneinander abhängig seien, weil diese Beziehung hinsichtlich der darin vorkommenden Strukturelemente $(\alpha, d, \nu, v, \lambda, a)$ keine Identität ist.

Da die oben aufgezählten dimensionstheoretischen Objekte die Struktur von Potenzprodukten besitzen, gilt für die Prüfung der eventuell bestehenden strukturellen Abhängigkeit folgendes grundsätzliche Kriterium: Objekte $A, B, C, \ldots$ des gleichen Typs sind untereinander strukturell abhängig, wenn es Zahlen $\mu_1, \mu_2, \mu_3, \ldots$ gibt, die nicht *sämtlich* Null sind, und für die eine Identität der Form

$$A^{\mu_1} B^{\mu_2} C^{\mu_3} \ldots = 1 \qquad (1.6.1)$$

hinsichtlich aller Strukturelemente von $A, B, C, \ldots$ besteht. Der Hinweis, daß es sich um Objekte des gleichen Typs handeln soll, besagt, daß $A, B, C, \ldots$ entweder nur Maßeinheiten oder nur physikalische Dimensionen oder nur pi-Größen usw. sind. Wird diese Identität dagegen nur bei $\mu_1 = \mu_2 = \mu_3 = \cdots = 0$ befriedigt, so sind die Objekte voneinander strukturell unabhängig.

Man kann nun mit den Mitteln der höheren Algebra zeigen, daß sich die Prüfung der Strukturabhängigkeit auf den bekannten, nachstehend erläuterten Begriff der *Linearabhängigkeit* [12] zurückführen läßt:

Gegeben seien n-komponentige Vektoren $Z_j (a_{j\,1}, a_{j\,2}, \ldots, a_{j\,n})$ mit $j = 1, 2, \ldots, k$ eines abstrakten Vektorraumes und homogene Linearaggregate

$$Z^* \equiv \mu_1 Z_1 + \mu_2 Z_2 + \cdots + \mu_k Z_k \tag{1.6.2}$$

mit beliebigen reellen Koeffizienten μ_j, die ebenfalls Vektoren $Z^* (a_1^*, a_2^*, \ldots, a_n^*)$ mit den Komponenten

$$a_i^* = \sum_{j=1}^{k} \mu_j\, a_{j\,i} \quad (i = 1, 2, \ldots, n) \tag{1.6.3}$$

definieren. [Hier werden mit Absicht die gleichen μ-Symbole wie in der Beziehung (1.6.1) verwendet, um die Korrespondenz zwischen der Struktur- und der Linearabhängigkeit zu betonen.]

Die Vektoren Z_j sind untereinander *linearabhängig*, wenn es Koeffizienten μ_j gibt, die nicht sämtlich Null sind und für die $Z^* = 0$ gilt[1]. Folgt hingegen aus der Bedingung $Z^* = 0$, daß alle μ_j-Koeffizienten notwendigerweise gleich Null sind, so sind die Vektoren Z_j voneinander *linearunabhängig*. So hängen beispielsweise die Vektoren $Z_1(1, 0, 2)$, $Z_2(3, 1, -1)$ und $Z_3(5, 1, 3)$ voneinander linear ab, weil ein Linearaggregat aus diesen Vektoren mit $\mu_1 = 2$, $\mu_2 = 1$ und $\mu_3 = -1$ identisch verschwindet.

Der innere Zusammenhang zwischen der strukturellen Abhängigkeit der dimensionstheoretischen Objekte und dem allgemeineren Problem der Linearabhängigkeit ist durch den sogenannten *Isomorphismus* [13] zwischen den beiden Sachverhalten gewährleistet. Dieser Zusammenhang läßt sich auch ohne Methoden der höheren Algebra unmittelbar darlegen, sofern es sich um Objekte arithmetischer Natur, d. h. Potenzprodukte von Zahlen, beispielsweise pi-Größen, handelt: Es seien

$$A \equiv \prod_{i=1}^{n} x_i^{a_i}, \; B \equiv \prod_{i=1}^{n} x_i^{b_i}, \; C \equiv \prod_{i=1}^{n} x_i^{c_i}, \ldots \tag{1.6.4}$$

solche Objekte mit reellen Variablen x_i und reellen Konstanten a_i, $b_i, c_i, \ldots$ Diese Objekte sind voneinander *strukturell* abhängig, wenn

---

[1] Ein Vektor ist gleich Null, wenn alle seine Komponenten verschwinden.

es reelle Zahlen $\mu_1, \mu_2, \mu_3, \ldots$ gibt, die nicht alle Null sind, und für die die Gl. (1.6.1) eine Identität hinsichtlich aller x_i ist. Nach Logarithmierung dieser Gleichung erhält man die Beziehung

$$\mu_1 \sum_{i=1}^{n} a_i \lg x_i + \mu_2 \sum_{i=1}^{n} b_i \lg x_i + \mu_3 \sum_{i=1}^{n} c_i \lg x_i + \cdots = 0 . \qquad (1.6.5)$$

Mit $Z_1 \equiv \sum\limits_{i=1}^{n} a_i \lg x_i$, $Z_2 \equiv \sum\limits_{i=1}^{n} b_i \lg x_i$, $\ldots$ wird das Problem der Strukturabhängigkeit in das der Linearabhängigkeit im Sinne von (1.6.2) überführt. Für den allgemeineren Fall, daß es sich bei den Objekten $A, B, C, \ldots$ um symbolische Verknüpfungen zwischen Elementen nichtarithmetischer Art, etwa zwischen den Dimensionen im Sinne von (1.4.3), handelt, wird der Zusammenhang, wie bereits betont, mit den Mitteln der Algebra bewiesen.

Die Prüfung der eventuell vorliegenden Linearabhängigkeit zwischen den Vektoren $Z_j (a_{j1}, a_{j2}, \ldots, a_{jn})$ wird gewöhnlich mit Hilfe des *Gaußschen Algorithmus* [12] durchgeführt: Werden die Komponenten a_{ji} als Elemente einer Matrix

$$\begin{array}{ll}
Z_1: & a_{11} \quad a_{12} \ldots a_{1n} \\
Z_2: & a_{21} \quad a_{22} \ldots a_{2n} \\
\multicolumn{2}{c}{\cdots \cdots \cdots \cdots \cdots \cdots} \\
Z_k: & a_{k1} \quad a_{k2} \ldots a_{kn}
\end{array} \qquad (1.6.6)$$

dargestellt, so ist die Zahl der voneinander linearunabhängigen Vektoren, d. h. die Zahl der voneinander linearunabhängigen Zeilen der Matrix, gleich dem *Rang r* dieser Matrix. Es gilt für r die Bedingung $0 \leqq r \leqq s$, wobei mit s die kleinere Zahl von k und n bezeichnet ist. Bei $r = 0$ sind alle Elemente der Matrix gleich Null, bei $r = 1$ sind alle Zeilen (sowie auch Spalten) der Matrix einander proportional. Der Rang einer Matrix wird durch die sogenannten *Äquivalenztransformationen* — Vertauschen von Zeilen (Spalten) untereinander sowie Hinzuaddieren von Linearkombinationen der Zeilen (Spalten) zu beliebigen Zeilen (Spalten) — nicht verändert.

Der Gaußsche Algorithmus zur Bestimmung von r besteht darin, daß die ursprüngliche Matrix (1.6.6) durch eine Folge von Äquivalenztransformationen in eine Matrix der Form

$$\begin{array}{l}
b_{11} \quad b_{12} \quad b_{13} \ldots \ldots b_{1k} \ldots \ldots b_{1n} \\
0 \quad\; b_{22} \quad b_{23} \ldots \ldots b_{2k} \ldots \ldots b_{2n} \\
0 \quad\;\; 0 \quad\;\; b_{33} \ldots \ldots b_{3k} \ldots \ldots b_{3n} \\
\cdots \cdots \cdots \cdots \cdots \cdots \cdots \cdots \cdots \\
\cdots \cdots \cdots \cdots \cdots \cdots \cdots \cdots \cdots \\
0 \quad\;\; 0 \quad\;\; 0 \ldots 0 \quad\; b_{kk} \ldots \ldots b_{kn}
\end{array} \qquad (1.6.7)$$

überführt wird, die unterhalb der Hauptdiagonalen $(b_{11}, b_{22}, \ldots, b_{kk})$ nur Nullen aufweist, indem man zugleich dafür zu sorgen hat, daß auf der Hauptdiagonale selbst die Nullen, soweit es möglich ist, nicht vorkommen.

Die Zahl der nichtverschwindenden Elemente der Hauptdiagonale in (1.6.7), die bei der zweckentsprechenden Durchführung des Algorithmus eine lückenlose Folge bilden, ist gleich dem Rang r der ursprünglichen Matrix (1.6.6) bzw. der ihr äquivalenten Matrix (1.6.7). Sie gibt bei $k < n$ die Anzahl der in (1.6.6) voneinander linearunabhängigen Zeilen bzw. bei $k > n$ die Zahl der voneinander linearunabhängigen Spalten an. Sofern $r < k$ (bzw. $r < n$) ist, enthalten die restlichen Zeilen (bzw. Spalten) in (1.6.7) nur Nullelemente.

Zur Erläuterung dieser Methode wollen wir prüfen, ob die Kennzahlen Nu, Re, Pr und die Froude-Zahl $Fr \equiv v^2/(d \cdot g)$ strukturell voneinander abhängig sind: In der nachstehenden Matrix ist jeder Kennzahl eine Zeile und jedem Strukturelement, d. h. jeder physikalischen Größe, eine Spalte zugeordnet. Die Matrixelemente geben Potenzen an, mit denen die Strukturelemente in den betreffenden Kennzahlen vertreten sind:

$$
\begin{array}{l|ccccccc|l}
 & \alpha & d & \nu & g & v & a & \lambda & \\
\hline
Nu & 1 & 1 & 0 & 0 & 0 & 0 & -1 & Z_1 \\
Re & 0 & 1 & -1 & 0 & 1 & 0 & 0 & Z_2 \\
Pr & 0 & 0 & 1 & 0 & 0 & -1 & 0 & Z_3 \\
Fr & 0 & -1 & 0 & -1 & 2 & 0 & 0 & Z_4.
\end{array}
\tag{1.6.8}
$$

Wird nun Z_4 durch die Linearkombination $(Z_4 + Z_2 + Z_3)$ ersetzt, so erhält man die angestrebte Form

$$
\begin{array}{ccccccc}
1 & 1 & 0 & 0 & 0 & 0 & -1 \\
0 & 1 & -1 & 0 & 1 & 0 & 0 \\
0 & 0 & 1 & 0 & 0 & -1 & 0 \\
0 & 0 & 0 & -1 & 3 & -1 & 0.
\end{array}
\tag{1.6.9}
$$

Die aus Nichtnullen bestehende Hauptdiagonale zeigt, daß der Rang r der Matrix (1.6.8) gleich Vier ist. Demnach sind alle vier Zeilen dieser Matrix voneinander linear unabhängig, so daß zwischen den Kennzahlen Nu, Re, Pr, Fr kein struktureller Zusammenhang besteht.

Wegen des grundsätzlichen Isomorphismus zwischen (1.6.1) und (1.6.5) spricht man auch in Verbindung mit einer Strukturprüfung schlechthin von der etwaigen Linearabhängigkeit der Objekte, wobei dieser Begriff von dem Begriff der *funktionellen* Abhängigkeit klar zu unterscheiden ist. Eine Verwechslung der beiden Begriffe kann bei der

Anwendung der ähnlichkeitstheoretischen Methoden zu groben Fehlern führen.

Bestehen zwischen den n Variablen A_i einer Beziehung

$$f_1(A_1, A_2, \ldots, A_n) = 0 \tag{1.6.10}$$

etwa k $(k < n)$ wesentlich verschiedene Linearabhängigkeiten, so läßt sich diese Beziehung *a priori*, d. h. unabhängig von der speziellen Beschaffenheit der f_1-Funktion, auf eine Beziehung

$$f_2(A_{j_1}, A_{j_2}, \ldots, A_{j_{n-k}}) = 0 \tag{1.6.11}$$

mit $n - k$ Variablen reduzieren.

Eine derartige a priori-Reduktion wäre demnach bei einer etwa bestehenden Beziehung $f_1(Nu, Re, Pr, Fr) = 0$ nicht möglich, da diese Variablen nach der oben durchgeführten Strukturprüfung voneinander linearunabhängig sind. Dies schließt allerdings nicht aus, daß bei einem konkreten Problem infolge der speziellen Struktur von f_1 eventuell eine Reduktion, z. B. auf die Form $f_3(Nu\,Pr^a, Re, Fr) = 0$, vorliegt.

1.7 Das pi-Theorem

Wir kommen nunmehr zum Kernstück der Dimensionstheorie, dem bekannten pi-Theorem, welches die Grundlage der ähnlichkeitstheoretischen Methoden bildet. Ein physikalisch-technischer Sachverhalt, an dem physikalische Größen x_k beliebiger Entitäten mit $k = 1, 2, \ldots, n$ beteiligt sind, sei in Verbindung mit einem beliebigen Dimensionssystem und einem zugeordneten System von kohärenten Maßeinheiten durch eine Beziehung

$$f(x_1, x_2, \ldots, x_n) = 0 \tag{1.7.1}$$

beschrieben, in der x_k die Maßzahlen der betreffenden Größen x_k sind. Diese Größen lassen sich in zwei nichtleere Teilmengen einteilen: Die erste Teilmenge, deren Elemente wir mit dem i-Index versehen wollen und die daher kurz „i-Menge" genannt sei, soll nur solche Größen x_i enthalten, deren Dimensionen $\mathrm{Dim}(x_i)$ voneinander linearunabhängig sind. Dabei brauchen diese Dimensionen nicht notwendigerweise die Grunddimensionen des verwendeten Dimensionssystems zu sein. Die zweite Teilmenge, die wir entsprechend „j-Menge" nennen wollen, umfaßt alle übrigen in (1.7.1) vertretenen Größen x_j, deren Dimensionen von denen der „i-Menge" linearabhängig sind und sich daher im Sinne der Dimensionsgleichung (1.4.3) als Potenzprodukte der letztgenannten darstellen lassen:

$$\mathrm{Dim}(x_j) = \prod_i \left(\mathrm{Dim}(x_i)\right)^{p_{ij}}, \tag{1.7.2}$$

zu denen eventuell auch die Größen der Grundentitäten zählen können. Die die beiden Teilmengen kennzeichnenden Indizes i und j durchlaufen die ganzzahligen Werte $i = 1, 2, \ldots, r$ und $j = r + 1, r + 2, \ldots, r + m$ mit $r + m = n$.

Die Größen x_k können den beiden Teilmengen nach dem folgenden Schema zugeordnet werden: Man greife irgendeine Größe heraus und ordne sie unmittelbar der i-Menge zu; alsdann wird eine zweite Größe herausgegriffen und dabei geprüft (Abschn. 1.6), ob ihre Dimension von der der ersten Größe linearabhängig ist. Je nach dem Ergebnis dieser Prüfung wird die zweite Größe einer der beiden Teilmengen zugeordnet. Danach wird eine dritte Größe herausgegriffen, auf ihre Abhängigkeit von den bereits ermittelten Elementen der i-Menge geprüft und der entsprechenden Teilmenge zugeordnet. Dieses Verfahren kann offensichtlich auf sämtliche Größen x_k angewandt werden, womit die grundsätzliche Durchführbarkeit des Zuordnungsverfahrens dargelegt ist. Da jede physikalische Relation mindestens eine Größe enthält, deren Dimension durch Dimensionen der übrigen Größen im Sinne von (1.4.3) darstellbar ist, besteht jede der beiden Teilmengen aus mindestens einem Element, so daß mit $n \geq 2$ weder r noch m gleich Null sind. Daß das Ergebnis der Zuordnung von der Reihenfolge abhängt, in welcher die Größen x_k der Prüfung unterzogen werden, ist für die Beweisführung unerheblich.

Entsprechend der durchgeführten Einteilung der Größen in beide Teilmengen wollen wir die Beziehung (1.7.1) in der Form

$$f(x_i, x_j) = 0 \qquad (1.7.3)$$

hinschreiben.

Die vorgenommene Einteilung der Größen auf zwei Teilmengen wird durch die nachstehende *Dimensionsmatrix* **D**

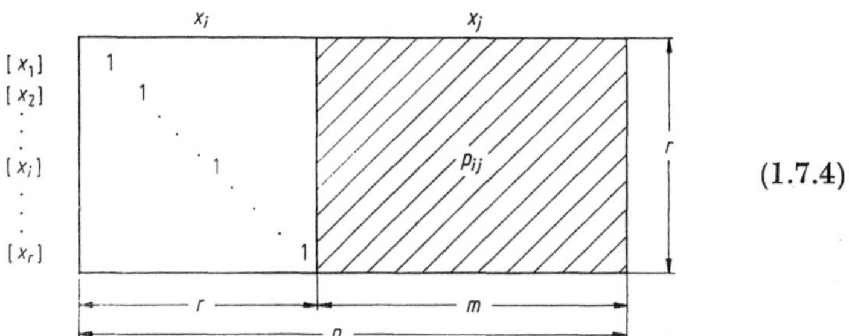

$$(1.7.4)$$

zum Ausdruck gebracht. Die Elemente jeder Spalte dieser Matrix geben an, wie sich die Dimension der jeweils am Kopf der Spalte angegebenen Größe durch die Dimensionen der in der i-Menge vertretenen Größen darstellen läßt. Die Größen der i-Menge bilden dabei eine quadratische Einheitsmatrix, deren Diagonale aus Einsen besteht, während die übrigen Elemente Nullen sind. Die Größen der j-Menge bilden den zweiten

Teil der Dimensionsmatrix, den wir *Restmatrix* nennen wollen. Ihre Elemente p_{ij} hängen nach (1.7.2) von den Entitäten der betreffenden Größen und den Größen der i-Menge ab.

Die Funktion (1.7.3) kann wegen ihrer Dimensionshomogenität mit Rücksicht auf die Identität (1.3.27) und die Gl. (1.7.2) in der Form

$$f\left(a_i \cdot x_i, \left(\prod_i a_i^{p_{ij}}\right) \cdot x_j\right) = 0 \tag{1.7.5}$$

geschrieben werden, wobei a_i beliebige Parameter sind.

Werden nun diese Parameter durch die zusätzlichen Bedingungen

$$a_i \cdot x_i = 1 \tag{1.7.6}$$

festgelegt, so geht (1.7.5) in

$$f\left(1, x_j \prod_i x_i^{-p_{ij}}\right) \equiv \Phi\left(x_j \prod_i x_i^{-p_{ij}}\right) \equiv \Phi(\pi_j) = 0, \tag{1.7.7}$$

also in eine äquivalente reduzierte Beziehung über, die nicht mehr n, sondern nur noch $m = n - r < n$ transformierte Variablen enthält.

Die neuen Variablen

$$\boxed{\pi_j \equiv x_j \prod_i x_i^{-p_{ij}}}, \tag{1.7.8}$$

die man wegen des dort auftretenden Produktsymbols als *pi-Variablen* bezeichnet, entsprechen nach (1.7.2) dimensionslosen Gruppen der betreffenden Größen x_k. Man nennt daher die aus den Maßzahlen aufgebauten pi-Größen ebenfalls *dimensionslose* pi-Variablen.

Werden die erzeugten pi-Variablen in Form der nachstehenden *Strukturmatrix* **S** dargestellt:

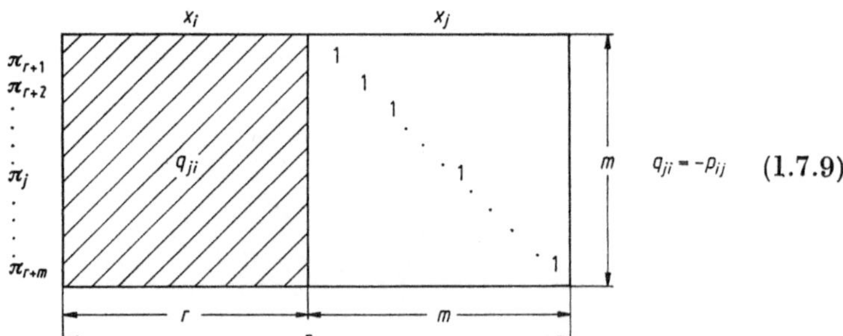

$$q_{ji} = -p_{ij} \tag{1.7.9}$$

die analog zu (1.7.4) den Aufbau der pi-Variablen aus den Maßzahlen x_k zum Ausdruck bringt, so zeigt die Struktur dieser Matrix, deren Rang gleich m ist, daß diese pi-Gruppen voneinander linearunabhängig sind. Zwischen der Dimensionsmatrix **D** (1.7.4) und der transponierten Strukturmatrix **S′** besteht übrigens die Beziehung

$$\mathbf{D} \cdot \mathbf{S}' = 0, \tag{1.7.10}$$

wie man sich durch Ausmultiplizieren der beiden Matrizen leicht überzeugen kann.

Die durchgeführte Diskussion zeigt, daß jede physikalische Beziehung zwischen n physikalischen Größen als eine Beziehung zwischen m (m < n) voneinander linearunabhängigen dimensionslosen pi-Gruppen dargestellt werden kann, wobei r = n − m den Rang der Dimensionsmatrix (1.7.4) angibt, die von den betreffenden physikalischen Größen gebildet wird:

$$\boxed{f(x_\mu) = 0 \rightarrow \Phi(\pi_\nu) = 0}. \qquad (1.7.11)$$

Dabei durchlaufen der μ- und der ν-Index die Werte von 1 bis n bzw. von 1 bis $m = n - r$[1]. Dies ist der Inhalt des pi-Theorems. Seine praktische Anwendung auf Probleme der physikalisch-technischen Forschung und die Ermittlung der voneinander linearunabhängigen pi-Größen werden im 2. Kapitel ausführlich diskutiert.

Wir werden im weiteren die physikalischen Größen zusammenfassend als *x-Größen* und die physikalischen Beziehungen zwischen ihnen als *x-Beziehungen*, dagegen die dimensionslosen Größen (1.7.8) und die Beziehungen zwischen ihnen als *pi-Größen* und *pi-Beziehungen* bezeichnen. Es ist mitunter zweckmäßig, die x-Beziehungen und die pi-Beziehungen als Sachverhalte in den entsprechenden Darstellungsräumen, einem n-dimensionalen *x-Raum* und einem m-dimensionalen *pi-Raum*, geometrisch zu interpretieren. Die grundsätzliche Darstellbarkeit von physikalisch-technischen Sachverhalten in einem pi-Raum ist, wie wir gleich zeigen werden, nicht an die Kohärenzbedingung für die Maßeinheiten gebunden:

Es seien π_k und π_k^* korrespondierende pi-Größen in einem kohärenten bzw. in einem willkürlichen inkohärenten Maßsystem. Es bestehen dann die Gleichungen

$$\pi_k = c_k \,\pi_k^*, \qquad k = 1, 2, \ldots, m, \qquad (1.7.12)$$

in denen c_k positive Konstanten sind, die nur von der Wahl der inkohärenten Maßeinheiten abhängen. Es gilt daher für jede pi-Beziehung

$$f(\pi_1, \pi_2, \ldots, \pi_m) = f(c_1 \,\pi_1^*, c_2 \,\pi_2^*, \ldots, c_m \,\pi_m^*) \equiv f_c(\pi_1^*, \pi_2^*, \ldots, \pi_m^*) = 0,$$
$$(1.7.13)$$

wobei der c-Index am Funktionssymbol darauf hinweisen soll, daß es sich um eine m-parametrige Funktionenschar mit den Parametern $c_1, c_2, \ldots, c_m$ handelt. Ein physikalisch-technischer Sachverhalt wird also unabhängig von dem zugrunde gelegten Maßsystem in ein und dem-

---

[1] Der Rang r ist zwar häufig gleich der Zahl k der Grunddimensionen des herangezogenen Dimensionssystems, doch ist dies keine allgemeingültige Regel. Der Gaußsche Algorithmus zeigt in Verbindung mit der nichtleeren Restmatrix, daß $r \leqq k$ sein kann.

selben pi-Raum durch eine Funktion aus der obigen Funktionenschar beschrieben. Bei der Verwendung von beliebigen *kohärenten* Maßsystemen wird aus dieser Schar eine bestimmte Funktion fixiert, die den physikalisch-technischen Sachverhalt in dem pi-Raum unabhängig von der speziellen Wahl des kohärenten Maßsystems eindeutig wiedergibt. *Die pi-Darstellbarkeit eines physikalisch-technischen Sachverhaltes ist somit bereits eine logische Folge der Dimensionshomogenität der physikalischen Relationen. Die Beachtung des Invarianzprinzips bewirkt allerdings die Eindeutigkeit der pi-Darstellung.*

Wir werden im nächsten Kapitel eine Methode zur praktischen Bestimmung vollständiger linearunabhängiger Sätze von pi-Größen kennenlernen, mit denen das betreffende physikalische Problem vollständig beschrieben werden kann. Außerdem werden wir dort Konsequenzen diskutieren, die sich aus dem pi-Theorem für die Anwendung der ähnlichkeitstheoretischen Methoden auf die Probleme der physikalisch-technischen Forschung ergeben.

Die Ausführungen dieses Kapitels haben gezeigt, daß die pi-Darstellbarkeit eine grundsätzliche und notwendige Eigenschaft aller dimensionshomogen formulierten physikalischen und technischen Gesetzmäßigkeiten ist. Obwohl das pi-Theorem schon längere Zeit in seiner Allgemeingültigkeit bekannt ist, ist es bis heute noch üblich, die Ähnlichkeitstheorie ausgehend von der dimensionstheoretischen Diskussion der partiellen Differentialgleichungen der Physik zu begründen. Dieser Zugang zu der Ähnlichkeitstheorie ist jedoch methodisch unbefriedigend, weil dabei die Allgemeingültigkeit des pi-Theorems und seine erkenntnistheoretische Fundierung nicht deutlich genug hervortreten.

Die Begründung der pi-Darstellbarkeit der physikalisch-technischen Sachverhalte anhand der Differentialgleichungen der Physik wird außerdem zu sehr aus dem Blickwinkel der Ähnlichkeits*übertragung* gesehen. Dem Leser dürfte nicht entgangen sein, daß das Problem der „Ähnlichkeit" im eigentlichen Sinne des Wortes und die Fragen der Ähnlichkeitsübertragung in diesem Kapitel ausgeklammert wurden. Sie gehören in der Tat nicht zur formal-logischen oder erkenntnistheoretischen Begründung der Dimensionstheorie, sondern zählen zu den Konsequenzen der pi-Darstellbarkeit und werden daher erst in Kapitel 4 systematisch behandelt.

Es sei abschließend noch erwähnt, daß der Geltungsbereich der Dimensionstheorie und insbesondere des pi-Theorems nicht nur auf physikalische Vorgänge beschränkt ist. Sie haben vielmehr mit einigen sinngemäßen Abänderungen u. a. im Bereich der Ökonometrie ihre volle Gültigkeit. Daran wird der bereits hervorgehobene Umstand verdeutlicht, daß die Dimensionstheorie nicht eine physikalische Theorie, sondern ein logischer Rahmen für die Erfassung metrisierbarer Zusammenhänge ist. Auch im Bereich der Ökonometrie werden die Aussageobjekte im Sinne von „Größen" als symbolische Produkte aus Maßzahl und Maßeinheit dargestellt, wie beispielsweise Bevölkerungsdichte in Einwohner/km², Jahresumsatz in DM/Jahr oder Index der Stahlproduktion eines Landes in t/(Jahr · Bevölkerungszahl) usw. Die ökonometrischen Beziehungen unterliegen den gleichen Homogenitätsforderungen wie die physikalischen; auch hier gilt das Kohärenzprinzip für die Maßeinheiten als Voraussetzung für die Invarianz der Beziehungen sowie die dimensionslose Darstellbarkeit der Zusammenhänge. Man darf sich dabei allerdings durch die in der Ökonometrie häufig vorkommenden Trivialmaßangaben, wie etwa „Jahrestonnen", ebensowenig irritieren lassen wie z. B. durch die Bezeichnung „Stundenkilometer" als Geschwindigkeitsmaß.

2. pi-Darstellung von physikalisch-technischen Sachverhalten

2.1 Einführung in die Problematik

Die pi-Darstellbarkeit, eine grundsätzliche Eigenschaft sämtlicher physikalischer und technischer Gesetzmäßigkeiten, spielt sowohl in der theoretischen als auch in der experimentellen Forschung eine wichtige Rolle. Ihre praktische Bedeutung erfährt jedoch gewisse Akzentverschiebungen, die davon abhängen, ob der zu untersuchende Sachverhalt mathematisch formulierbar ist und ob dieses mathematische Problem auch faktisch gelöst werden kann:

Während die pi-Darstellbarkeit bei den einfacheren mathematisch formulier- und lösbaren Problemen praktisch kaum eine Rolle spielt, werden Probleme mit komplizierterer mathematischer Struktur in der Regel dimensionslos behandelt, weil dadurch die Anzahl der Variablen und der Parameter reduziert wird und man somit einen günstigeren Ausgangspunkt für die mathematische Diskussion dieser Probleme bezieht. Jeder nicht dimensionslos formulierte mathematische Zusammenhang ist a priori reduzibel. Die pi-Darstellung schließt allerdings nicht aus, daß ein konkretes mathematisches Problem dank seiner speziellen mathematischen Struktur eine weitere, über die Forderungen des pi-Theorems hinausreichende Reduktion zuläßt.

Eine wesentlich größere Bedeutung kommt der pi-Darstellbarkeit bei der Diskussion von Problemen zu, die zwar auf Grund theoretischer Vorstellungen mathematisch formulierbar sind, deren Lösungen aber nur numerisch ermittelt werden können. Allerdings finden hier die

eigentlichen Techniken der Dimensionsanalyse (Abschn. 2.3) noch keine
Anwendung, weil es in der Regel bereits aus der mathematischen Formulierung des Problems hervorgeht, durch welche pi-Größen der Sachverhalt erfaßt wird. Einige Beispiele dafür sind in Kapitel 3 und 6 zu
finden.

Das eigentliche Anwendungsgebiet der in diesem Kapitel ausführlich
erläuterten dimensionsanalytischen Methoden, die im Wechselspiel mit
dem Experiment zur Erforschung von physikalisch-technischen Sachverhalten eingesetzt werden können, wird von dem großen Kreis der
Probleme gebildet, für die eine *theoretisch fundierte* mathematische
Formulierung nicht gegeben ist und bei denen man lediglich in der
Lage ist, die problemrelevanten physikalischen Größen mit einem gewissen Grad an Sicherheit zu benennen.

Da das vorliegende Buch neben der Klärung der theoretischen Grundlagen der Ähnlichkeitslehre auch eine Erörterung der methodologischen
Gesichtspunkte bezweckt, wollen wir die wechselseitigen Beziehungen
zwischen den theoretischen, den experimentellen und den ähnlichkeitstheoretischen Aspekten in der physikalisch-technischen Forschung an
einem bekannten und leicht überschaubaren Beispiel erläutern:

Eine Durchflußapparatur beliebiger Geometrie wird von einer
Newtonschen Flüssigkeit stationär (laminar oder auch turbulent) durchströmt, wobei die Temperaturabhängigkeit der Stoffwerte der Flüssigkeit vernachlässigt werden soll, so daß die mit der Energiedissipation
in der strömenden Flüssigkeit verbundenen thermischen Vorgänge die
Strömung nicht beeinflussen. Eine der technisch wichtigen Fragen bei
einem derartigen Strömungsvorgang ist die Abhängigkeit des Druckverlustes Δp in der Apparatur vom Volumendurchsatz q der Flüssigkeit,
d. h. die Druck-Durchsatz-Charakteristik der Anordnung.

Diese Frage kann auf verschiedenen Diskussionsebenen behandelt
werden. Die einfachste Antwort darauf ist eine experimentelle Ermittlung der Beziehung $f(q, \Delta p) = 0$ für eine bzw. einige gegebene
Flüssigkeiten, wobei man wenigstens im Falle der laminaren Strömung
die Viskosität η als einen Parameter auffassen kann. Bereits die Frage
nach den physikalischen Größen, die die Druckcharakteristik der *gegebenen* Strömungsapparatur bestimmen, bringt uns auf eine höhere
Diskussionsebene. Sie läßt sich bei dem vorgegebenen Problem rein
theoretisch beantworten, denn es handelt sich hier um eine Lösung der
Navier-Stokesschen Differentialgleichung mit vorgegebenen, im wesentlichen durch die Geometrie der Apparatur festgelegten Randbedingungen. Die Druckcharakteristik der Apparatur wird in Verbindung mit Newtonschen Flüssigkeiten durch eine Beziehung der Form
$f(q, \Delta p, \eta, \varrho) = 0$ beschrieben, wobei die Funktion f von der Gesamtheit der geometrischen Gegebenheiten der Apparatur abhängt.

Kann eine exakte analytische Lösung des anstehenden mathematischen Problems infolge der komplizierten Geometrie der Apparatur nicht gewonnen werden, so erweist sich die pi-Darstellbarkeit des Vorganges als entscheidend für die Diskussion des Problems: Wir wollen uns zunächst vor Augen führen, daß die Gesamtheit der geometrischen Gegebenheiten, d. h. die Gestalt der Apparatur, die Rauhigkeit der Wände usw., vom ähnlichkeitsorientierten Standpunkt aus durch eine einzige, beliebig wählbare Längenmaßangabe, die sogenannte *kennzeichnende Längenabmessung L*, und einen Komplex von dimensionslosen Bestimmungsstücken π_{geom} (Längenverhältnisse, relative Krümmungsradien, Winkel usw.) vollständig definiert ist. Bilden diese dimensionslosen Bestimmungsstücke bei komplizierteren geometrischen Gegebenheiten eine nichtabzählbar unendliche Menge, so ist die obige Funktion f ein Funktional der π_{geom}.

Das Problem ist somit durch die *dimensionsbehafteten x-Größen* $L, q, \Delta p, \eta, \varrho$ sowie durch die *dimensionsfrei* formulierte Geometrie der Apparatur festgelegt. Wir werden die Gesamtheit der problemrelevanten x-Größen, zu denen gegebenenfalls auch einige dimensionslose Größen hinzukommen können, im weiteren als *Relevanzliste* des betreffenden Problems bezeichnen, deren Diskussion der nächste Abschnitt gewidmet ist.

Mit Hilfe eines einfachen Kalküls, den wir in Abschn. 2.3 erläutern werden, lassen sich für das obige Problem zwei voneinander linearunabhängige pi-Größen, die Reynolds-Zahl $Re \equiv \varrho\, q/\eta\, L$ und die Euler-Zahl $Eu \equiv \Delta p\, L^4/\varrho\, q^2$, bilden. Somit kann die Druckcharakteristik nach dem pi-Theorem als eine Beziehung zwischen zwei pi-Variablen

$$f(Re, Eu) = 0 \qquad\qquad (2.1.1)$$

dargestellt werden. Die Funktion f ist durch die dimensionsfrei formulierte Geometrie der Anordnung festgelegt, wobei eventuell einige besonders wichtige π_{geom}-Größen als Parameter in die Beziehung explizit aufgenommen werden.

Damit ist das Problem auf eine höhere Diskussionsebene verlegt; denn die Beziehung (2.1.1) gilt nicht nur für die konkrete experimentell untersuchte Apparatur, sondern darüber hinaus gleichermaßen auch für geometrisch ähnliche Anordnungen, da ihnen dieselben Werte der π_{geom}-Größen entsprechen. Dieser Umstand bildet die Grundlage der *Modelltheorie* und der *Ähnlichkeitsübertragung*, die wir im 4. Kapitel ausführlich diskutieren.

Die Beziehung (2.1.1) kann, sofern sie theoretisch nicht zu ermitteln ist, an einer oder gegebenenfalls einigen wenigen Apparaturen *stellvertretend für die Gesamtheit* der ähnlichen Anordnungen experimentell ermittelt werden.

2.2 Aufstellung von Relevanzlisten

Den Ausgangspunkt einer dimensionsanalytischen Diskussion von Problemen, für die eine theoretisch begründete mathematische Formulierung nicht gegeben ist, bildet die Aufstellung der *Relevanzliste* der physikalischen Größen, die für den zu untersuchenden Sachverhalt bestimmend sind. Die Ermittlung der problemrelevanten Größen ist mitunter mit einigen Schwierigkeiten verbunden und setzt im allgemeinen gewisse Einsicht in das anstehende Problem voraus. Man darf allerdings diesen Umstand, der in der einschlägigen Literatur gewöhnlich mit Nachdruck hervorgehoben wird, nicht überbewerten; denn auch eine als signifikant angenommene Relevanzliste wird an experimentellen Ergebnissen überprüft und, wenn erforderlich, vervollständigt.

Bei experimentellen Untersuchungen, die im Rahmen der ingenieur- und der verfahrenstechnischen Forschung durchgeführt werden, begnügt man sich gewöhnlich mit der Ermittlung der wesentlichen Züge des zur Diskussion stehenden Problems. In solchen Fällen werden in die Relevanzliste nur die wichtigsten Einflußgrößen aufgenommen, wobei es für die physikalische Signifikanz der Diskussion entscheidend ist, daß wirklich alle wichtigen Einflußgrößen in der Relevanzliste erfaßt werden. Gerade hier liegt eine der größten Schwierigkeiten; denn problemwichtig sind nicht nur die Operationsvariablen, mit denen ein Vorgang gesteuert werden kann, und gewisse Stoffwerte, sondern mitunter auch solche physikalischen Größen, wie etwa die Erdbeschleunigung g, an die man gewöhnlich bei der Durchführung des betreffenden Prozesses kaum denkt.

Bei der Aufstellung von Relevanzlisten sind mehrere allgemeingültige Gesichtspunkte zu beachten, die wir nachstehend erläutern wollen: Zunächst sei hervorgehoben, daß bereits aus *formalen* dimensionstheoretischen Gründen nicht jeder beliebige Satz von x-Größen eine *physikalisch konsistente* Relevanzliste darstellt: Einerseits muß sich aus den x-Größen mindestens eine pi-Größe bilden lassen, und andererseits müssen in einem vollständigen Satz von linearunabhängigen pi-Größen sämtliche x-Größen der Relevanzliste enthalten sein. Zur Erfüllung dieser beiden Forderungen ist es, wie wir in Abschn. 2.3 noch sehen werden, notwendig und hinreichend, daß die Dimensionsmatrix der betreffenden x-Größen mindestens zwei *rangbestimmende Spalten* besitzt. Diese Bedingung muß in Verbindung mit jedem beliebigen Dimensionssystem erfüllt sein; eine Relevanzliste ist physikalisch inkonsistent, wenn auch nur *ein* Dimensionssystem angegeben werden kann, in dem diese Bedingung verletzt wird. In diesem Zusammenhang stellt eine systematische Variation der Dimensionssysteme, die wir im

Abschn. 2.5 noch erörtern werden, mitunter ein wirksames Mittel zur Prüfung der physikalischen Konsistenz von Relevanzlisten dar.

In einer Relevanzliste dürfen nur solche x-Größen vorkommen, die untereinander durch keine *Definitionsbeziehungen* gekoppelt sind. Stehen z. B. in der Relevanzliste bereits die Dichte ϱ und die kinematische Viskosität ν, so wird die dynamische Viskosität η in die Liste nicht mehr aufgenommen. Die beiden ersten Größen reichen bereits aus, um der Relevanz von η Rechnung zu tragen. Es ist zwar gleichgültig, welche der miteinander definitionsmäßig gekoppelten Größen fortgelassen wird, doch gibt es Fälle, wo man durch eine zweckmäßige Wahl der aufzunehmenden Größen eine Reduzierung der Relevanzliste erreichen kann: So ist es z. B. bei einer Untersuchung der *Filmkondensation* an senkrechten Wänden zweckmäßiger, von den drei in Frage kommenden Größen, der Dichte ϱ, der Erdbeschleunigung g und dem spezifischen Gewicht $\gamma = \varrho\, g$, nicht etwa ϱ und g, sondern ϱ und γ in die Relevanzliste aufzunehmen. Bei dieser Wahl kann nämlich ϱ nur in Verbindung mit den Phänomenen auftreten, die auf der Massenträgheit der Flüssigkeit beruhen. Läuft der Kondensationsfilm an der Wand laminar herunter, so ist ϱ nicht mehr problemrelevant und kann aus der Relevanzliste gestrichen werden. Dies wäre bei der Aufnahme von ϱ und g in die Relevanzliste nicht möglich; man hätte vielmehr im Falle der Laminarströmung eine kompliziertere Überlegung anstellen müssen, um zu erkennen, daß in der zu ermittelnden pi-Beziehung die pi-Größen, die ϱ und g enthalten, nur in einer Kombination vorkommen, bei der ϱ und g als Produkt $\gamma = \varrho \cdot g$ in Erscheinung treten.

Problemrelevante Größen, die bei einem zu erforschenden Vorgang *konstant* bleiben, wie etwa die Erdbeschleunigung g oder universelle physikalische Konstanten, dürfen in der Relevanzliste nicht fehlen. Dies gilt auch für die problemrelevanten Stoffgrößen, die von der Problemstellung her nicht variiert werden. *Die Konstanz von problemrelevanten Größen ist kein Grund, diese Größen aus der Relevanzliste zu streichen.* In dieser Hinsicht besteht zwischen den x-Beziehungen und den pi-Beziehungen ein grundsätzlicher Unterschied: Bleibt bei der Erforschung eines physikalisch-technischen Sachverhaltes, der durch eine x-Beziehung $f_1(x_1, \ldots, x_n) = 0$ beschrieben wird, z. B. die Größe x_1 konstant, so kann man den dadurch festgelegten Teilaspekt des allgemeinen Sachverhaltes durch eine Beziehung $f_2(x_2, \ldots, x_n) = 0$ zum Ausdruck bringen, in der die konstant gehaltene Maßzahl x_1 nicht mehr vorkommt. Bei der Darstellung dieses Sachverhaltes durch eine pi-Beziehung ist die Situation insofern eine andere, als die Maßzahl der konstant gehaltenen Größe x_1 zusammen mit einigen anderen Maßzahlen mindestens in einer oder auch in mehreren pi-Variablen vorkommt. Die Streichung der Größe x_1 aus der Relevanzliste würde daher eine nicht zu rechtfertigende und auch nicht beabsichtigte Tilgung einer oder mehrerer pi-Variablen zur Folge haben, obwohl diese im Rahmen der durchgeführten experimentellen Untersuchung variiert werden.

Zur Erfassung von konstanten Einflußgrößen in Relevanzlisten sei noch folgendes bemerkt: Bei experimentellen Untersuchungen, die an einer einzigen Apparatur durchgeführt werden, wird gewöhnlich von der Vielfalt der die Geometrie der Apparatur kennzeichnenden Angaben nur eine einzige charakteristische Länge in die Relevanzliste aufgenommen, wobei betont wird, daß die Ergebnisse eben nur für die betreffende Geometrie der Versuchsapparatur gültig seien. Obwohl es sich offensichtlich darum handelt, daß dabei einige konstante problemrelevante Größen nicht in die Relevanzliste gelangen, ist ein solches Vorgehen in diesem Falle dennoch korrekt: Wie wir in Abschn. 2.1 bereits erwähnt haben, kann die Geometrie einer beliebigen Versuchsanordnung durch einen Komplex von dimensionslosen Charakteristiken (Längenverhältnisse, Relativkrümmungen, Winkel usw.) erfaßt werden, zu denen nur eine einzige Längenangabe benötigt wird[1]. Beschränkt man sich in der Relevanzliste nur auf diese charakteristische Länge, so fallen dadurch rein geometrische pi-Parameter fort, die beim Ablauf des betreffenden Vorganges tatsächlich konstant bleiben. Man kann daher diese Parameter weglassen und die pi-Beziehung als ein Funktional der betreffenden Apparategeometrie interpretieren. Die eigentliche Berechtigung für das Weglassen der geometrischen Gegebenheiten aus der Relevanzliste liegt somit nicht in der Fixiertheit der Versuchsapparatur, sondern darin, daß dabei nur die tatsächlich konstant bleibenden *pi-Parameter* betroffen werden.

Die Einsicht in *funktionelle Zusammenhänge* des zu untersuchenden Problems kann für die ähnlichkeitsanalytische Diskussion sehr wichtig sein, was wir am Beispiel eines technisch interessanten Problems, der *Flüssigkeitsbegasung* mit schnellaufenden *Hohlrührern*, erläutern wollen:

Schnellaufende Hohlrührer [14; 15] werden zum selbsttätigen Ansaugen und Dispergieren von Gasen in Flüssigkeiten verwendet, wobei das Gas durch die Welle des Hohlrührers infolge des an den Rührerkanten entstehenden Soges P eingezogen wird (s. Bild 2.2.1). Es ist ein recht komplexer hydrodynamischer Vorgang in einem Zweiphasensystem, der seinerseits durch den sich einstellenden Gasdurchsatz q beeinflußt wird. Bei der experimentellen Untersuchung dieses Vorganges

---

[1] Es sei am Rande erwähnt, daß die Ludolphsche Zahl $\pi = 3{,}14159\ldots$ entgegen der vertretenen Ansicht [27] ebensowenig ein geometrischer pi-Parameter ist wie z. B. die Zahl $\sqrt{2}$, die das Verhältnis der Diagonale zur Seitenlänge eines Quadrates angibt. Die geometrischen Verhältnisse im Kreis sind vielmehr dahingehend zu interpretieren, daß die aus dem Kreisumfang U und dem Kreisdurchmesser d gebildete pi-Größe U/d einen konstanten Wert von $3{,}14159\ldots$ hat.

kann man von zwei verschiedenen Konzeptionen ausgehen: Bei der
ersten, mehr technisch orientierten Konzeption, wird die Abhängigkeit
$q(n)$ des Gasdurchsatzes q von der Drehzahl n des Hohlrührers unter
Berücksichtigung der problemrelevanten Stoffwerte und der geometrischen Gegebenheiten sowohl des Rührbehälters als auch der gasführen-
den Leitung (Hohlwelle) untersucht. Bei der zweiten, mehr physikalisch
orientierten Konzeption, werden der Widerstand in der Gasleitung und
die Überwindung des hydrostatischen Druckes in der Flüssigkeit
(s. Bild 2.2.1) aus der Betrachtung ausgeklammert. Hier konzentriert

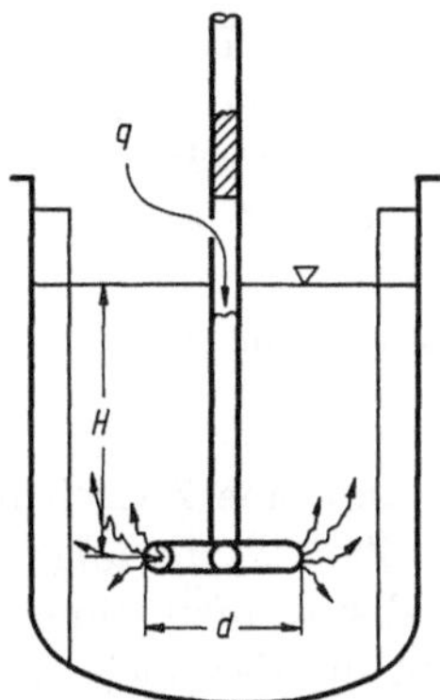

Bild 2.2.1 Zur Flüssigkeitsbegasung mit einem Hohlrührer.
d Durchmesser des Rührers; H Flüssigkeitshöhe;
q Gasdurchsatz.

sich die experimentelle Untersuchung auf die Abhängigkeit des Soges P
von der Rührerdrehzahl n und dem Gasdurchsatz q, wobei q als eine
unabhängige Prozeßvariable aufgefaßt wird. Zur Bestimmung des sich
tatsächlich einstellenden Durchsatzes wird die Druckgleichung

$$P(n, q) = H g \varrho + f(q) \qquad (2.2.1)$$

herangezogen, in der $f(q)$ die Widerstandscharakteristik der gasführen-
den Leitung ist, die als bekannt vorausgesetzt werden kann. Ist die
Funktion $P(n, q)$ experimentell bestimmt worden, so vermittelt die
Druckgleichung (2.2.1) die Abhängigkeit $q(n)$, die im Mittelpunkt der
ersten Konzeption steht. Die zweite Konzeption ist im Vergleich zur
ersten mit einer kürzeren Relevanzliste verknüpft, da hier die Geometrie
der Gasleitung, die Stoffwerte ϱ' und ν' des Gases sowie die Eintauch-
tiefe H des Hohlrührers weitgehend problemirrelevant sind.

Bei der ersten Konzeption hat die experimentell zu untersuchende
und ähnlichkeitstheoretisch zu diskutierende Prozeßgleichung die Form

$$q = f(n, d, g, \varrho, \nu, \sigma, H, \varrho', \nu'), \qquad (2.2.2)$$

bei der zweiten Konzeption hingegen die Form

$$P = f(n, q, d, g, \varrho, \nu, \sigma). \qquad (2.2.3)$$

Es bedeuten dabei ϱ und ν bzw. ϱ' und ν' die Dichte und die kinematische Viskosität der Flüssigkeit bzw. des Gases und σ die Grenzflächenspannung.

Im allgemeinen werden in die Relevanzliste außer der sogenannten *Zielgröße*, für die man sich eigentlich interessiert, nur funktionell primäre Einflußgrößen des betreffenden Vorganges aufgenommen. Dazu gehören die unmittelbaren Prozeßvariablen (Drehzahl eines Rührers, charakteristische Geschwindigkeit oder Durchsatz einer Flüssigkeit, aufgeprägte Temperaturen u. a.), problemrelevante Stoffwerte sowie eventuell einige physikalische Konstanten. Es kommt aber mitunter vor, daß ein Teil der problemrelevanten Größen den betreffenden Vorgang nur über eine bestimmte, theoretisch oder experimentell faßbare Größe beeinflußt, die nicht in der Relevanzliste enthalten ist und die wir als eine *Zwischengröße* bezeichnen wollen. Es handelt sich dabei um folgende mathematische Situation: Gegeben sei eine x-Beziehung für den Zusammenhang zwischen einer Zielgröße z und Einflußgrößen x_i

$$z = f(x_1, x_2, \ldots, x_n). \tag{2.2.4}$$

Falls nun eine Zwischengröße y existiert, die von einem Teil der Einflußgrößen x_i abhängt, so ist es zweckmäßig, diese Größe in die Relevanzliste aufzunehmen, wenn dadurch die Gesamtzahl der Einflußgrößen im Vergleich zu der Beziehung (2.2.4) verringert werden kann:

$$z = f(y, x_{i_1}, x_{i_2}, \ldots, x_{i_k}), \quad (k < n - 1). \tag{2.2.5}$$

Als ein Beispiel dafür sei die *Strömung einer Suspension* in einem senkrechten Rohr diskutiert, deren dispergierte Phase eine nicht zu vernachlässigende Sedimentationsbewegung zeigt. Der Durchsatz q_2 der dispergierten Phase durch einen Kontrollquerschnitt des Rohres hängt von dem Durchsatz q der Suspension, dem Volumenanteil φ der dispersen Phase im Rohr, den Dichten ϱ_1 und $\varrho_2 = \varrho_1 + \varDelta\varrho$ der beiden Phasen, der kinematischen Viskosität ν_1 der äußeren Phase, der Erdbeschleunigung g, der charakteristischen Teilchengröße δ der dispergierten Phase und vom Rohrdurchmesser D ab:

$$q_2 = f(q, \varphi, D, \delta, \varrho_1, \varDelta\varrho, \nu_1, g). \tag{2.2.6}$$

Die Abweichung dieser komplizierten Gesetzmäßigkeit von dem einfachen Zusammenhang

$$q_2 = \varphi\, q \tag{2.2.7}$$

ist durch die Sedimentationsbewegung der Teilchen bedingt, so daß man von der Annahme ausgehen kann, daß sich der Einfluß von g und δ auf q_2 nur in der Sinkgeschwindigkeit der Teilchen auswirkt. Man kann daher anstelle von (2.2.6) einen Zusammenhang

$$q_2 = f(q, \varphi, D, \varrho_1, \varDelta\varrho, \nu_1, v_s) \tag{2.2.8}$$

mit der charakteristischen Sinkgeschwindigkeit v_s der Teilchen in der ruhenden Flüssigkeit als einer Zwischengröße der Diskussion des Problems zugrunde legen, wodurch sich der Umfang der Relevanzliste um Eins verringert. Obwohl das Produkt $g \cdot \Delta\varrho$ nur die Sinkgeschwindigkeit beeinflußt, muß $\Delta\varrho$ in (2.2.8) dennoch explizit vorkommen, da mit ϱ_1 und ϱ_2 (bzw. mit ϱ_1 und $\Delta\varrho$) der Einfluß der Massenträgheit erfaßt wird. Der Zusammenhang (2.2.8) läßt sich mit Hilfe der in Abschn. 2.3 erläuterten Methoden auf die dimensionslose Beziehung

$$\frac{q_2}{q} = f\left(\varphi, \frac{q}{v_1 D}, \frac{v_s D}{v_1}, \frac{\Delta\varrho}{\varrho_1}\right) \tag{2.2.9}$$

bringen. Im Falle der schleichenden Bewegung der Suspension (vernachlässigbarer Einfluß der Massenträgheit der Flüssigkeit und der Teilchen) geht sie in eine Beziehung der Form

$$\frac{q_2}{q} = f\left(\varphi, \frac{v_s D^2}{q}\right) \tag{2.2.10}$$

über, die aus den Stoffbilanzgleichungen für beide Phasen exakt berechnet werden kann [16; 17]. Man erhält sie aus (2.2.8), wenn man beachtet, daß $\Delta\varrho$ nunmehr problemirrelevant ist und daß ϱ_1 und v_1 nur als Produkt $\eta_1 = \varrho_1 v_1$ auftreten können. Eine dimensionsanalytische Prüfung (Abschn. 2.3) zeigt ferner, daß η_1 bei der gegebenen Formulierung in das Problem überhaupt nicht eingeht.

Als ein weiteres Beispiel für das Auftreten von Zwischengrößen sei das Vermischen zweier übereinander geschichteter Newtonscher Flüssigkeiten in einer Rühranordnung gegebenen Geometrie herangezogen: Die zum Homogenisieren des Systems erforderliche Rührdauer Θ hängt von einer charakteristischen Länge der Anordnung (z. B. dem Rührdurchmesser d), der Rührerdrehzahl n, der Erdbeschleunigung g, dem Volumenverhältnis φ beider zu mischenden Komponenten und von problemrelevanten Stoffgrößen, nämlich den Dichten ϱ_1 und ϱ_2, den kinematischen Viskositäten v_1 und v_2 und dem Diffusionskoeffizienten D der molekularen Vermischung beider Komponenten, ab. Es gilt daher für Θ eine Beziehung der Form

$$\Theta = f(d, n, g, \varrho_1, \varrho_2, v_1, v_2, D, \varphi). \tag{2.2.11}$$

In der ersten Etappe des Mischvorganges spielt der Dichteunterschied $\Delta\varrho$ in Verbindung mit der Erdbeschleunigung g eine Rolle, so daß man erwarten kann, daß diese beiden Größen als Wichteunterschied $\Delta\gamma = \Delta\varrho\, g$ problemrelevant sind. Falls die grobe Vorvermischung beider Komponenten recht schnell vonstatten geht und die Homogenisierdauer im wesentlichen durch das Ausgleichen der restlichen Konzentrationsunterschiede bestimmt wird, kann man erwarten, daß Θ

nicht von den Stoffwerten der einzelnen Mischkomponenten und vom Volumenverhältnis φ, sondern von den Stoffwerten des Gemisches

$$\bar{\varrho} = f(\varrho_1, \varrho_2, \varphi), \quad \bar{\nu} = f(\nu_1, \nu_2, \varphi) \qquad (2.2.12)$$

abhängt. Die Beziehung (2.2.11) reduziert sich daher auf einen Zusammenhang

$$\Theta = f_3(d, n, \bar{\varrho}, \bar{\nu}, \Delta\varrho \cdot g, D), \qquad (2.2.13)$$

in dem $\bar{\varrho}$ und $\bar{\nu}$ als Zwischengrößen fungieren. Dieser Zusammenhang ist an mehreren Stoffsystemen mit der kinematischen Viskosität zwischen 10^{-2} und 60 St (Viskositätsverhältnis ν_1/ν_2 zwischen 1 und $6 \cdot 10^3$) und einem Dichteunterschied $\Delta\varrho$ bis 0,3 g/cm³ in Verbindung mit einem Kreuzbalkenrührer untersucht und die Relevanz von $\bar{\varrho}$ und $\bar{\nu}$ nachgewiesen worden [18]. Die Versuchsergebnisse lassen sich durch die dimensionslos formulierte Beziehung

$$\frac{\sqrt{n\,\Theta}\,Re}{Ar^{1/3} + 3} = 52 \qquad (2.2.14)$$

approximieren (s. Bild 2.2.2), worin $Re \equiv n\,d^2/\bar{\nu}$ und $Ar \equiv (\Delta\varrho/\varrho)\,(g\,d\,/\bar{\nu}^2)$ zwei charakteristische Kennzahlen, die Reynolds- und die Archimedes-Zahl[1], sind. Ein Einfluß von D auf den Homogenisiervorgang ist bei diesen Versuchen nicht nachgewiesen worden.

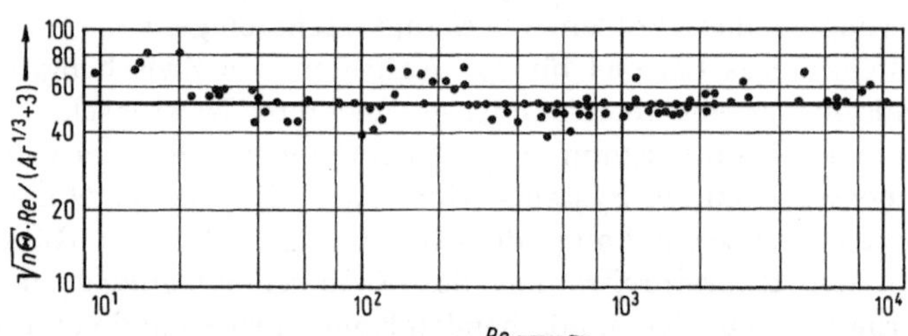

Bild 2.2.2 Homogenisierdauer Θ zweier Flüssigkeiten unterschiedlicher Dichte und Viskosität (nach ZLOKARNIK [18]). Die Messungen sind an Wasser, Kochsalzlösungen, Glyzerin, Zuckersirup und deren Mischungen in zwei Rührbehältern ($D = 300$ und 600 mm) mit einem Kreuzbalken-rührer durchgeführt worden. Der relative Dichteunterschied $\Delta\varrho/\varrho$ zwischen 0,01 und 0,28, das Viskositätsverhältnis zwischen 1 und $6 \cdot 10^3$, das Volumenverhältnis beider Mischkomponenten $\varphi = 0,1$ und $\varphi = 1$. Die Ergebnisse lassen sich durch die Beziehung

$$\sqrt{n\,\Theta} \cdot Re/(Ar^{1/3} + 3) = 52$$

mit

$$Re = n\,d^2/\bar{\nu} \quad \text{und} \quad Ar = \Delta\varrho/\varrho \cdot g\,d^3/\bar{\nu}^2$$

dimensionslos approximieren. Mit $\bar{\varrho}$ und $\bar{\nu}$ sind Dichte und kinematische Viskosität des homogenisierten Systems bezeichnet.

Eine weitere methodologisch bedeutsame Möglichkeit zur Verkürzung der Relevanzliste besteht bei Vorgängen, die sich durch *Uniformität* auszeichnen und deshalb als ein Zusammenhang zwischen bestimmten

---

[1] Vgl. die Erläuterungen zur Grashof-Zahl *Gr*, S. 75.

Intensitätsgrößen dargestellt werden können. Einer derartigen Sachlage begegnet man bei thermodynamischen Problemen sowie bei manchen Vorgängen stochastischer Natur. Hierzu ein Beispiel:

Zum Aufrechterhalten einer instabilen *Emulsion* muß bekanntlich ein Zweiphasensystem in ständiger intensiver Bewegung gehalten werden; je intensiver die turbulente Bewegung eines derartigen Systems ist, desto feiner wird eine der Flüssigkeiten in der anderen dispergiert. Die auf die Volumeneinheit der Emulsion bezogene spezifische Phasengrenzfläche S hängt bei einer gegebenen Dispergierapparatur von einigen rührtechnischen und stoffbedingten Gegebenheiten ab: der Rührerdrehzahl n, dem Behälterdurchmesser D als charakteristischer Länge der Apparatur, der kinematischen Viskosität ν der äußeren Phase, der Dichte ϱ, die wir der Einfachheit halber für beide Flüssigkeiten als gleich voraussetzen wollen, der Grenzflächenspannung σ zwischen den beiden Phasen und dem Volumenanteil φ der dispergierten Phase in der Emulsion[1]. Entsprechend dieser Relevanzliste wird die spezifische Phasengrenzfläche durch eine Beziehung

$$S = f(n, D, \varrho, \nu, \sigma, \varphi) \tag{2.2.15}$$

erfaßt. Ist jedoch die Dispergierintensität im gesamten System, statistisch gesehen, hinreichend gleichmäßig, was bei stark ausgebildeter Turbulenz angenommen werden darf, so kann man erwarten, daß sich S als eine Funktion der *spezifischen Leistung* P/V und der problemrelevanten Stoffwerte des Systems darstellen läßt, wobei V das Volumen der Emulsion ist. Da außerdem bei vollausgebildeter Turbulenz der Einfluß der kinematischen Viskosität auf den Impulsaustausch weitgehend verschwindet, kann man von einer Beziehung der Form

$$S = f(P/V, \varrho, \sigma, \varphi) \tag{2.2.16}$$

ausgehen, die nur Intensitätsgrößen enthält. Die entsprechende pi-Beziehung lautet

$$\frac{S^5 \, \sigma^3}{\varrho \, (P/V)^2} = f(\varphi). \tag{2.2.17}$$

Sie ist in [19] aus der isotropen Turbulenztheorie abgeleitet worden. Eine entsprechende Überprüfung [20] der in Literatur erschienenen Versuchsergebnisse hat gezeigt, daß die Beziehung (2.2.17) befriedigend erfüllt wird, wobei die Funktion f von der Art des Rührers und der Apparategeometrie abhängt.

---

[1] Die Viskosität der bereits dispergierten Flüssigkeit ist für den stationären Betriebszustand weitgehend irrelevant. Sofern man sich nicht für den zeitlichen Verlauf des Anfahrvorganges interessiert, sondern sich auf den stationären Zustand beschränkt, tritt diese Stoffgröße in (2.2.15) nicht auf.

2.3 Kalkültechnik zur Bestimmung von vollständigen pi-Sätzen

Die Relevanzliste dient zur Aufstellung eines vollständigen Satzes von linearunabhängigen pi-Größen, mit denen das betreffende Problem erfaßt werden kann. In der einschlägigen Literatur sind einige Berechnungsmethoden erörtert worden, die mit recht unterschiedlichem Arbeitsaufwand verbunden sind. Wir bringen nachstehend ein Berechnungsverfahren mit einer Nebenvariante, welches sich zur schnellen Bestimmung eines vollständigen pi-Satzes besonders gut eignet.

Diese Kalkültechnik haben wir in ihren wesentlichen Zügen bereits bei dem Beweis des pi-Theorems in Abschn. 1.7 kennengelernt. Sie setzt sich aus folgenden Schritten zusammen:

1. Aufstellen der Dimensionsmatrix der problemrelevanten x-Größen in Verbindung mit irgendeinem Dimensionssystem,

2. Durchführung des Gaußschen Algorithmus (s. Abschn. 1.6) zur Bestimmung des Ranges r der Dimensionsmatrix und eventuelle Reduktion der Matrix,

3. Erzeugung einer Einheitsmatrix und

4. Aufstellung der voneinander linearunabhängigen pi-Größen gemäß der Beziehung (1.7.8).

Hierzu einige praktische Beispiele:

Bei den Problemen des stationären Wärmetransportes durch erzwungene dissipative Strömung eines Newtonschen Fluids (vgl. Abschnitt 2.4) wird häufig die Abhängigkeit einer zweckmäßig formulierten Wärmeübertragungszahl α von einigen charakteristischen Größen, einer Längenabmessung d, einer Geschwindigkeit v, einer Temperaturdifferenz ΔT, sowie von den relevanten Stoffwerten des Fluids, der Dichte ϱ, der Viskosität η, der spezifischen Wärme c und der Wärmeleitzahl λ, diskutiert. Diese Relevanzliste mit $n = 8$ Größen führt in Verbindung mit dem Dimensionssystem $(\mathsf{L}, \mathsf{T}, \mathsf{M}, \Theta)$ zu der nachstehenden Dimensionsmatrix (vgl. Tab. 1.4.1):

	d	η	ϱ	c	λ	v	ΔT	α
L	1	-1	-3	2	1	1	0	0
T	0	-1	0	-2	-3	-1	0	-3
M	0	1	1	0	1	0	0	1
Θ	0	0	0	-1	-1	0	1	-1.

$$(2.3.1)$$

Die Anwendung des Gaußschen Algorithmus (Abschn. 1.6), den wir zugleich mit dem Erzeugen von Einsen in der Hauptdiagonale verbinden, führt zu der Matrix

d	η	ϱ	c	λ	v	$\varDelta T$	α		
1	-1	-3	2	1	1	0	0	$Z_1 = \mathsf{L}$	
0	1	0	2	3	1	0	3	$Z_2 = -\mathsf{T}$	(2.3.2)
0	0	1	-2	-2	-1	0	-2	$Z_3 = \mathsf{M} - Z_2$	
0	0	0	1	1	0	-1	1	$Z_4 = -\Theta\,.$	

Rechts von der Matrix sind die Linearkombinationen der ursprünglichen Zeilen und die Reihenfolge der Operationen (Pfeil) angegeben.

Die nullfreie Hauptdiagonale zeigt (vgl. Abschn. 1.6), daß die Matrix (2.3.1) den Rang $r = 4$ besitzt, so daß nach dem pi-Theorem (Abschn. 1.7) die Zahl der linearunabhängigen pi-Größen $m = n - r = 4$ beträgt. Die Matrix setzt sich aus der die Hauptdiagonale umfassenden *Kernmatrix* und der übrigen *Restmatrix* zusammen. Durch die nachstehend angegebenen Zeilentransformationen wird die Kernmatrix in die Einheitsmatrix überführt:

d	η	ϱ	c	λ	v	$\varDelta T$	α		
1	0	0	0	0	-1	-2	-1	$Z_1' = Z_1 + Z_2' + 3Z_3' - 2Z_4'$	
0	1	0	0	1	1	2	1	$Z_2' = Z_2 - 2Z_4'$	(2.3.3)
0	0	1	0	0	-1	-2	0	$Z_3' = Z_3 + 2Z_4'$	
0	0	0	1	1	0	-1	1	$Z_4' = Z_4,$	

wobei der Pfeil rechts auf die umgekehrte Reihenfolge der Operationen hinweist. Die jeweils auszuführenden Operationen spiegeln die entsprechenden Zeilen der Kernmatrix von (2.3.2) wider: So entsprechen beispielsweise die Koeffizienten der Operationsgleichung $Z_1' = Z_1 + Z_2' + 3Z_3' - 2Z_4'$ in (2.3.3) unmittelbar der ersten Zeile $(1, -1, -3, 2)$ der Kernmatrix von (2.3.2); das Diagonalelement geht dabei mit seinem richtigen Vorzeichen ein, während die übrigen Elemente der Zeile in der Operationsgleichung mit dem entgegengesetzten Vorzeichen auftreten.

Die gewonnene Matrix (2.3.3) stimmt nunmehr in ihrer Struktur mit der Matrix (1.7.4) überein, so daß sich daraus direkt die korrespondierenden pi-Größen gemäß der Formel (1.7.8) ergeben:

$$\pi_1 = \frac{\lambda}{c\,\eta}, \qquad \pi_3 = \frac{\varDelta T\,c\,\varrho^2\,d^2}{\eta^2},$$

$$\pi_2 = \frac{\varrho\,v\,d}{\eta}, \qquad \pi_4 = \frac{\alpha\,d}{c\,\eta}.$$

$$(2.3.4)$$

Wird die Kernmatrix nicht mit den Größen (d, η, ϱ, c), sondern z. B. mit $(d, v, \eta, \varDelta T)$ gebildet:

$$
\begin{array}{c|cccc|cccc}
 & d & v & \eta & \varDelta T & \varrho & \lambda & c & \alpha \\
\hline
\mathsf{L} & 1 & 1 & -1 & 0 & -3 & 1 & 2 & 0 \\
\mathsf{T} & 0 & -1 & -1 & 0 & 0 & -3 & -2 & -3 \\
\mathsf{M} & 0 & 0 & 1 & 0 & 1 & 1 & 0 & 1 \\
\Theta & 0 & 0 & 0 & 1 & 0 & -1 & -1 & -1 ,
\end{array}
\tag{2.3.5}
$$

so erhält man nach der Transformation:

$$
\begin{array}{cccc|cccc|l}
1 & 0 & 0 & 0 & -1 & 0 & 0 & -1 & Z_1 = \mathsf{L} - Z_2 + Z_3 \\
0 & 1 & 0 & 0 & -1 & 2 & 2 & 2 & Z_2 = -\mathsf{T} - Z_3 \\
0 & 0 & 1 & 0 & 1 & 1 & 0 & 1 & Z_3 = \mathsf{M} \\
0 & 0 & 0 & 1 & 0 & -1 & -1 & -1 & Z_4 = \Theta
\end{array}
\tag{2.3.6}
$$

einen anderen Satz von pi-Größen:

$$
\pi_1' = \frac{\varrho\, v\, d}{\eta}, \qquad \pi_3' = \frac{c\, \varDelta T}{v^2},
$$

$$
\pi_2' = \frac{\lambda\, \varDelta T}{\eta\, v^2}, \qquad \pi_4' = \frac{\alpha\, \varDelta T\, d}{\eta\, v^2}.
\tag{2.3.7}
$$

Die beiden ermittelten pi-Sätze (2.3.4) und (2.3.7) sind einander dimensionstheoretisch äquivalent und lassen sich in die bekannten pi-Größen, die dieses Problem kennzeichnen, überführen:

$$
\begin{aligned}
\text{Nusselt-Zahl} \qquad & Nu \equiv \frac{\alpha\, d}{\lambda} = \frac{\pi_4}{\pi_1} = \frac{\pi_4'}{\pi_2'}, \\[2ex]
\text{Reynolds-Zahl} \qquad & Re \equiv \frac{\varrho\, v\, d}{\eta} = \pi_2 = \pi_1', \\[2ex]
\text{Prandtl-Zahl} \qquad & Pr \equiv \frac{\eta\, c}{\lambda} = \frac{1}{\pi_1} = \frac{\pi_3'}{\pi_2'}, \\[2ex]
\text{Brinkman-Zahl [21]} \quad & Br \equiv \frac{\eta\, v^2}{\lambda\, \varDelta T} = \frac{\pi_2^2}{\pi_1\, \pi_3} = \frac{1}{\pi_2'}.
\end{aligned}
\tag{2.3.8}
$$

Die Struktur der pi-Größen, die man auf dimensionsanalytischem Wege aus einer gegebenen Relevanzliste erhält, hängt somit davon ab, welche x-Größen für die Kernmatrix verwendet werden (Näheres s. in Abschnitt 2.4). Hierfür eignen sich nur solche Größen, deren Dimensionen im Sinne der in Abschn. 1.7 definierten „i-Menge" voneinander linearunabhängig sind. Diese Forderung wird durch die Anwendung des Gaußschen Algorithmus automatisch erfüllt.

Die erläuterte Kalkültechnik kann bei der Erzeugung der Einheitsmatrix etwas abgewandelt werden, indem man die auf die Dreiecksform gebrachte Kernmatrix, z. B. in der Matrix (2.3.5), nicht durch Linearkombinationen ihrer Zeilen, sondern ihrer Spalten in die Einheitsmatrix überführt. Bei diesem Verfahren bleibt die Restmatrix unverändert. Durch die Spaltentransformationen, die von links nach rechts fortschreitend ausgeführt werden, ordnet man den neuentstandenen Spalten der Kernmatrix gewisse Potenzprodukte der ursprünglichen x-Größen der Kernmatrix zu. Man erhält beispielsweise ausgehend von (2.3.5) bei diesem Verfahren die nachstehende Matrix:

$$
\begin{array}{c|cccc|cccc}
 & d & \dfrac{d}{v} & \dfrac{\eta\,d^2}{v} & \Delta T & \varrho & \lambda & c & \alpha \\
\hline
\mathsf{L} & 1 & 0 & 0 & 0 & -3 & 1 & 2 & 0 \\
\mathsf{T} & 0 & 1 & 0 & 0 & 0 & -3 & -2 & -3 \\
\mathsf{M} & 0 & 0 & 1 & 0 & 1 & 1 & 0 & 1 \\
\Theta & 0 & 0 & 0 & 1 & 0 & -1 & -1 & -1, \\
\end{array}
\tag{2.3.9}
$$

wobei z. B. die dritte Spalte durch die Linearkombination $\mathrm{Sp}\,(\eta\,d^2/v)$ $= 2\,\mathrm{Sp}\,(d) - \mathrm{Sp}\,(v) + \mathrm{Sp}\,(\eta)$ gebildet wird. Diese Matrix führt gemäß der Formel (1.7.8) ebenfalls zu dem bereits ermittelten pi-Satz (2.3.7).

In diesem Zusammenhang sei darauf hingewiesen, daß das häufig angewendete Verfahren zur Bestimmung eines vollständigen Satzes linearunabhängiger pi-Größen aus einer gegebenen Relevanzliste mit der sukzessiven Streichung der sogenannten „Leitgrößen" [27] zu Fehlschlüssen führen kann: Als Leitgrößen werden solche x-Größen bezeichnet, die nur in je einer pi-Größe vorkommen. Dies sind somit x-Größen, mit denen die Restmatrix gebildet werden kann. Bei diesem Verfahren wird nicht beachtet, daß diese Leitgrößen nicht völlig willkürlich wählbar sind und einen Spielraum zur Bildung einer *rangbestimmenden* Kernmatrix lassen müssen. Genügt eine willkürlich festgelegte Menge der Leitgrößen dieser dimensionstheoretischen Forderung nicht, so führt das zum Verlust von pi-Größen, wie dies z. B. in [27] bei der Diskussion der Wärmeübertragung zwischen einer festen Oberfläche und einem Fluid auch tatsächlich eingetreten ist: In dem dort aufgestellten Satz der linearunabhängigen pi-Größen fehlt die Brinkman-Zahl Br (bzw. eine ihr äquivalente pi-Größe), die, wie (2.3.8) zeigt, ebenfalls eine linearunabhängige Größe ist (s. ferner Abschn. 3.5).

Aus dem erläuterten Kalkül ergeben sich zwei dimensionsanalytische Folgerungen:

1. Die Erzeugung von pi-Größen ist nur bei einer *nichtleeren* Restmatrix möglich, so daß der Rang r der Matrix immer kleiner als die Zahl der Spalten n ist.

2. Besteht eine Zeile der Restmatrix nach den erfolgten Transformationen nur aus Nullen, so geht die x-Größe der Einheitsmatrix, deren Spalte sich mit dieser Zeile auf der Hauptdiagonalen kreuzt, in keine der pi-Größen ein. Diese Größe und somit auch die ihr zugeordnete Spalte der Einheitsmatrix kann daher gestrichen werden (*Reduktion der Matrix*), was automatisch zu Verringerung des Ranges der Matrix führt. Man kann daher *die notwendige Bedingung für physikalische Konsistenz einer Relevanzliste* dahingehend formulieren, daß die einer Relevanzliste zugeordnete Dimensionsmatrix *mindestens zwei rangbestimmende Spalten* besitzen muß. Auf diesen Umstand wurde bereits in Abschn. 2.2 hingewiesen. Daraus ergibt sich eine für manche grundsätzliche Überlegungen nützliche Folgerung: Jede beliebige in der Kernmatrix stehende x-Größe kann mit einer geeigneten x-Größe aus der Restmatrix vertauscht werden. Es läßt sich also immer so einrichten, daß eine bestimmte, ins Auge gefaßte x-Größe in die Restmatrix gelangt und somit nur in einer einzigen pi-Größe in Erscheinung tritt[1].

Als ein Beispiel für die Reduktion einer Dimensionsmatrix sei eine dimensionsanalytische Diskussion der stationären konvektiven Wärmeübertragung in einem idealen (reibungslosen) Fluid in Verbindung mit dem Dimensionssystem (L, T, M, Θ, W) angeführt: In Anlehnung an das eben erläuterte Problem der Wärmeübertragung in dissipativen Systemen können wir jetzt mit $\eta = 0$ von der Relevanzliste ($d, v, \varrho, \Delta T, \lambda, a, \alpha$) ausgehen, wobei wir anstatt der spezifischen Wärme c die Temperaturleitzahl a in die Liste aufnehmen, was nach der Definitionsbeziehung $a = \lambda/c\,\varrho$ (Abschn. 2.2) kalkültechnisch zulässig ist. Im Dimensionssystem (L, T, M, Θ, W) zählt im allgemeinen auch das mechanische Wärmeäquivalent J als eine Dimensionskonstante (s. Abschn. 1.4) zu den eventuell relevanten x-Größen, doch ist J bei dem vorliegenden Problem wegen der vorausgesetzten Reibungslosigkeit des Fluids irrelevant. Die obige Relevanzliste führt zu der nachstehenden Dimensionsmatrix mit $n = 7$ und $r = 5$:

	d	v	ϱ	ΔT	λ	a	α
L	1	1	-3	0	-1	2	-2
T	0	-1	0	0	-1	-1	-1
M	0	0	1	0	0	0	0
Θ	0	0	0	1	-1	0	-1
W	0	0	0	0	1	0	1.

$$(2.3.10)$$

---

[1] Hingegen ist es nicht immer möglich, zwei oder mehrere ins Auge gefaßte x-Größen in der Restmatrix zu placieren, nämlich dann nicht, wenn für die Kernmatrix keine rangbestimmenden Spalten mehr zur Verfügung stehen [vgl. z. B. Diskussionen des Singulärfalles in Abschn. 3.1 und die Matrix (3.1.5)].

Da die ϱ-Spalte die einzige rangbestimmende Spalte ist, kann sie zusammen mit der dadurch leer werdenden M-Zeile gestrichen werden. Man erhält eine reduzierte Matrix mit $n = 6$ und $r = 4$:

	d	v	ΔT	λ	a	α
L	1	1	0	−1	2	−2
T	0	−1	0	−1	−1	−1
Θ	0	0	1	−1	0	−1
W	0	0	0	1	0	1.

$$(2.3.11)$$

Nach der Erzeugung einer Einheitsmatrix

d	v	ΔT	λ	a	α	
1	0	0	0	1	−1	$Z_1 = \mathsf{L} - Z_2 + Z_4$
0	1	0	0	1	0	$Z_2 = -\mathsf{T} - Z_4$
0	0	1	0	0	0	$Z_3 = \Theta + Z_4$
0	0	0	1	0	1	$Z_4 = \mathsf{W}$

$$(2.3.12)$$

zeigt sich jedoch, daß nunmehr die ΔT-Spalte die einzige rangbestimmende Spalte ist, so daß sich die Matrix noch weiter reduzieren läßt. Nach der Streichung der ΔT-Spalte und der Z_3-Zeile erhält man schließlich die Matrix

d	v	λ	a	α
1	0	0	1	−1
0	1	0	1	0
0	0	1	0	1

$$(2.3.13)$$

mit $n = 5$ und $r = 3$, aus der die pi-Größen

$$\pi_1 = \frac{a}{v\,d} = Pe^{-1} = (Re\,Pr)^{-1},$$

$$\pi_2 = \frac{\alpha\,d}{\lambda} = Nu$$

$$(2.3.14)$$

gewonnen werden. Dieses Problem werden wir noch in Abschn. 2.5 unter einem anderen Aspekt diskutieren.

Die Reduktion einer Dimensionsmatrix verringert den Rechenaufwand und ermöglicht unter Umständen auch eine sofortige kritische Beurteilung der Relevanzliste. So zeigt die eben durchgeführte dimensionstheoretische Analyse, daß die angenommene Relevanzliste (d, v, ϱ, ΔT, λ, a, α) aus formalen Gründen auf (d, v, λ, a, α) zusammenschrumpft. Eine derartige Information muß, je nach den physikalischen

Gegebenheiten, entweder akzeptiert werden oder zu einer grundsätzlichen Überprüfung der ursprünglich angenommenen Relevanzliste führen. Es sei jedoch vermerkt, daß der pi-Satz nicht beeinträchtigt wird, wenn man die sich bietende Reduktionsmöglichkeit der Relevanzliste nicht ausnutzt.

Die problemrelevanten pi-Größen werden häufig ohne systematische Dimensionsanalyse unmittelbar anhand der Relevanzliste aufgestellt. Man stützt sich dabei gewöhnlich auf die Erfahrungen mit den verwandten Problemen und achtet im übrigen vornehmlich darauf, daß alle problemrelevanten x-Größen in den aufgestellten pi-Größen vorkommen. Der letzte Umstand ist zwar ein notwendiges Kriterium für die Vollständigkeit des pi-Satzes, jedoch nur dann hinreichend, wenn die Zahl der gebildeten pi-Größen der Bedingung $m = n - r$ entspricht. Die Erfüllung dieser Bedingung ist jedoch nicht immer unmittelbar zu ersehen, da sich der Rang r im allgemeinen erst durch die Dimensionsanalyse mit Sicherheit feststellen läßt. Man sollte daher die intuitiv aufgestellten pi-Größen auf ihre Linearunabhängigkeit anhand einer Prüfmatrix, vgl. Matrix (1.6.8), testen. Fällt diese Prüfung positiv aus und sind alle x-Größen der Relevanzliste dabei erfaßt, so bilden die aufgestellten pi-Größen einen vollständigen linearunabhängigen pi-Satz.

2.4 pi-Größen und pi-Beziehungen

Obwohl die Struktur der aus einer gegebenen Relevanzliste erzeugbaren pi-Größen davon abhängt, welche der x-Größen bei der Durchführung des Bestimmungskalküls in die Kernmatrix aufgenommen werden (Abschn. 2.3), sind alle pi-Sätze, die aus einer gegebenen Relevanzliste gewonnen werden können, einander äquivalent: Sind $S(\pi_1, \pi_2, \ldots, \pi_m)$ und $S'(\pi_1', \pi_2', \ldots, \pi_m')$ zwei beliebige pi-Sätze, die ein und derselben Relevanzliste entsprechen, so kann jede pi'-Größe aus S' als ein Potenzprodukt der pi-Größen aus S dargestellt werden und umgekehrt. Eine Funktion $f(\pi_1, \pi_2, \ldots, \pi_m)$ kann daher stets in eine Funktion $f'(\pi_1', \pi_2', \ldots, \pi_m')$ überführt werden. Es ist aus diesem Grunde sinnvoll, alle pi-Sätze, die einer gegebenen Relevanzliste zugeordnet werden können, nur als verschiedene Formen ein und desselben vollständigen Satzes linearunabhängiger pi-Größen aufzufassen und schlechthin von *einem* pi-Satz zu sprechen, der einer Relevanzliste zugeordnet wird[1].

---

[1] Es ist mitunter zweckmäßig, auch bei den diesen pi-Sätzen entsprechenden und einander äquivalenten pi-Räumen zusammenfassend von *einem* pi-Raum schlechthin zu sprechen, der einer gegebenen Relevanzliste zugeordnet ist. Wird von einem Vorgang festgestellt, daß er in einem bestimmten pi-Raum darstellbar ist, so können in diese Aussage auch alle anderen äquivalenten pi-Räume einbezogen sein.

Es kommt bei ähnlichkeitstheoretischen Diskussionen häufig vor, daß man bei der Formulierung eines Problems von einem pi-Satz $S(\pi_1, \pi_2, \ldots, \pi_m)$ zu einem anderen pi-Satz $S'(\pi_1', \pi_2', \ldots, \pi_m')$ übergehen möchte, wobei die π'-Variablen nicht mit Hilfe des Bestimmungskalküls aus der Relevanzliste, sondern direkt durch geeignete Potenzprodukte der π-Variablen gebildet werden. In solchen Fällen ist es ratsam, die Äquivalenz der beiden pi-Sätze mittels einer quadratischen Strukturmatrix

$$
\begin{array}{c|cccc}
 & \pi_1' & \pi_2' & \ldots & \pi_m' \\
\hline
\pi_1 & q_{11} & q_{12} & \cdots & q_{1m} \\
\pi_2 & q_{21} & q_{22} & \cdots & q_{2m} \\
. & & & \\
. & & & \\
\pi_m & q_{m1} & q_{m2} & \cdots & q_{mm}
\end{array}
\qquad (2.4.1)
$$

zu prüfen, deren Koeffizienten q_{ij} Exponenten sind, mit denen π-Größen in π'-Größen vertreten sind. Sind die beiden pi-Sätze einander äquivalent, so muß die Matrix den Rang $r = m$ besitzen. So sind beispielsweise der pi-Satz $S(Re, Nu, Pr, Br)$ und der daraus gebildete pi'-Satz $S'(Re, Nu, Br/(Re \cdot Pr), Br/(Pr \cdot Nu))$ einander nicht äquivalent, weil der Rang der entsprechenden Strukturmatrix

$$
\begin{array}{c|cccc}
 & Re & Nu & \dfrac{Br}{Re\,Pr} & \dfrac{Br}{Nu\,Pr} \\
\hline
Re & 1 & 0 & -1 & 0 \\
Nu & 0 & 1 & 0 & -1 \\
Pr & 0 & 0 & -1 & -1 \\
Br & 0 & 0 & 1 & 1
\end{array}
\qquad (2.4.2)
$$

nicht 4, sondern nur 3 beträgt, was man sofort erkennt, wenn die Br-Zeile durch die Summe der Br- und der Pr-Zeile ersetzt wird. Die pi'-Größen sind daher untereinander nicht linearunabhängig, so daß z. B. die letzte pi'-Größe $Br/(Nu\,Pr)$ durch die übrigen pi'-Größen dargestellt werden kann.

Die Zahl der dimensionslosen Variablen, die in einer pi-*Beziehung* vorkommen, muß nicht immer mit der Zahl $m = n - r$ der linearunabhängigen pi-Größen des zugeordneten pi-*Satzes* übereinstimmen, sondern kann auch kleiner als m sein. Dies tritt entweder durch den Fortfall einiger pi-Größen oder durch das Zusammenziehen der pi-Größen zu Aggregaten von Potenzprodukten ein. Ein vollständiger pi-Satz legt nur den *maximalen* pi-Raum fest, in dem ein beliebiger

Zusammenhang zwischen den x-Größen der betreffenden Relevanzliste a priori dargestellt werden kann.

Ein derartiges Zusammenziehen der pi-Größen eines vollständigen pi-Satzes kann, wenn wir von den Approximationsdarstellungen der experimentellen Ergebnisse absehen, entweder eine formal-logische Folge einer unzweckmäßigen Wahl des Dimensionssystems (nähere Ausführungen in Abschn. 2.5) oder eine Folge der konkreten mathematischen Struktur des anstehenden Problems sein.

Es ist häufig zweckmäßig, die physikalisch-technischen Sachverhalte in einem dimensionslosen Darstellungsraum, dem sogenannten pi-Raum, geometrisch zu interpretieren. Ein stationär ablaufender Vorgang wird im pi-Raum durch einen Zustandspunkt festgelegt. Instationäre Vorgänge werden in der Regel durch eine Raumkurve dargestellt, auf der sich der Zustandspunkt bewegt. Es gibt jedoch instationäre Vorgänge, bei denen die die Zeit enthaltenden pi-Größen, infolge der kompensierenden zeitlichen Veränderung anderer darin vorkommenden x-Größen, konstant bleiben. Bei solchen Vorgängen, die man als „*selbstähnlich*" bezeichnet [2], wird die sich zeitlich verändernde physikalische Situation dennoch durch einen fixen Zustandspunkt des pi-Raumes erfaßt.

Die pi-Beziehungen ermöglichen eine rational-ökonomische Beschreibung der Vorgänge und vermitteln darüber hinaus einen tieferen Einblick in die übergeordneten Zusammenhänge. Um die Zugehörigkeit eines Problems zu einem größeren Problemkreis zu unterstreichen, ist es manchmal zweckmäßig, die problemrelevanten pi-Größen in zwei Gruppen einzuteilen: in *essentielle* pi-Größen, die die wesentlichen übergeordneten Merkmale des gesamten Problemkreises zum Ausdruck bringen, und *modale* pi-Größen, mit denen die konkreten problemspezifischen Umstände erfaßt werden. Zu den Letztgenannten zählen insbesondere die pi-Größen, die die geometrischen Gegebenheiten eines konkreten Problems betreffen. Die Einteilung in essentielle und modale pi-Größen ist nicht immer eindeutig durchzuführen und hängt u. a. davon ab, nach welchen Gesichtspunkten ein Problem in einen größeren Rahmen eingeordnet wird. So ist z. B. die Beziehung

$$Nu = 1 - Br/2, \qquad (2.4.3)$$

die den Wärmetransport quer zur ebenen Couette-Strömung beschreibt, vgl. (3.5.41), ein Sonderfall des allgemeineren Zusammenhanges [21]

$$f(Nu, Re, Pr, Br) = 0 \qquad (2.4.4)$$

zwischen den essentiellen Größen des Wärmetransportes in Newtonschen Flüssigkeiten bei erzwungener Konvektion und nicht zu vernachlässigender Energiedissipation.

Die essentiellen Variablen in der allgemeinen Beziehung (2.4.4) stehen gegebenenfalls für mehrere gleichartige pi-Größen: Handelt es sich etwa um einen Strömungsvorgang, der durch zwei voneinander unabhängige kinematische Prozeßvariablen (z. B. durch zwei charakteristische Geschwindigkeiten) bestimmt wird, so muß die Beziehung (2.4.4) zwei Reynolds-Zahlen bzw. zwei linearunabhängige Kombinationen dieser Kennzahlen aufweisen. Durch eine derartige Beziehung wird z. B. die wärmetechnische Situation in einspindeligen Schnecken erfaßt, vgl. Beziehungen (6.5.6) und (6.5.7).

In der Ähnlichkeitstheorie ist eine große Anzahl benannter Kennzahlen gebräuchlich, wobei es nicht zu vermeiden ist, daß dieselbe Bezeichnung häufig für äußerlich recht unterschiedliche pi-Größen verwendet wird. Würde man z. B. im Falle der Beziehung (2.4.4) auf die Verwendung der Symbole Nu, Re usw. verzichten und die pi-Größen als Potenzprodukte der jeweiligen x-Größen darstellen (z. B. anstatt Re die Ausdrücke $v\,L/v$, $n\,d^2/v$ oder $q/d\,v$ setzen, worin v, n und q charakteristische Geschwindigkeit, Drehzahl und Flüssigkeitsdurchsatz, L und d charakteristische Längen und v die kinematische Viskosität bedeuten), so würde man dabei die übergeordneten Aspekte dieser Beziehungen verwischen.

Es werden manchmal benannte Kennzahlen verwendet, die zwar durch andere Kennzahlen ausgedrückt werden können, wie etwa die Péclet-Zahl $Pe = Re \cdot Pr$ oder die Stanton-Zahl $St = Nu/(Re \cdot Pr)$, deren Verwendung jedoch zweckmäßig ist, weil sie für gewisse Problemkreise typisch sind. Als ein Beispiel dafür sei die Taylor-Zahl Ta erwähnt, mit der das Auftreten von sogenannten Taylor-Instabilitäten in der Couette-Strömung zwischen zwei rotierenden koaxialen Zylindern erfaßt wird: Hier erweist es sich als besonders zweckmäßig, anstelle der konventionellen Definition für die Reynolds-Zahl, etwa $Re \equiv \omega_i\,R_i\,d/v$ ($d = R_a - R_i$ Breite des Zylinderspaltes, ω_i Winkelgeschwindigkeit des Innenzylinders) eine modifizierte pi-Größe, die Taylor-Zahl $Ta \equiv \omega_i\,R^{1/2}\,d^{3/2}\,v^{-1}$, einzuführen, weil für das Auftreten von Instabilitäten bei ruhendem Außenzylinder das einfache Kriterium $Ta \geq Ta_{kr} = 41,3$ gilt [25; 26]. Im übrigen sollte man bei der Einführung von neuen *benannten Kennzahlen* die größte Zurückhaltung üben und die eigentliche Aufgabe der Ingenieurforschung im Auffinden von weiteren problemspezifischen pi-Beziehungen zwischen den bekannten essentiellen pi-Größen und nicht im Verlängern der ohnehin umfangreichen Liste der benannten Kennzahlen sehen.

In dem Bestreben, die Menge der pi-Größen, die in der physikalisch-technischen Forschung auftreten, auf einen Grundstamm von Kennzahlen zu reduzieren und hier eine Systematik zu schaffen, haben einige Autoren [27; 28] die „*echten Kennzahlen*" als Ausgangsbasis für Ähnlichkeitsmethoden definiert. Obwohl diese sich aus den Bilanzgleichungen für Stoff-, Wärme- und Impulstransport ergebenden Kennzahlen zu den wichtigsten essentiellen pi-Größen zählen, ist der Ausschließlichkeitsanspruch, der „Echtheits"-Konzeption keineswegs gerechtfertigt.

Es ist ferner unzweckmäßig, zwischen den „unabhängigen Kennzahlen" und „abhängigen pi-Variablen" einen genuinen Unterschied zu postulieren: So gelten z. B. die Schneckencharakteristiken

$$f_1\,(\Delta p\,d/\eta\,n\,L,\,q/n\,d^3) = 0 \tag{2.4.5}$$

und

$$f_2\,(P/\eta\,n^2\,L\,d^2,\,q/n\,d^3) = 0 \tag{2.4.6}$$

(s. Abschn. 6.2) sowohl wenn die Schneckendrehzahl n und der Flüssigkeitsdurchsatz q als unabhängige Prozeßvariablen gehandhabt werden und sich Δp als eine abhängige Prozeßvariable einstellt als auch wenn die Schneckenmaschine bei vorgegebenen Werten von n und Δp betrieben wird, wobei sich der Durchsatz q als eine abhängige Größe einstellt.

Manche Autoren sehen in der ähnlichkeitstheoretischen Diskussion der *Grundgleichungen* der Physik eine methodische Alternative zu der Dimensionsanalyse und heben dabei die Vorzüge der ersten Methode gegenüber der zweiten hervor [3]. Eine derartige Gegenüberstellung ist jedoch nicht sachgemäß: Die auf dem pi-Theorem beruhenden und in den Abschn. 2.2 und 2.3 besprochenen Methoden der Dimensionsanalyse sind der *einzig mögliche* Zugang zur ähnlichkeitstheoretischen Diskussion von Problemen, für die eine theoretisch fundierte mathematische Formulierung nicht vorliegt. Die sich daraus ergebenden Aussagen über den vollständigen pi-Satz stellen ein Maximum an Schlußfolgerungen dar, die aus der begrenzten Information, die eine Relevanzliste bietet, gezogen werden können. Ist ein Problem dagegen auf Grund von theoretischen Einsichten mathematisch formulierbar, so verfügt man damit — auch wenn es mathematisch nicht gelöst werden kann — über zusätzliche Informationen, die eventuell weiterreichende Schlußfolgerungen ermöglichen. Es handelt sich also nicht um zwei miteinander konkurrierende Methoden: Man wird bei der ähnlichkeitstheoretischen Diskussion mathematisch formulierbarer Probleme stets von ihrer mathematischen Struktur ausgehen und sich nicht auf die hier weniger ergiebige Analyse der Relevanzliste beschränken. Die ähnlichkeitstheoretischen Gesichtspunkte tragen allerdings nicht nur zu prägnanter und rationaler Formulierung der mathematischen Zusammenhänge bei, sondern können gelegentlich sogar geeignete Lösungsmethoden vermitteln. In diesem Zusammenhang sei auf [3; 29; 30] verwiesen, wo derartige Fragen ausführlich behandelt werden (s. ferner 6. Kapitel).

Bei der ähnlichkeitstheoretischen Verarbeitung von experimentellen Daten wird gewöhnlich eines von zwei Zielen verfolgt: Entweder geht es darum, das betreffende Problem unter möglichst vollständiger

Erfassung der problemrelevanten x-Größen im Sinne der mathematischen Physik zu beschreiben, oder man strebt eine möglichst einfache, aber das Wesentliche des Vorganges erfassende Approximation der Versuchsergebnisse an und versucht, sich auf die wichtigeren problemrelevanten Größen beschränkend, den Sachverhalt in seinen wesentlichen Zügen quantitativ wiederzugeben.

Hierbei ist allerdings zu beachten, daß sich die Zusammenhänge zwischen mehr als drei pi-Größen im allgemeinen nicht durch eine einzige Kurve oder eine einparametrige Kurvenschar darstellen lassen. Der Erfolg einer ähnlichkeitstheoretischen Auswertung von experimentellen Ergebnissen darf daher in solchen Fällen nicht danach beurteilt werden, ob es gelingt, die Versuchsergebnisse *graphisch* zusammenzubündeln. Je genauer die Meßergebnisse sind und je detaillierter die physikalische Aussage ist, desto geringer sind im allgemeinen die Aussichten, einen Sachverhalt, der zu seiner Beschreibung einen mehrdimensionalen pi-Raum benötigt, in einem zwei- oder einem dreidimensionalen Darstellungsraum zu approximieren.

Der Umstand, daß die experimentell ermittelten Zusammenhänge — dies gilt besonders für die Probleme der Ingenieurforschung — häufig als Potenzprodukt der problemrelevanten pi-Größen dargestellt werden, wie z. B. die bekannte Beziehung [31]

$$Nu = \text{const} \cdot Re^m \cdot Pr^n \tag{2.4.7}$$

für die Wärmeübertragung bei erzwungener Konvektion, darf nicht zu der Meinung verleiten, daß diese Form von pi-Beziehungen in einem formal-logischen Zusammenhang mit den Grundlagen der Ähnlichkeitstheorie stehe. Es handelt sich dabei meistens nur um approximationstechnisch günstige und bequem zu handhabende Darstellungen.

Führen die Bemühungen, für einen experimentell ermittelten Sachverhalt eine geeignete pi-Beziehung zu finden, zu keinem brauchbaren Ergebnis, so ist zu prüfen, ob es sich nur um rein technische Schwierigkeiten des Auffindens eines geeigneten mathematischen Zusammenhanges in einem an sich zutreffenden pi-Raum handelt oder ob dieser pi-Raum für die Darstellung des anstehenden Problems nicht geeignet ist, was zwingend auf Unzulänglichkeiten in der Relevanzliste hinweisen würde. Dieser Fall liegt z. B. vor, wenn es, obwohl eine Mehrdeutigkeit des vorliegenden Problems physikalisch ausgeschlossen ist, mehrere Realisierungen eines physikalisch-technischen Sachverhaltes gibt, die sich nur im Zahlenwert einer einzigen pi-Größe voneinander unterscheiden.

Bei der Planung von Versuchen ist es nützlich, eine oder mehrere Arbeitshypothesen über den zu untersuchenden Vorgang aufzustellen, sie ähnlichkeitstheoretisch durchzudiskutieren und die gewonnenen Gesichtspunkte im Versuchsprogramm zu berücksichtigen (s. die Diskussionsstudie in Abschn. 4.2). Die ähnlichkeitstheoretische Diskussion der Versuchsergebnisse wird wesentlich erleichtert, wenn man auf Grund der vorausgegangenen Dimensionsanalyse die Versuche unter Konstanthalten einzelner pi-Größen durchführt.

Es kommt bei ähnlichkeitstheoretischen Diskussionen häufig vor, daß man, von einem allgemeineren pi-Zusammenhang ausgehend, bestimmte Spezialfälle diskutieren möchte, bei denen einige der x-Größen problemirrelevant werden. Tritt eine solche x-Größe nur in einer *einzigen* pi-Größe auf, so ist diese pi-Größe zu streichen. Anders ist es, wenn die betreffende x-Größe gleichzeitig in *mehreren* pi-Größen vorkommt: Wir haben in Abschn. 2.3 gesehen, daß es in einer physikalisch konsistenten Relevanzliste niemals eine x-Größe geben kann, deren Streichung zu einer Verminderung des Ranges r der betreffenden Dimensionsmatrix führen würde, weil eine Relevanzliste *mindestens zwei rangbestimmende Größen* enthält. Bei der Streichung einer x-Größe aus der Relevanzliste bleibt also r unverändert, und die Zahl der problemrelevanten pi-Größen $m = n - r$ verringert sich somit ebenfalls nur um Eins. Kommt also eine zu streichende x-Größe gleichzeitig in mehreren pi-Größen vor, so darf man die letzteren nicht einfach streichen, weil der verbleibende pi-Satz dann nicht mehr vollständig wäre. Es sind vielmehr aus diesen pi-Größen durch Eliminierung der betreffenden x-Größe neue voneinander linearunabhängige pi-Größen zu bilden, die anstelle der ursprünglichen pi-Größen in den pi-Satz aufgenommen werden.

Wir wollen dieses Verfahren an einem konkreten Problem ausführlich erläutern: Durch ein unendlich langes Rohr mit dem Durchmesser d_0 strömt eine Newtonsche Flüssigkeit mit einem konstanten Durchsatz q, deren Stoffwerte als temperaturunabhängig vorausgesetzt werden. Im Rohr befindet sich eine konzentrisch angeordnete Kugel mit dem Durchmesser d_1, die mit einer konstanten Drehzahl n um ihre Achse rotiert, wobei die Rotationsachse mit der Rohrachse einen Winkel φ bildet (Bild 2.4.1). Die Temperatur des Rohrmantels sei T_0, die der Kugel

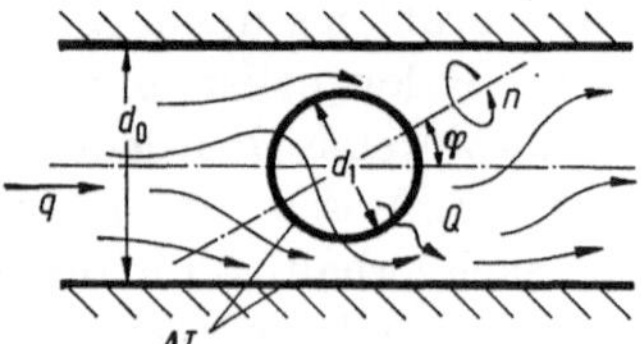

Bild 2.4.1 Zur Diskussion des stationären konvektiven Wärmetransportvorganges zwischen einem (unendlich langen) Rohr (d_0) und einer im Rohr rotierenden Kugel (d_1).

q Durchsatz der Flüssigkeit im Rohr; n Drehzahl der Kugel; φ Neigungswinkel der Drehachse; ΔT konstante Temperaturdifferenz zwischen der Kugeloberfläche und dem Rohrmantel (beide Begrenzungsflächen gleichmäßig temperiert); Q Wärmestrom durch die Kugeloberfläche.

sei $T_1 = T_0 + \Delta T$, so daß von der rotierenden Kugel über die strömende Flüssigkeit zum Rohrmantel hin ein stationärer Wärmefluß Q erfolgt. Es soll die Abhängigkeit der Wärmeübergangszahl $\alpha \equiv Q/(d_1^2 \cdot \Delta T)$ von den problemrelevanten Größen, d. h. die Beziehung

$$\alpha = f(q, n, \Delta T, d_0, d_1, \varphi, \varrho, \eta, c, \lambda), \qquad (2.4.8)$$

dimensionsanalytisch diskutiert werden. Dank der Konstanz der Dichte ϱ, der Viskosität η, der spezifischen Wärme c und der Wärmeleitzahl λ ist bei diesem Problem die Absolutfixierung der Temperatur nicht erforderlich.

Das formulierte Problem weist zwei strömungstechnische Freiheitsgrade auf und gehört zu dem bereits erwähnten Problemkreis der stationären Wärmeübertragung bei erzwungener Konvektion und Dissipation der mechanischen Leistung, vgl. Beziehung (2.4.4). Dieses Problem kann durch eine pi-Beziehung der Form

$$f(Nu, Re, \Lambda, Pr, Br, d_1/d_0, \varphi) = 0 \qquad (2.4.9)$$

mit

$$Nu \equiv \frac{\alpha\, d_0}{\lambda}, \quad Re \equiv \frac{\varrho\, q}{\eta\, d_0}, \quad \Lambda \equiv \frac{n\, d_0^3}{q}, \quad Pr \equiv \frac{\eta\, c}{\lambda}$$

$$(2.4.10)$$

und

$$Br \equiv \frac{\eta\, q^2}{\lambda\, \Delta T\, d_0^4}$$

dargestellt werden. Die pi-Größe Λ kann als Quotient zweier Reynolds-Zahlen $Re_q \equiv \dfrac{\varrho\, q}{\eta\, d_0}$ und $Re_n \equiv \dfrac{\varrho\, n\, d_0^2}{\eta}$ interpretiert werden, die den beiden strömungstechnischen Freiheitsgraden des Problems zugeordnet sind.

Diese allgemeine pi-Beziehung wollen wir in Verbindung mit einigen weiteren Voraussetzungen diskutieren, die in der Tab. 2.4.1 zusammengestellt sind. Die zu besprechenden Spezialfälle lassen sich in drei Gruppen zusammenfassen:

a) Vorgänge, bei denen die Massenträgheit der Flüssigkeit den Strömungsvorgang und somit auch den Wärmetransport beeinflußt (Spalten 1 bis 4);

b) Wärmetransport unter den Bedingungen der schleichenden Strömung, d. h. bei vernachlässigbarem Einfluß der Massenträgheit der Flüssigkeit (Spalten 5 bis 8);

c) Wärmetransport unter der Annahme, daß die Wärmedissipation in der Flüssigkeit vernachlässigbar gering ist oder gänzlich fehlt (Spalten 9 bis 11).

Die Gruppen a) und b) werden im Dimensionssystem (L, T, M, Θ), die Gruppe c) hingegen in Verbindung mit dem Dimensionssystem (L, T, M, Θ, W) diskutiert (s. hierzu die Ausführungen in Abschn. 2.5). In Spalte 1 der Tabelle ist der pi-Satz für den allgemeinen Fall entsprechend der Beziehung (2.4.9) angegeben.

Tabelle 2.4.1

	a Durch Massenträgheit beeinflußte Strömung				b Strömung ohne Einfluß der Massenträgheit (schleichende Bewegung) c und ϱ treten nur gemeinsam als $c\varrho$ auf				c Wärmetransport ohne Dissipation ΔT entfällt aus dimens.-analyt. Gründen		
	1 Allgemeiner Fall	**2** Vollständige Turbulenz (λ,η irrelevant)	**3** Umströmung der ruhenden Kugel ($n=0$) (φ irrelevant)	**4** Durch Kugelrotation hervorgerufene Strömung ohne Durchsatz ($q=0$)	**5** Allgemeiner Fall	**6** Umströmung der ruhenden Kugel ($n=0$) (φ irrelevant)	**7** Durch Kugelrotation hervorgerufene Strömung ohne Durchsatz ($q=0$) $\varphi\neq0$	**8** $\varphi=0$ ($c\varrho$ irrelevant)	**9** Dissipation wird vernachlässigt	**10** Bewegung idealer Flüssigkeit ($\eta=0$)	**11** Ruhende Flüssigkeit ($n=0$) ($q=0$) ($\eta.c.\varrho.\varphi$ irrelevant)

Optimales Dimensionssystem
Spalten 1–8: (L,T,M,Θ)
Spalten 9–10: (L,T,M,Θ,W)

n – Zahl der problemrelevanten x-Größen
r – Rang der Dimensionsmatrix
m – Zahl der dimensionslosen pi-Größen

	1	2	3	4	5	6	7	8	9	10	11
n	11	9	9	10	10	8	9	7	10	9	4
r	4	4	4	4	4	4	4	4	4	4	2
m	7	5	5	6	6	4	5	3	6	5	2

Aufstellung der problemrelevanten π-Größen

	1	2	3	4	5	6	7	8	9	10	11
1	$\alpha d_0/\lambda = Nu$	$\dfrac{\alpha d_0^2}{c\varrho q} = Nu\,Pr^{-1}Re^{-1}$	$\alpha d_0/\lambda = Nu$	$\alpha d_0/\lambda = Nu$	$\alpha d_0/\lambda = Nu$	$\alpha d_0/\lambda = Nu$	$\alpha d_0/\lambda = Nu$	$\alpha d_0/\lambda = Nu$	$\alpha d_0/\lambda = Nu$	$\alpha d_0/\lambda = Nu$	$\alpha d_0/\lambda = Nu$
2	$\varrho q/\eta d_0 = Re$	$n d_0^3/q = \Lambda$	$\varrho q/\eta d_0 = Re$	$\varrho n d_0^2/\eta = \Lambda Re$	$c\varrho q/\lambda d_0 = Re\cdot Pr$	$c\varrho q/\lambda d_0 = Re\cdot Pr$	$\dfrac{c\varrho n d_0^2}{\lambda} = \Lambda Re\cdot Pr$	$\dfrac{\eta n^2 d_0^2}{\lambda\Delta T} = \Lambda^2 Br$	$\varrho q/\eta d_0 = Re$	$c\varrho q/\lambda d_0 = Re\cdot Pr$	d_1/d_0
3	$n d_0^3/q = \Lambda$	$c\Delta T d_0^4/q^2 = Pr\cdot Br^{-1}$	$\eta c/\lambda = Pr$	$\eta c/\lambda = Pr$	$n d_0^3/q = \Lambda$	$\eta q^2/\lambda\Delta T d_0^4 = Br$	$\dfrac{\eta n^2 d_0^2}{\lambda\Delta T} = \Lambda^2 Br$	d_1/d_0	$n d_0^3/q = \Lambda$	$n d_0^3/q = \Lambda$	
4	$\eta c/\lambda = Pr$	d_1/d_0	$\eta q^2/\lambda\Delta T d_0^4 = Br$	$\dfrac{\eta n^2 d_0^2}{\lambda\Delta T} = \Lambda^2 Br$	$\eta q^2/\lambda\Delta T d_0^4 = Br$	d_1/d_0	d_1/d_0		$\eta c/\lambda = Pr$	d_1/d_0	
5	$\dfrac{\eta q^2}{\lambda\Delta T d_0^4} = Br$	φ	d_1/d_0	d_1/d_0	d_1/d_0		φ		d_1/d_0	φ	
6	d_1/d_0			φ	φ				φ		
7	φ										

Bei vollständig ausgebildeter Turbulenz (Spalte 2) treten die Viskosität η und die Wärmeleitzahl λ im Mechanismus des Impuls- und Energietransportes im Vergleich zum turbulenten Austausch zurück.

Wir wollen aus methodischen Gründen unterstellen, daß sie als praktisch problemirrelevant angesehen werden können. Diese beiden Größen kommen in Pr, Br und in dem Aggregat $Nu\,Re^{-1}$ als Quotient vor. Durch Eliminieren dieses Quotienten erhält man zwei neue linear-unabhängige pi-Größen $Nu\,Pr^{-1}\,Re^{-1}$ und $Pr\,Br^{-1}$, die zusammen mit den übrigen pi-Variablen Λ, d_1/d_0 und φ einen vollständigen pi-Satz bilden.

Im Falle der ruhenden Kugel (Spalte 3) entfällt mit $n = 0$ die pi-Variable Λ, da die als einzige n enthält. Zugleich wird aber auch die Variable φ problemirrelevant.

Ist der Durchsatz q durch den Rohrquerschnitt gleich Null (Spalte 4), so darf man die pi-Variablen Re, Br und Λ^{-1} nicht einfach gleich Null setzen: Man hat bei der grundsätzlichen Diskussion des Problems auch mit der Möglichkeit zu rechnen, daß diese drei pi-Variablen in der allgemeinen Beziehung (2.4.9) miteinander so verknüpft sind, daß dabei q ohnehin herausfällt, so daß diese Größengruppen durch die nachträgliche Verfügung $q = 0$ nicht betroffen werden. Bei der Diskussion des Falles $q = 0$ sollte man daher anstelle von Re, Br und Λ von drei äquivalenten pi-Variablen, z. B. $\Lambda\,Re$, $\Lambda^2\,Br$ und Re, ausgehen, bei denen q nur in einer einzigen pi-Größe vorkommt. Mit $q = 0$ fällt nunmehr lediglich Re weg.

Bei den Vorgängen der Gruppe b) spielt die Massenträgheit der Flüssigkeit wegen der schleichenden Strömung keine Rolle. Da die nunmehr irrelevante Dichte ϱ nur in Re vorkommt, könnte man der Meinung sein, daß diese pi-Größe gestrichen werden kann. Doch liegt hier eine charakteristische und häufig auftretende Komplikation vor. Man hat nämlich zu prüfen, ob die Relevanzliste *massenbezogene* Größen enthält. Trifft dies zu, so müssen diese Größen zunächst durch die korrespondierenden volumen- oder eventuell molbezogenen Größen ausgedrückt werden, z. B. c durch c^*/ϱ, ν durch η/ϱ, q_m durch $\varrho\,q$, wobei c^* volumenbezogene spezifische Wärme und q_m den massenbezogenen Durchsatz bedeuten. Erst nach dieser Umformung dürfen die dimensionsanalytischen Konsequenzen aus der Irrelevanz von ϱ in der bereits erläuterten Weise gezogen werden. Bei dem vorliegenden Problem haben wir es nur mit einer einzigen massenbezogenen Größe, der spezifischen Wärme c, zu tun, so daß c und ϱ bei der schleichenden Strömung nur als Produkt $c\,\varrho = c^*$ auftreten dürfen. Dieser Umstand hat zur Folge, daß in den Problemen der Gruppe b) Re und Pr nur als Peclét-Zahl $Pe = Re\,Pr$ vorkommen.

Speziell bei $q = 0$ und $\varphi = 0$ (Spalte 8) ist auch die volumenbezogene spezifische Wärme $c\,\varrho$ problemirrelevant, weil in diesem Fall die kreisförmig gewordenen Stromlinien auf isothermen Flächen liegen, so daß eine substantielle Änderung der Enthalpie der Flüssigkeit nicht erfolgt.

Würde man den Fall der vernachlässigbaren Energiedissipation (Spalte 9) ebenfalls im Dimensionssystem $(\mathsf{L}, \mathsf{T}, \mathsf{M}, \Theta)$ diskutieren, so würde man zu dem Schluß kommen, daß der pi-Satz der Spalte 1 auch für die Spalte 9 zutreffend sei. Es wird erst im Dimensionssystem $(\mathsf{L}, \mathsf{T}, \mathsf{M}, \Theta, \mathsf{W})$, mit dem mechanischen Wärmeäquivalent J als Dimensionskonstante (vgl. Abschn. 1.4), ersichtlich, daß die Vernachlässigung bzw. das Nichtauftreten der Wärmedissipation Irrelevanz von J bedeutet und somit zum Wegfall von Br führt. Das Dimensionssystem $(\mathsf{L}, \mathsf{T}, \mathsf{M}, \Theta)$ vermittelt also hier nur eine unvollständige Information (Näheres s. in Abschn. 2.5).

Den Fall der idealen Flüssigkeit (Spalte 10) erhält man aus dem vorhergehenden Fall durch Eliminierung von η aus Re und Pr.

Der Wärmetransport in der ruhenden Flüssigkeit (Spalte 11) ist, da wegen der vorausgesetzten Temperaturunabhängigkeit der Stoffwerte auch die freie Konvektion fehlt, identisch mit dem entsprechenden Problem der Wärmeleitung in einem festen Medium.

2.5 Wechsel von Dimensionssystemen

Wenngleich das in Abschn. 1.7 bewiesene pi-Theorem in Verbindung mit jedem beliebigen Dimensionssystem gilt, ist die Wahl eines Dimensionssystems, in dem ein gegebener physikalisch-technischer Sachverhalt formuliert wird, dennoch nicht völlig belanglos. Die Tatsache, daß der Rang der Dimensionsmatrix, die einer gegebenen Relevanzliste entspricht, in verschiedenen Dimensionssystemen unterschiedlich groß sein kann, wirft die Frage auf, ob und in welcher Weise ein vollständiger pi-Satz voneinander linearunabhängiger pi-Größen durch den Wechsel des Dimensionssystems verändert wird. Die Vorstellung, daß ein derartiger Wechsel irgendeinen Einfluß auf die pi-Darstellung von physikalisch-technischen Sachverhalten haben könnte, scheint zunächst mit der Objektivität der pi-Aussagen unvereinbar zu sein. Wir werden jedoch sehen, daß zwar durch den Wechsel des Dimensionssystems der vollständige *pi-Satz* unter Umständen tatsächlich verändert wird, daß aber die *pi-Beziehungen*, die einen physikalisch-technischen Sachverhalt beschreiben, bei jedem Wechsel des Dimensionssystems invariant bleiben. Die unterschiedlichen Dimensionssysteme sind bei der dimensionsanalytischen Diskussion von Problemen nicht a priori einander gleichwertig, was uns bereits bei der Diskussion der Tab. 2.4.1 veranlaßt hat, zwei Dimensionssysteme nebeneinander zu verwenden.

Der Wechsel von einem Dimensionssystem zu einem anderen kann immer in eine Folge von elementaren Schritten aufgelöst werden:

a) *Austausch* einer Grunddimension Dim_i gegen eine Dimension Dim_j, indem die Definitionsrelation, mit der Dim_j an die Grunddimensionen gekoppelt ist, als eine Definitionsrelation für Dim_i in bezug auf Dim_j interpretiert wird. Ein derartiger Schritt ist z. B. der Wechsel vom physikalischen Dimensionssystem (L, T, M) zum technischen Dimensionssystem (L, T, K).

b) *Erweiterung* des Systems der Grunddimensionen durch Aufnahme einer weiteren Dimension Dim_k. Ein derartiger Schritt ist mit der Einführung einer entsprechenden Dimensionskonstanten $\varkappa$ verbunden, indem man die ursprüngliche Definitionsrelation für Dim_k nunmehr als eine Definitionsrelation für $\varkappa$ interpretiert. Ein bereits in Abschn. 1.4 erwähntes Beispiel dafür ist die Einführung der Gravitationskonstante in Verbindung mit dem dritten Newtonschen Gesetz.

c) *Reduktion* des Systems der Grunddimensionen durch Tilgung einer Grunddimension, indem diese auf die übrigen Grunddimensionen zurückgeführt wird. Dieser Schritt stellt die Umkehrung des Schrittes b) dar und ist mit dem Fortfall einer entsprechenden Dimensionskonstanten verbunden, die nunmehr als eine reine Zahl (Eins) interpretiert wird. Als ein Beispiel dafür sei die Erzeugung der Dimensionssysteme der Tab. 1.4.1 angeführt.

Ein Wechsel des Dimensionssystems im Sinne von a) ist verhältnismäßig unproblematisch, weil dabei der Rang r der Dimensionsmatrix unverändert bleibt. Wir wollen daher nur die Schritte b) und c) näher untersuchen, bei denen im allgemeinen sowohl der Rang r der Dimensionsmatrix als auch die Zahl der voneinander linearunabhängigen pi-Größen $m = n - r$ verändert werden.

Wir diskutieren nachstehend den Reduktionsschritt c), d. h. den Übergang von einem Dimensionssystem A mit k Grunddimensionen zu einem Dimensionssystem B mit $(k - 1)$ Grunddimensionen. Dieser Übergang sei mit der Umdeutung einer Dimensionskonstanten $\varkappa$ verbunden, die im Dimensionssystem B als Eins interpretiert wird (vgl. Abschn. 1.4).

Einem gegebenen physikalisch-technischen Problem sei in Verbindung mit dem Dimensionssystem A eine Matrix $\mathbf{M}_A$:

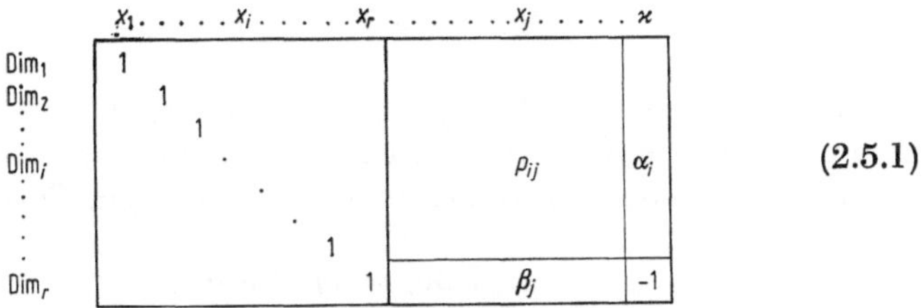

$$(2.5.1)$$

mit dem Rang r zugeordnet. Die die Einheitsmatrix bildenden Größen seien mit dem Index $i = 1, 2, \ldots, r$, die x-Größen der Restmatrix, seien mit Ausnahme von $\varkappa$ mit dem Index $j = 1, 2, \ldots, n - r - 1$ versehen. Die letzte Spalte der Restmatrix wird der Dimensionskonstante $\varkappa$ zugeordnet. Zur einfacheren Beweisführung wollen wir, unbeschadet der Allgemeingültigkeit, annehmen, daß bei dem Übergang von A zu B die Dimension Dim_r der letzten Zeile von $\mathbf{M}_A$ auf die übrigen Dimensionen Dim_i gemäß der Beziehung (1.4.3) zurückgeführt wird. Wir wollen daher die Elemente der letzten Spalte und die der letzten Zeile des Restmatrix in (2.5.1) entsprechend ihrer Sonderrolle bei dem Reduktionsschritt mit α_i und β_j bezeichnen. Im Kreuzpunkt der α-Spalte und der β-Zeile steht notwendigerweise ein nicht verschwindendes Element, welches wir durch eine entsprechende Definition von $\varkappa$ gleich -1 voraussetzen können: Dies kann immer erreicht werden, indem der letzten Spalte von $\mathbf{M}_A$ eine geeignete Potenz von $\varkappa$ zugeordnet wird. Die übrigen Elemente der Restmatrix werden mit p_{ij} bezeichnet.

Nach den Ausführungen des Abschn. 1.7 ist den j-Spalten der Restmatrix je eine pi-Größe

$$\pi_j \equiv \frac{x_j}{x_r^{\beta_j} \prod_{i=1}^{r-1} x_i^{p_{ij}}} \quad (j = 1, 2, \ldots, n - r - 1) \tag{2.5.2}$$

und der $\varkappa$-Spalte die pi-Größe

$$\pi^* \equiv \frac{\varkappa \cdot x_r}{\prod_{i=1}^{r-1} x_i^{\alpha_i}} \tag{2.5.3}$$

zugeordnet, die einen vollständigen, linearunabhängigen pi-Satz S bilden. Das vorliegende physikalisch-technische Problem läßt sich daher als eine pi-Beziehung zwischen den $m = n - r$ pi-Größen

$$f(\pi_j, \pi^*) = 0 \tag{2.5.4}$$

darstellen.

Nunmehr wird dasselbe Problem im Dimensionssystem B beschrieben. Die Dimensionskonstante $\varkappa$, deren Dimension in A durch die Beziehung

$$\mathrm{Dim}(\varkappa) = \mathrm{Dim}_r^{-1} \prod_{i=1}^{r-1} \mathrm{Dim}_i^{\alpha_i} \tag{2.5.5}$$

gegeben ist, wird beim Übergang von A zu B als eine dimensionslose Eins interpretiert (vgl. Abschn. 1.4), so daß zwischen den ehedem voneinander unabhängigen Dimensionen nunmehr ein Zusammenhang

$$\mathrm{Dim}_r = \prod_{i=1}^{r-1} \mathrm{Dim}_i^{\alpha_i} \tag{2.5.6}$$

herbeigeführt wird. Die letzte Zeile in (2.5.1) kann daher in eine Linearkombination der übrigen Zeilen aufgelöst und gemäß (2.5.6) nach Multiplikation mit α_i diesen Zeilen hinzuaddiert werden. Durch diese Operation werden sämtliche Elemente der Matrix $\mathbf{M}_A$, die wir hier zusammenfassend mit a_{ik} bezeichnen wollen, in Elemente a'_{ik} einer neuen Matrix $\mathbf{M}'_A$ mit

$$a'_{ik} = a_{ik} + \alpha_i\, a_{rk} \quad \begin{pmatrix} i = 1, 2, \ldots, r - 1 \\ k = 1, 2, \ldots, n \end{pmatrix} \tag{2.5.7}$$

übergeführt. Die letzte Spalte der gebildeten Matrix $\mathbf{M}'_A$ ist leer und kann daher gestrichen werden.

Der verbleibende Rest von $\mathbf{M}'_A$ ist mit der Dimensionsmatrix $\mathbf{M}_B$ identisch, die dem vorliegenden Problem in Verbindung mit dem Dimensionssystem B zugeordnet wird. Die Struktur dieser Matrix ist in ihrer Bezogenheit auf $\mathbf{M}_A$ nachstehend dargestellt:

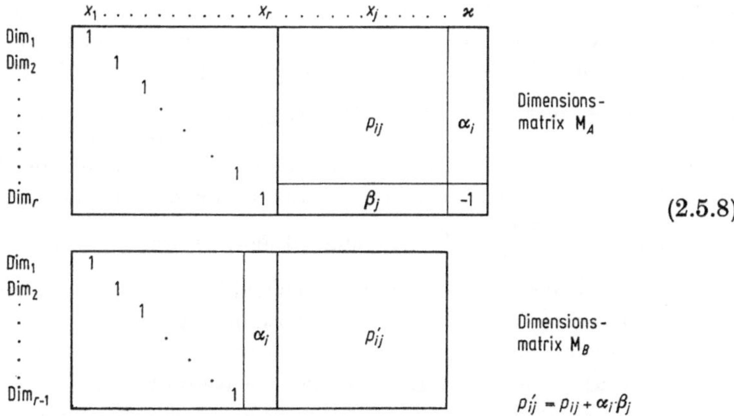

$$\tag{2.5.8}$$

Der Rang von $\mathbf{M}_B$ ist $r' = r - 1$, die Zahl der x-Größen ist $n' = n - 1$, so daß die Zahl m' der pi'-Größen gleich m ist. Aus der neu entstandenen Dimensionsmatrix $\mathbf{M}_B$ erhält man den nachstehenden Satz S' von linearunabhängigen pi'-Größen:

$$\pi'_j \equiv \frac{x_j}{\displaystyle\prod_{i=1}^{r-1} x_i^{p'_{ij}}} \tag{2.5.9}$$

und mit x_r sinngemäß:

$$\pi^{*'} \equiv \frac{x_r}{\displaystyle\prod_{i=1}^{r-1} x_i^{\alpha_i}}, \tag{2.5.10}$$

so daß die entsprechende pi'-Beziehung

$$f'(\pi'_j, \pi^{*'}) = 0 \tag{2.5.11}$$

lautet. Aus den Ausdrücken für pi- bzw. pi'-Größen ergeben sich für die beiden pi-Sätze S und S' die Transformationsformeln

$$\pi_j' = \pi_j \left(\frac{\pi^*}{\varkappa} \right)^{\beta_j} , \qquad \pi^{*'} = \frac{\pi^*}{\varkappa} , \tag{2.5.12}$$

$$\pi_j = \pi_j' (\pi^{*'})^{-\beta_j} , \qquad \pi^* = \varkappa \, \pi^{*'} , \tag{2.5.13}$$

die zu nachstehenden Folgerungen führen:

Zunächst sei hervorgehoben, daß π^* und $\pi^{*'}$ sich nur dadurch voneinander unterscheiden, daß in $\pi^{*'}$ der Faktor $\varkappa$ fortfällt. Dies spiegelt eben den Umstand wider, daß die Größe $\varkappa$, die im Dimensionssystem A als eine Dimensionskonstante fungiert, im Dimensionssystem B überhaupt nicht existent ist. Es handelt sich somit bei π^* und $\pi^{*'}$ physikalisch um eine und dieselbe pi-Größe, die in zwei verschiedenen Dimensionssystemen dargestellt wird. So erscheint beispielsweise die Brinkman-Zahl [21], die die Energiedissipation in viskosen Medien erfaßt, im Dimensionssystem $(\mathsf{L}, \mathsf{T}, \mathsf{M}, \Theta, \mathsf{W})$ als $Br = \dfrac{\eta \, v^2}{J \, \lambda \, \Delta T}$, wogegen im Dimensionssystem $(\mathsf{L}, \mathsf{T}, \mathsf{M}, \Theta)$, in dem das mechanische Wärmeäquivalent J nicht mehr vorkommt, für diese Kennzahl die Definitionsgleichung $Br = \dfrac{\eta \, v^2}{\lambda \, \Delta T}$ gilt. Es sind dabei: η und λ Viskosität und Wärmeleitzahl des Fluids, v und ΔT charakteristische Geschwindigkeit und Temperaturdifferenz (vgl. auch Abschn. 2.4, Tab. 2.4.1).

Die Transformationsgleichungen (2.5.12) und (2.5.13) zeigen, daß beim Übergang von A zu B, d. h. bei der Reduktion des Dimensionssystems, die Variablen einer pi-Beziehung lediglich eine Aufspaltung mit der gleichzeitigen Verfügung $\varkappa = 1$ erfahren, wodurch der Aussagegehalt der ursprünglichen pi-Beziehung nicht verändert wird:

$$f(\pi_j; \pi^*) = \underset{\varkappa=1}{f}\big(\pi_j'(\pi^{*'})^{-\beta_j}; \varkappa \, \pi^{*'}\big) \equiv f'(\pi_j'; \pi^{*'}). \tag{2.5.14}$$

Als ein Beispiel sei die Gl. (2.4.3) in Verbindung mit den Dimensionssystemen der Tab. 1.4.1 dargestellt, wobei die jeweiligen pi-Größen durch einen Punkt voneinander getrennt sind (s. Bild 3.5.1):

$$(\mathsf{L}, \mathsf{T}, \mathsf{M}, \Theta, \mathsf{W}) \qquad \frac{q \, h}{\lambda \, \Delta T} = 1 - \frac{1}{2} \frac{\eta \, v^2}{J \, \lambda \, \Delta T} , \tag{2.5.15}$$

$$(\mathsf{L}, \mathsf{T}, \mathsf{M}, \Theta) \qquad \frac{q \, h}{\lambda \, \Delta T} = 1 - \frac{1}{2} \frac{\eta \, v^2}{\lambda \, \Delta T} , \tag{2.5.16}$$

$$(\mathsf{L}, \mathsf{T}, \mathsf{M}) \qquad \frac{q \, h}{\eta \, v^2} \cdot \frac{v}{\lambda \, h^2} \cdot \frac{\eta \, v \, h^2}{\Delta T} = 1 - \frac{1}{2} \frac{\eta \, v \, h^2}{\Delta T} \cdot \frac{v}{\lambda \, h^2} , \tag{2.5.17}$$

$$(\mathsf{L}, \mathsf{T}) \qquad \frac{q\,h^4}{v^2} \cdot \frac{v}{\lambda\,h^2} \cdot \frac{v}{\Delta T\,h} = 1 - \frac{1}{2}\,\eta\,h^3 \cdot \frac{v}{\lambda\,h^2} \cdot \frac{v}{\Delta T\,h}\,, \qquad (2.5.18)$$

$$(\mathsf{L}) \quad q\,h^4 \cdot (\lambda\,h^2)^{-1} \cdot (\Delta T\,h)^{-1} = 1 - \frac{1}{2}\,\eta\,h^3 \cdot v^2 \cdot (\lambda\,h^2)^{-1} \cdot (\Delta T\,h)^{-1}. \quad (2.5.19)$$

Alle diese Darstellungen sind untereinander völlig äquivalent und stimmen mit der Beziehung (2.4.3)

$$Nu = 1 - Br/2$$

überein.

Daß der Wahl eines geeigneten Dimensionssystems für ein konkretes Problem mitunter größere Beachtung geschenkt werden soll, besonders dann, wenn dabei Dimensionskonstanten ins Spiel kommen, die problemirrelevant sind, wollen wir an einem nahezu klassisch gewordenen Beispiel [6; 2] demonstrieren: Bei stationärem Wärmeübergang von einem Körper auf das ihn umströmende ideale Fluid[1] hängt die mittlere Wärmeübergangszahl α von einer charakteristischen Länge d des Körpers, der Anströmgeschwindigkeit v und den Stoffwerten des Fluids, der Dichte ϱ, der spezifischen Wärme c und der Wärmeleitzahl λ, ab:

$$\alpha = f(d, v, \varrho, c, \lambda). \qquad (2.5.20)$$

Über die dimensionslose Darstellung dieser Beziehung kam es zwischen RAYLEIGH [32] und RIABOUCHINSKY [33] zu einer Kontroverse: Der erstgenannte Autor ging von dem Dimensionssystem $(\mathsf{L}, \mathsf{T}, \mathsf{M}, \Theta)$ aus und ermittelte für (2.5.20) eine pi-Beziehung

$$f(Nu, Pe) = 0 \qquad (2.5.21)$$

zwischen zwei pi-Größen, der Nusselt-Zahl $Nu \equiv \dfrac{\alpha\,\lambda}{\lambda}$ und der Péclet-Zahl $Pe \equiv \dfrac{c\,\varrho\,v\,d}{\lambda}$, wogegen der zweite Autor seiner Diskussion das Dimensionssystem $(\mathsf{L}, \mathsf{T}, \mathsf{M})$ zugrunde legte und zu einer Beziehung zwischen drei pi-Größen

$$f(Nu, Pe, c\,\varrho\,d^3) = 0 \qquad (2.5.22)$$

gelangte.

Diesen Sachverhalt wollen wir nachstehend ausführlich diskutieren. Zunächst zeigen wir, wie die beiden Autoren kalkültechnisch zu den Beziehungen (2.5.21) und (2.5.22) kommen. In Verbindung mit dem Dimensionssystem $(\mathsf{L}, \mathsf{T}, \mathsf{M}, \Theta)$ wird den problemrelevanten Größen

---

[1] Wir haben dieses Problem — mit einer anderen, äquivalenten Relevanzliste — bereits im Abschn. 2.3 diskutiert.

die Dimensionsmatrix

	d	v	ϱ	c	λ	α
L	1	1	-3	2	1	0
T	0	-1	0	-2	-3	-3
M	0	0	1	0	1	1
Θ	0	0	0	-1	-1	-1

$$(2.5.23)$$

zugeordnet, die, entsprechend den im Abschn. 2.3 erläuterten Transformationen, auf die Form

	d	v	ϱ	c	λ	α
L + T + 3M	1	0	0	0	1	0
$2\Theta - $T	0	1	0	0	1	1
M	0	0	1	0	1	1
$-\Theta$	0	0	0	1	1	1

$$(2.5.24)$$

gebracht werden kann. Nach (1.7.8) folgen daraus die pi-Größen

$$\pi_1 = \frac{\lambda}{dv\varrho c}, \qquad \pi_2 = \frac{\alpha}{v\varrho c}, \tag{2.5.25}$$

aus denen im Einklang mit RAYLEIGH die beiden Variablen Nu und Pe der Beziehung (2.5.21) gebildet werden können.

Wird hingegen derselben Relevanzliste eine Dimensionsmatrix in Verbindung mit dem Dimensionssystem (L, T, M) zugeordnet (vgl. Tab. 1.4.1):

	d	v	ϱ	c	λ	α
L	1	1	-3	0	-1	-2
T	0	-1	0	0	-1	-1
M	0	0	1	-1	0	0,

$$(2.5.26)$$

und auf die Form

	d	v	ϱ	c	λ	α
L + T + 3M	1	0	0	-3	-2	-3
$-$T	0	1	0	0	1	1
M	0	0	1	-1	0	0

$$(2.5.27)$$

gebracht, so folgen daraus tatsächlich drei pi-Größen

$$\pi_1' = \frac{\lambda d^2}{v}, \qquad \pi_2' = \frac{\alpha d^3}{v}, \qquad \pi_3' = c\varrho d^3, \tag{2.5.28}$$

die zu der Beziehung (2.5.22) führen.

Die Diskrepanz deckt sich auf, wenn in die Dimensionsmatrix (2.5.23) die Boltzmann-Konstante k aufgenommen wird, die in Verbindung mit dem Dimensionssystem $(\mathsf{L}, \mathsf{T}, \mathsf{M}, \Theta)$ als eine Dimensionskonstante fungiert (vgl. Abschn. 1.4 und Tab. 1.4.1), obwohl sie sicherlich nicht zu den problemrelevanten Größen zählt. Dadurch wird der pi-Satz (2.5.25) um eine dritte pi-Größe $\pi_3 = \dfrac{c \, \varrho \, d^3}{k}$ erweitert, die physikalisch mit π_3' in (2.5.28) identisch ist[1]. Daß die Größe π_3 problemirrelevant und daher in der Beziehung (2.5.22) zu streichen ist, läßt sich also erst in Verbindung mit dem erweiterten Dimensionssystem $(\mathsf{L}, \mathsf{T}, \mathsf{M}, \Theta)$ durch Heranziehung der zugehörigen Dimensionskonstanten zeigen. Man kann somit sagen, daß RIABOUCHINSKY mit der Beziehung (2.5.22) zwar formal recht hatte, daß aber bei der konsequenten Diskussion des Problems im Dimensionssystem $(\mathsf{L}, \mathsf{T}, \mathsf{M}, \Theta)$ gezeigt werden kann, daß die Variable π_3' problemirrelevant ist und in der Beziehung faktisch nicht vorkommt. Das Dimensionssystem $(\mathsf{L}, \mathsf{T}, \mathsf{M}, \Theta)$ vermittelt somit, allerdings unter Heranziehung der betreffenden Dimensionskonstante k, bei der Diskussion des vorliegenden Problems eine größere Information als das Dimensionssystem $(\mathsf{L}, \mathsf{T}, \mathsf{M})$.

Dieser Umstand legt natürlich die Frage nahe, ob die Dimensionsanalyse des vorliegenden Problems noch weiter geführt werden kann, wenn man der Diskussion das Dimensionssystem $(\mathsf{L}, \mathsf{T}, \mathsf{M}, \Theta, \mathsf{W})$ zugrunde legt und dabei eine weitere, sicherlich ebenfalls problemirrelevante Dimensionskonstante, das mechanische Wärmeäquivalent J, in die Diskussion mit einbezieht: Die Dimensionsmatrix der erweiterten Relevanzliste lautet in diesem Falle (Tab. 1.4.1):

$$
\begin{array}{c|cccccccc}
 & d & v & \varrho & c & \lambda & \alpha & k & J \\
\hline
\mathsf{L} & 1 & 1 & -3 & 0 & -1 & -2 & 2 & 2 \\
\mathsf{T} & 0 & -1 & 0 & 0 & -1 & -1 & -2 & -2 \\
\mathsf{M} & 0 & 0 & 1 & -1 & 0 & 0 & 1 & 1 \\
\Theta & 0 & 0 & 0 & -1 & -1 & -1 & -1 & 0 \\
\mathsf{W} & 0 & 0 & 0 & 1 & 1 & 1 & 0 & -1.
\end{array}
\qquad (2.5.29)
$$

Wird die W-Zeile dieser Matrix durch die Zeilenkombination

$$-\mathsf{W} - \Theta: \quad (0 \quad 0 \quad 0 \quad 0 \quad 0 \quad 0 \quad 1 \quad 1)$$

ersetzt, so kann man aus der transformierten Matrix folgern, daß die beiden Dimensionskonstanten k und J nur als ein Quotient auftreten. Werden die beiden Spalten durch die Spalte J/k ersetzt, so erkennt

---

[1] Die Größen π_3 und π_3' sind Analoga der Größen π^* und $\pi^{*\prime}$, die durch (2.5.3) und (2.5.10) definiert sind.

man ferner, daß auch die Größen ϱ und c aus dem gleichen formalen Grunde nur als ein Produkt auftreten können. Werden diese beiden Feststellungen berücksichtigt und die leeren Zeilen weggelassen, so erhält man die nachstehende reduzierte Matrix

	d	v	$c\,\varrho$	λ	α	J/k
L	1	1	-3	-1	-2	0
T	0	-1	0	-1	-1	0
Θ	0	0	-1	-1	-1	1,

$$(2.5.30)$$

die nach der Transformation

	d	v	$c\,\varrho$	λ	α	J/k
L $+$ T $-$ 3Θ	1	0	0	1	0	-3
$-$T	0	1	0	1	1	0
$-\Theta$	0	0	1	1	1	-1

$$(2.5.31)$$

zu den pi-Größen

$$\pi_1'' = \frac{\lambda}{d\,v\,\varrho\,c}, \qquad \pi_2'' = \frac{\alpha}{v\,\varrho\,c}, \qquad \pi_3'' = c\,\varrho\,d^3\,\frac{J}{k} \qquad (2.5.32)$$

führt. Da k und J problemirrelevant sind, gelangt man auch in Verbindung mit dem Dimensionssystem (L, T, M, Θ, W) zu der pi-Beziehung (2.5.21), die man übrigens auch durch eine qualitative Diskussion der zugeordneten mathematischen Formulierung des Problems erhält.

Die Ausführungen dieses Abschnittes zeigen, daß es besonders bei ähnlichkeitsanalytischer Diskussion von Problemen unbekannter Struktur zweckmäßig ist, die Darstellung eines physikalisch-technischen Sachverhaltes in verschiedenen Dimensionssystemen vorzunehmen, um daraus eventuell weiterführende Schlüsse ziehen zu können. Dies bedeutet natürlich nicht, daß auch die tatsächliche Behandlung von Problemen in unkonventionellen Dimensionssystemen durchgeführt werden soll: Sobald feststeht, in welchem pi-Raum ein vorliegendes Problem darstellbar ist, kann man zu einem üblichen Dimensionssystem übergehen. Die letzten Ausführungen sollen also keineswegs als ein Befürworten der Wiedereinführung des mechanischen Wärmeäquivalentes beim Formulieren von physikalischen Beziehungen verstanden werden.

3. Ähnlichkeitstheoretische Erfassung veränderlicher Stoffgrößen

3.1 Ähnlichkeitstheoretische Grundsituation

Die mathematische Struktur der physikalisch-technischen Sachverhalte wird durch die Veränderlichkeit der problemrelevanten Stoffgrößen, z. B. durch deren Temperaturabhängigkeit, wesentlich komplizierter als im Falle konstanter Stoffgrößen. Dies ist besonders dann der Fall, wenn die Stoffgrößen in dem betreffenden Problem als Feldvariablen auftreten. So wird z. B. eine mathematische Diskussion der nichtisothermen Strömungsvorgänge durch die Temperaturabhängigkeit der Viskosität meistens dadurch sehr erschwert, daß hier ein ungleichmäßiges Temperaturfeld mit einem entsprechenden, ebenfalls ungleichmäßigen Viskositätsfeld gekoppelt ist.

Obwohl dieser Fragenkomplex in der theoretischen und der experimentellen Forschung, insbesondere auf dem Gebiete der Verfahrenstechnik, immer stärker in den Vordergrund tritt, ist er aus ähnlichkeitstheoretischer Sicht noch nicht geschlossen diskutiert worden. Dieses Problem wird im vorliegenden Kapitel ausführlich erörtert, wobei die Vorgänge in nicht-Newtonschen rheologischen Stoffen ausgeklammert sind, da sie im 5. Kapitel gesondert diskutiert werden.

Nachstehend werden wir mit s eine veränderliche Stoffgröße und mit p eine Zustandsvariable bezeichnen, von der die Größe s abhängig ist. Jede *Stoffunktion* $s(p)$, z. B. die Temperaturabhängigkeit der Viskosität $\eta(T)$, drückt einen physikalischen Sachverhalt aus und ist daher dimensionslos darstellbar. Daraus folgt, daß eine derartige Stoffunktion, sofern s und p nicht gerade Größen gleicher Entität sind, mindestens eine dimensionsbehaftete Stoffkonstante enthält, so daß es sich im allgemeinen um eine Beziehung der Form

$$s = f(p, c_i) \tag{3.1.1}$$

handelt, wobei der Index i einen gewissen Wertebereich durchläuft. Diese Stoffkonstanten entsprechen entweder bestimmten theoretischen Vorstellungen oder sind rein phänomenologischer Natur. Jede stoffspezifische Beziehung kann auf eine der beiden folgenden dimensionslosen Darstellungsformen

$$s/b = f(p/a, \pi_k) \quad \text{(Regelfall)} \tag{3.1.2}$$

oder

$$s\, p^{\alpha}/c = 1 \quad \text{(Singulärfall)} \tag{3.1.3}$$

gebracht werden, worin a, b und c dimensionsbehaftete und π_k dimensionslose Stoffparameter sind, die aus Potenzprodukten der ursprünglichen Stoffkonstanten c_i gebildet werden, während α eine durch die Entität von s, p und c fixierte Konstante ist (vgl. das Konsistenzprinzip, Abschn. 1.2).

Diese beiden pi-Darstellungen ergeben sich aus der bereits in Abschn. 2.3 erwähnten Tatsache, daß die Dimensionsmatrix einer physikalisch konsistenten Relevanzliste mindestens zwei rangbestimmende Spalten aufweisen muß. Der Regelfall (3.1.2) liegt vor, wenn der Rang der Dimensionsmatrix beim gleichzeitigen Streichen der Spalten p und s nicht verändert wird. Es existiert dann mindestens eine c_i-Spalte, die für die Matrix rangbestimmend ist, so daß es möglich ist, die in Abschnitt 2.3 erläuterte Aufteilung der Dimensionsmatrix in die Kern- und Restmatrix so vorzunehmen, daß p und s in die Restmatrix gelangen. Nach der Durchführung der in Abschn. 2.3 erläuterten Äquivalenztransformationen erhält man die Matrix

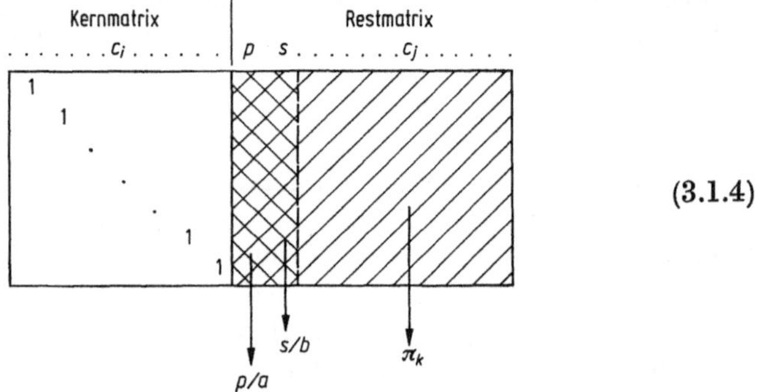

$$(3.1.4)$$

die in ihrer Struktur der Matrix (1.7.4) entspricht und somit nach (1.7.8) zu den pi-Größen p/a, s/b und π_k der Beziehung (3.1.2) führt. Wir werden die Größen a und b, die von der Wahl der Stoffkonstanten c_i der Kernmatrix in (3.1.4) abhängen, im weiteren als *Schlüsselparameter* der jeweiligen Stoffunktion bezeichnen.

Der Singulärfall (3.1.3) liegt dagegen vor, wenn der Rang der Dimensionsmatrix beim gleichzeitigen Streichen von p und s *verringert* wird. In diesem Falle sind p und s die einzigen rangbestimmenden Größen, so daß eine von ihnen, z. B. p, notwendigerweise in der Kernmatrix auftritt. Die Struktur der sich daraus ergebenden Matrix ist in (3.1.5) links schematisch dargestellt:

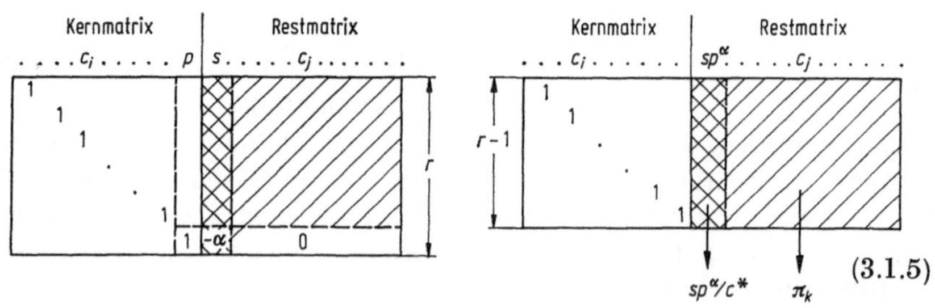

$$(3.1.5)$$

Die unterste Zeile der Restmatrix weist ein einziges nichtverschwindendes, im Kreuzpunkt mit der Spalte (s) liegendes Element auf, welches mit $(-\alpha)$ bezeichnet sei. Wird die Spalte (s) durch eine Linearkombination der Spalten (s) und (p) gemäß

$$\mathrm{Sp}\,(s) + \alpha\,\mathrm{Sp}\,(p) \equiv \mathrm{Sp}\,(s\,p^\alpha) \tag{3.1.6}$$

ersetzt, der die Größengruppe $s\,p^\alpha$ entspricht, so besteht nach dieser Transformation nunmehr die ganze letzte Zeile der Restmatrix nur aus Nullen. Infolgedessen bleibt die Spalte (p) als einzige rangbestimmende Spalte übrig und kann gestrichen werden, da sie auf die Erzeugung der pi-Größen keinen Einfluß hat. Wird daraufhin auch die leergewordene letzte Zeile der Matrix gestrichen, so gelangt man zu einer in (3.1.5) rechts skizzierten Matrix, der die pi-Größen $s\,p^\alpha/c^*$ und π_k zugeordnet sind. Diesem pi-Satz entspricht eine pi-Beziehung der Form

$$\frac{s\,p^\alpha}{c^*} = f(\pi_k), \tag{3.1.7}$$

die nach Einführung eines neuen Stoffparameters

$$c \equiv c^*\,f(\pi_k) \tag{3.1.8}$$

in die Beziehung (3.1.3) übergeht. Dieser Beziehung kommt infolge ihrer speziellen Struktur eine geringere Bedeutung zu, so daß wir die weitere Diskussion auf den Regelfall (3.1.2) beschränken werden (einige Beispiele werden noch diskutiert).

Eine der wichtigsten ähnlichkeitstheoretischen Fragen in diesem Zusammenhang ist: *Welche Änderung erfährt der dimensionslose Darstellungsraum (der pi-Raum) für einen gegebenen Vorgang, wenn eine der problemrelevanten Stoffgrößen als veränderlich vorausgesetzt wird?* Diese Frage läßt sich allgemeingültig beantworten:

Gegeben sei die Menge der problemrelevanten Größen (Relevanzliste) eines Vorganges für den Fall $s = \mathrm{const}$

$$\{x_i,\,p_0,\,s\}, \tag{3.1.9}$$

worin p_0 ein kennzeichnender Wert der Größe p ist, deren Einfluß auf s später erfaßt werden soll. Mit x_i sind die übrigen uns im einzelnen nicht interessierenden Größen bezeichnet. Der Index i und die später vorkommenden Indizes j, k, l, m und n durchlaufen einen gewissen Wertebereich. Die Absolutfixierung der Zustandsgröße p durch p_0 entfällt bei $s = \mathrm{const}$, sofern es nur auf Differenzwerte $\Delta p = p - p_0$ ankommt, wie dies z. B. bei den Problemen der Wärmeübertragung mit konstanten Stoffgrößen zutrifft.

Geht man nun zu dem uns eigentlich interessierenden Fall $s(p)$ über, so ist die Menge der problemrelevanten Größen durch

$$\{x_i,\,p_0,\,b,\,a,\,\pi_k\} \tag{3.1.10}$$

gegeben: Anstelle von s treten die Bestimmungselemente der Stofffunktion $s(p)$, wobei es für die weitere Diskussion zweckmäßiger ist, direkt von der pi-Beziehung (3.1.2) und nicht von der ursprünglichen Beziehung (3.1.1) auszugehen. Die Größe p_0 muß, auch wenn sie im Falle $s = $ const nicht auftritt, in die Relevanzliste (3.1.10) aufgenommen werden. Sie entfällt nur bei einer bestimmten Klasse von Stofffunktionen $s(p)$, die sich *bezugsinvariant* darstellen lassen und die wir in Abschn. 3.4 noch ausführlich diskutieren werden. Abgesehen davon wird also *die Erweiterung des pi-Raumes nur durch die Parameter der Stoffunktion und nicht durch die Funktion selbst bestimmt. Die letztere äußert sich lediglich in der mathematischen Struktur der betreffenden pi-Beziehung.* Wir werden in den Abschn. 3.2 und 3.5 an zwei konkreten Problemen sehen, wie der Einfluß einer Stoffunktion $s(p)$ mathematisch zum Ausdruck kommt.

Wie wir in Abschn. 2.3 gezeigt haben, wird jeder Relevanzliste ein vollständiger Satz von linearunabhängigen pi-Größen (kurz: ein pi-Satz) zugeordnet. Der Menge (3.1.9) entspricht der pi-Satz

$$\{\pi_j, A_l(p_0), B_m(s), C_n(p_0, s)\}, \qquad (3.1.11)$$

worin mit A, B und C diejenigen pi-Größen bezeichnet sind, die p_0, s bzw. p_0 *und* s enthalten, während alle übrigen pi-Größen mit dem Symbol π_j erfaßt werden. Durch weitestgehende Eliminierung von p_0 und s kann dieser pi-Satz auf die Kurzform

$$\{\pi_j, A(p_0), B(s)\} \qquad (3.1.12)$$

mit je einer A- und B-Größe gebracht werden, in der mit π_j auch die durch Eliminieren von p_0 und s gebildeten pi-Größen erfaßt werden.

Es ist unter Beachtung des in Abschn. 2.3 erläuterten Kalküls leicht zu erkennen, daß der entsprechende pi-Satz für (3.1.10) durch die nachstehende Menge

$$\{\pi_j, A_l(p_0), B_m(b), C_n(p_0, b), \frac{p_0}{a}, \pi_k\} \qquad (3.1.13)$$

dargestellt werden kann, wobei in den Größen B_m und C_n anstelle von s der dimensionsäquivalente *Schlüsselparameter* b auftritt. Außerdem erscheint in diesem pi-Satz noch eine weitere prozeßbedingte pi-Größe p_0/a.

Der Übergang von $s = $ const zu $s = s(p)$ kann daher in der Kurzform durch die nachstehende *Korrespondenzrelation*

$$\boxed{\{\pi_j, (A(p_0)), B(s)\} \to \{\pi_j, A(p_0), B(b), \frac{p_0}{a}, \pi_k\}} \qquad (3.1.14)$$

symbolisch dargestellt werden, wobei die Klammer um $A(p_0)$ andeuten soll, daß diese Größe bei $s = $ const eventuell nicht auftritt. Damit ist die gestellte Frage nach der Änderung des pi-Raumes infolge der Veränderlichkeit einer Stoffgröße beantwortet.

Entfällt bei $s = s(p)$ die Absolutfixierung von p, wie es bei der erwähnten bezugsinvarianten Darstellung von $s(p)$ (s. Abschn. 3.4) der Fall ist, so geht (3.1.14) in die Korrespondenzrelation

$$\boxed{\{\pi_j, \big(A(p_0)\big), B(s)\} \rightarrow \{\pi_j, A(a), B(b), \pi_k\}} \qquad (3.1.15)$$

über. Die Größe $A(a)$ entsteht durch Eliminieren der irrelevanten Größe p_0 aus $A(p_0)$ und p_0/a. Der Vergleich der rechts stehenden pi-Sätze in (3.1.14) und (3.1.15) zeigt, daß dadurch eine Reduktion des pi-Raumes erreicht wird, vgl. hierzu (3.4.25).

Als ein Beispiel für die Anwendung der Korrespondenzrelation (3.1.14) ziehen wir das in Abschn. 2.4 diskutierte strömungs- und wärmetechnische Problem heran (vgl. Bild 2.4.1 und Tab. 2.4.1), welchem der pi-Satz

$$\{Nu, \Lambda, d_1/d_0, \varphi, Re, Pr, Br\} \qquad (3.1.16)$$

entspricht. Wird nun angenommen, daß die Viskosität der Flüssigkeit dem bekannten Arrheniusschen Temperaturgesetz [34]

$$\eta = L \cdot \exp\left(\frac{E}{RT}\right) \qquad (3.1.17)$$

gehorcht (T Absoluttemperatur, L Stoffkonstante, E Aktivierungsenergie, R universelle Gaskonstante), so bestehen zwischen den Symbolen der Korrespondenzrelation (3.1.14) und den Größen des konkret vorliegenden Problems die nachstehenden Korrespondenzzusammenhänge:

$$\left.\begin{array}{ll} p_0 \triangleq T_0, & \pi_j \triangleq Nu, \Lambda, d_1/d_0, \varphi, \\[4pt] s \triangleq \eta, & B(s) \triangleq Re, Pr, Br, \\[4pt] a \triangleq E/R, & A(p_0) \triangleq \Delta T/T_0, \\[4pt] b \triangleq L. & \end{array}\right\} \qquad (3.1.18)$$

Der zu (3.1.16) korrespondierende pi-Satz lautet daher nach (3.1.13):

$$\left\{Nu, \Lambda, \frac{d_1}{d_0}, \varphi, Re_L, Pr_L, Br_L, \frac{\Delta T}{T_0}, \frac{RT_0}{E}\right\}, \qquad (3.1.19)$$

wobei Re_L, Pr_L und Br_L aus den in (2.4.10) definierten Größen Re, Pr und Br durch Einsetzen von L statt η hervorgehen, was dem Übergang von $B_m(s) \rightarrow B_m(b)$ entspricht (vgl. auch 3.5.13).

Wir werden in Abschn. 3.5 die ähnlichkeitstheoretische Erfassung von hydrodynamischen und thermischen Vorgängen in Newtonschen Flüssigkeiten mit temperaturabhängiger Viskosität noch ausführlich diskutieren.

3.2 Genuine und prozeßbezogene pi-Darstellung der Stoffunktionen

Die dimensionslose Darstellung der Stoffunktionen $s(p)$ kann auf zwei verschiedenen Wegen vorgenommen werden: Faßt man eine Stofffunktion $s(p)$ ohne jeden Bezug auf einen Vorgang, dessen Ablauf sie beeinflußt, als ein isoliertes dimensionstheoretisches Objekt auf, so gelangt man zu einer *genuinen* Darstellung der Stoffunktion und zu einer Definition von genuinen Stoffparametern a, b, π_k. Um eine solche Darstellungsart handelt es sich z. B. bei den Beziehungen (3.1.2) und (3.1.17). Häufig ist es jedoch zweckmäßig, die pi-Darstellung einer Stoffunktion in Verbindung mit dem zur Diskussion stehenden Vorgang vorzunehmen. Dazu zählt u. a. die bekannte Erfassung der temperaturabhängigen Viskosität durch das Viskositätsverhältnis $\eta_{\text{Wand}}/\eta_{\text{Flüss}}$. Wir werden im weiteren noch einige Beispiele für eine derartige Darstellung von veränderlichen Stoffgrößen besprechen, die wir als *prozeßbezogene* Darstellung bezeichnen wollen.

Diese beiden Darstellungsmöglichkeiten bestehen unabhängig davon, ob es sich um einen theoretisch abgeleiteten oder einen empirisch ermittelten Zusammenhang $s(p)$ handelt. So kann man beispielsweise das Arrheniussche Temperatur-Viskositäts-Gesetz (3.1.17) auch prozeßbezogen formulieren:

$$\frac{\eta}{\eta_0} = \exp\left[\frac{E}{RT_0}\left(\frac{T_0}{T} - 1\right)\right] \tag{3.2.1}$$

mit $\eta_0 \equiv \eta(T_0)$, worin T_0 ein prozeßbedingter Temperaturwert ist.

pi-Beziehungen, die wir im weiteren auch als *Prozeßgleichungen* bezeichnen werden, sind bei Vorgängen, die mit konstanten Stoffgrößen ablaufen, bereits durch die Art der Prozeßführung, d. h. durch die Anfangs- und die Randbedingungen des entsprechenden mathematischen Problems, eindeutig festgelegt. Die Veränderlichkeit einer problemrelevanten Stoffgröße führt dagegen nicht nur zu einer Erweiterung des Darstellungsraumes, sondern auch zu einer Abhängigkeit der Prozeßgleichungen von der Funktion $s(p)$. Diese beiden Umstände bilden den Mittelpunkt jeder ähnlichkeitstheoretischen Diskussion von Vorgängen, deren Ablauf durch die Veränderlichkeit der Stoffgrößen beeinflußt wird.

Da nun jeder noch so komplexe Vorgang wenigstens im Prinzip als ein dimensionsloses Problem mathematisch formulierbar ist, wird dieses Problem nicht durch die ursprüngliche Stoffunktion $s(p)$, sondern durch ihre pi-Darstellung (3.1.2) bzw. (3.1.3) sowie durch die Anfangs- und Randbedingungen festgelegt. Die Prozeßgleichungen sind also, mathematisch gesehen, *Funktionale der dimensionslosen Stofffunktion*. Dieser an sich bekannte und physikalisch durchaus evidente

Sachverhalt ist ähnlichkeitstheoretisch insofern nicht ganz unproblematisch, als eine *prozeßbezogen* formulierte dimensionslose Stoffunktion bei der Variation der Bezugswerte im allgemeinen ebenfalls verändert wird, obwohl es sich um ein und dieselbe Stoffunktion $s(p)$ handelt.

Wir wollen diesen charakteristischen Sachverhalt an einem konkreten Problem, einem diffusionsgesteuerten isothermen Ausgleichsvorgang in einem Festkörper K beliebiger Geometrie, erläutern: Für Zeiten $t < 0$ möge in K ein gleichmäßiger und konstanter Feuchtigkeitsgehalt $F = F_1$ herrschen; bei $t = 0$ wird der Feuchtigkeitsgehalt an der gesamten Begrenzungsfläche B des Körpers sprunghaft auf einen Wert F_2 ($F_1 > F_2$) gebracht und für alle $t \geqq 0$ konstant gehalten. Gesucht wird das sich zeitlich verändernde Feuchtigkeitsfeld $F(\mathfrak{r}, t)$ in K für $t \geq 0$, wobei der Diffusionskoeffizient eine stoffspezifische Funktion $D(F)$ des Feuchtigkeitsgehaltes ist.

Dieses Problem wird bekanntlich [35] durch die partielle Differentialgleichung

$$\frac{\partial F}{\partial t} = \operatorname{div}\left[D(F)\operatorname{grad}F\right] \tag{3.2.2}$$

mit den Anfangs- und Randbedingungen

$$\begin{aligned} t < 0, \ \mathfrak{r} \in K: \quad & F = F_1, \\ t \geqq 0, \ \mathfrak{r} \in B: \quad & F = F_2 \end{aligned} \tag{3.2.3}$$

beschrieben, dessen Lösung von der Geometrie des Körpers K und von der Stoffunktion $D(F)$ abhängt.

Nach Einführung der dimensionslosen Variablen

$$\mathfrak{r}' \equiv \frac{\mathfrak{r}}{L}, \quad \tau \equiv \frac{D^* t}{L^2}, \quad \zeta \equiv \frac{F - F_2}{F_1 - F_2}, \quad \varphi \equiv \frac{D(F)}{D^*} \tag{3.2.4}$$

und der dimensionslosen Differentialoperatoren

$$\operatorname{grad}' \equiv L \operatorname{grad}, \quad \operatorname{div}' \equiv L \operatorname{div}, \tag{3.2.5}$$

in denen L eine charakteristische Länge des Körpers und D^* eine zunächst nicht näher bestimmte Diffusionskonstante sind, nimmt das obige Problem die nachstehende dimensionslose Form an:

$$\frac{\partial \zeta}{\partial \tau} = \operatorname{div}'\left[\varphi \operatorname{grad}'\zeta\right] \tag{3.2.6}$$

mit

$$\begin{aligned} \tau < 0, \ \mathfrak{r}' \in K: \quad & \zeta = 1, \\ \tau \geqq 0, \ \mathfrak{r}' \in B: \quad & \zeta = 0. \end{aligned} \tag{3.2.7}$$

Im Falle eines feuchtigkeitsunabhängigen Diffusionskoeffizienten ($D = \operatorname{const} = D^*$) ist $\varphi \equiv 1$, und die Lösung des Problems wird durch eine Beziehung der Form

$$\zeta = f_0(\mathfrak{r}', \tau) \tag{3.2.8}$$

bzw.

$$\boxed{\frac{F - F_2}{F_1 - F_2} = f_0\left(\frac{\mathfrak{r}}{L}, \frac{D\,t}{L^2}\right)} \tag{3.2.9}$$

wiedergegeben, wobei f_0 nur von der Geometrie von K abhängt.

Den uns eigentlich interessierenden Fall des feuchtigkeitsabhängigen Diffusionskoeffizienten $D(F)$ wollen wir sowohl in Verbindung mit einer *genuinen* als auch in Verbindung mit einer *prozeßbezogenen* Darstellung von $D(F)$ diskutieren:

Wir gehen von einer genuinen Darstellung der Stoffunktion $D(F)$

$$\frac{D}{b} = \varphi\left(\frac{F}{a}\right) \tag{3.2.10}$$

aus, wobei die Schlüsselparameter a und b durch zwei geeignete, sonst aber willkürlich wählbare Bestimmungselemente von $D(F)$ festgelegt seien. Man kann z. B. $D(F_0)$ und $(\partial D/\partial F)_{F_0} \neq 0$ bei einem beliebigen, aber von dem Ausgleichsvorgang *unabhängigen* Wert F_0 heranziehen und die beiden Schlüsselparameter durch die Gleichungen

$$a = D(F_0)/(\partial D/\partial F)_{F_0}, \quad b = D(F_0) \tag{3.2.11}$$

definieren. In diesem Fall handelt es sich bei (3.2.10) um eine *Standarddarstellung* der Stoffunktion, die wir in Abschn. 3.3 noch ausführlich erörtern werden.

Die φ-Funktion entspricht der pi-Beziehung (3.1.2) und ist bei gegebenem $D(F)$ als eine bekannte und von den prozeßbedingten Größen F_1 und F_2 unabhängige Funktion aufzufassen. Wird das Argument F/a durch ζ substituiert, so geht die Differentialgleichung (3.2.6) in

$$\frac{\partial \zeta}{\partial \tau} = \mathrm{div}'\left[\varphi\left(\frac{F_1 - F_2}{a}\zeta + \frac{F_2}{a}\right)\mathrm{grad}'\zeta\right] \tag{3.2.12}$$

über, deren Lösung durch eine Beziehung der Form

$$\zeta = f_1\left(\mathfrak{r}', \tau, \frac{F_1 - F_2}{a}, \frac{F_2}{F_1}\right) \tag{3.2.13}$$

bzw.

$$\boxed{\frac{F - F_2}{F_1 - F_2} = f_1\left(\frac{\mathfrak{r}}{L}, \frac{b\,t}{L^2}, \frac{F_1 - F_2}{a}, \frac{F_2}{F_1}\right)} \tag{3.2.14}$$

beschrieben wird. Zwischen den Darstellungsräumen für die Prozeßgleichungen (3.2.9) und (3.2.14) besteht ein der Korrespondenzrelation (3.1.14) entsprechender Zusammenhang. Die Funktion f_1 ist sowohl durch die Geometrie von K als auch durch die φ-Funktion bestimmt und wird durch die Variation der Prozeßparameter F_1 und F_2 nicht beeinflußt.

Wir gehen nunmehr zu einer *prozeßbezogenen* Darstellung von $D(F)$ über und definieren in Verbindung mit den *gegebenen* Werten F_1 und F_2 und mit $D^* = D(F_2)$ eine φ-Funktion

$$\frac{D(F)}{D(F_2)} = \varphi\left(\frac{F - F_2}{F_1 - F_2}\right), \tag{3.2.15}$$

die natürlich mit der φ-Funktion in (3.2.10), trotz der gleichen Stofffunktion $D(F)$, nicht identisch ist. In den späteren Abschnitten werden nur solche prozeßbezogenen Darstellungen der Stoffunktionen $s(p)$ behandelt, deren Schlüsselparameter a und b durch den Funktionswert $s(p_0)$ und die Ableitung $(\partial s/\partial p)_{p_0}$ bei irgend*einem* prozeßbedingten Wert p_0 festgelegt sind. Hier wählen wir jedoch aus formalmathematischen Gründen ausnahmsweise eine auf zwei Punkten F_1 und F_2 basierende Darstellung.

Die Differentialgleichung (3.2.6) lautet dann

$$\frac{\partial \zeta}{\partial \tau} = \mathrm{div}'[\varphi(\zeta)\,\mathrm{grad}'\zeta],$$

und die Lösung des Problems hat somit die Form

$$\zeta = f_2(\mathfrak{r}', \tau) \tag{3.2.16}$$

bzw.

$$\boxed{\frac{F - F_2}{F_1 - F_2} = f_2\left(\frac{\mathfrak{r}}{L}, \frac{D(F_2)\,t}{L^2}\right)}, \tag{3.2.17}$$

die den gleichen pi-Raum beansprucht, wie die Beziehung (3.2.9). Im Gegensatz zu f_0 wird aber f_2 nicht nur durch die Geometrie von K, sondern auch durch die φ-Funktion bestimmt.

Während die Beziehung (3.2.14) ihre Gültigkeit bei der Variation *aller* in ihr vorkommenden Parameter behält, gilt die Beziehung (3.2.17)

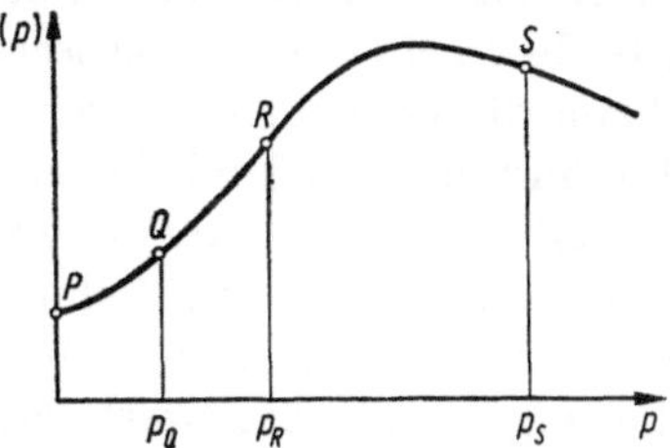

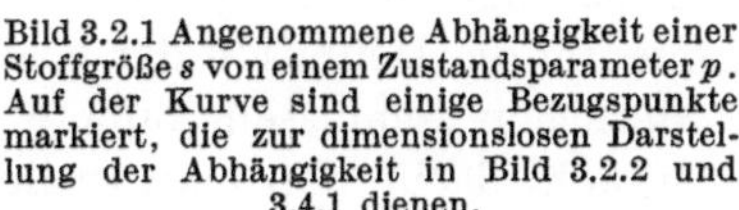
Bild 3.2.1 Angenommene Abhängigkeit einer Stoffgröße s von einem Zustandsparameter p. Auf der Kurve sind einige Bezugspunkte markiert, die zur dimensionslosen Darstellung der Abhängigkeit in Bild 3.2.2 und 3.4.1 dienen.

nur in Verbindung mit *denjenigen* konstanten Werten F_1 und F_2, die der Erzeugung der φ-Funktion (3.2.15) zugrunde liegen. Der Grund für diese ähnlichkeitstheoretische Beschränkung liegt darin, daß die φ-Funktion (3.2.15), die eine prozeßbezogene Darstellung der Stoffunktion $D(F)$ vermittelt, von der Wahl der Bezugswerte F_1 und F_2 abhängig ist. Zur Veranschaulichung dieses Umstandes betrachten wir die in Bild 3.2.1 dargestellte willkürliche Stoffunktion $s(p)$, auf der einige Punkte markiert sind. Man kann dieser Stoffunktion in Verbindung mit den markierten Punkten gemäß der Beziehung (3.2.15) verschiedene φ-Funktionen zuordnen, die in Bild 3.2.2 wiedergegeben sind und deren Gestalt durch die Wahl der Bezugspunkte beeinflußt wird.

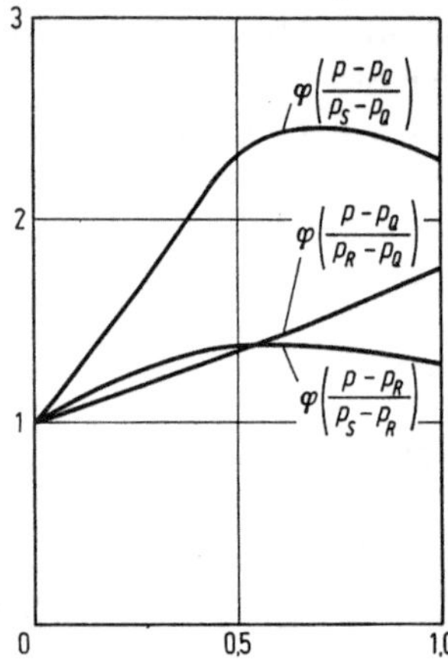

Bild 3.2.2 Drei prozeßbezogene dimensionslose Darstellungen der Stoffunktion $s(p)$ aus dem Bild 3.2.1.

Mit der Darlegung der Funktionalabhängigkeit der Prozeßgleichung f_2 von der dimensionslosen Stoffunktion ψ schließen wir vorerst die Erörterung dieses Ausgleichsproblems, werden es aber in Abschn. 3.4 in Verbindung mit einer bezugsinvarianten Darstellung von φ noch einmal zusammenfassend diskutieren.

3.3 Standarddarstellung der Stoffunktionen

Während die pi-Darstellung der theoretisch fundierten Stoffunktionen bereits durch ihre mathematische Struktur im wesentlichen festgelegt ist, kann die phänomenologisch ausgerichtete pi-Darstellung der empirisch ermittelten Stoffunktionen $s(p)$ auf mannigfache Weise vorgenommen werden. Es geht dabei in erster Linie um die Definition der beiden zur dimensionslosen Darstellung erforderlichen Schlüsselparameter a und b. Eine der wichtigsten Methoden besteht darin, daß man zu ihrer Festlegung einen Stoffwert $s(p_0)$ und den Änderungskoeffizienten $(\partial s/\partial p)_{p_0}$ heranzieht. Der Punkt p_0 der Kurve $s(p)$ wird entweder nur im Hinblick auf die Stoffunktion selbst im Sinne einer genuinen Darstellung (z. B. $p_0 = 0$) oder in Verbindung mit einem zur Diskussion stehenden Vorgang, also prozeßbezogen, gewählt. Mit diesen beiden Bestimmungselementen werden die Schlüsselparameter

$$\boxed{\begin{aligned} a &\equiv s(p_0)/(\partial s/\partial p)_{p_0} \\ b &\equiv s(p_0) \end{aligned}}$$

(3.3.1)

definiert, siehe z. B. die Gl. (3.2.11). Nach dieser Methode verfährt man z. B. bei der Darstellung des Wärmetransportes in Flüssigkeiten unter den Bedingungen der freien Konvektion, indem man die Temperaturabhängigkeit der Dichte $\varrho(T)$ durch $\varrho(T_0)$ und den Temperaturausdehnungskoeffizienten $\beta = -\left(\dfrac{1}{\varrho}\dfrac{\delta\varrho}{\delta T}\right)_{T_0}$ erfaßt und die betreffende Prozeßgleichung in der Form [31]

$$f(Nu,\, Pr,\, Gr) = 0$$

(3.3.2)

mit der Grashof-Zahl $Gr \equiv g\,\beta\,\Delta T\,L^3/v^2$ ähnlichkeitstheoretisch diskutiert. (In [27] wird die Auffassung vertreten, daß ϱ, β und ΔT nicht gleichzeitig in eine Relevanzliste aufgenommen werden dürfen, dabei wird jedoch nicht beachtet, daß der Wert der Dichte bei einer bestimmten Temperatur und der Temperaturkoeffizient der Dichte zwei voneinander unabhängige Merkmale dieser Stoffgröße sind.) Es sei nebenbei vermerkt, daß Gr bereits ein Produkt zweier pi-Größen, $\pi_1 = \beta\,\Delta T$ und $\pi_2 = g\,L^3/v^2$, ist. Diese beiden pi-Größen treten dimensionsanalytisch als Produkt erst in Verbindung mit der zusätzlichen Annahme auf, daß sich die Temperaturabhängigkeit der Dichte ϱ nur im Entstehen der Auftriebskraft manifestiert, so daß β und g in der Prozeßgleichung nur als Produkt $\beta \cdot g$ vorkommen. Ähnliche Überlegungen sind auch bei der Diskussion der Tab. 2.4.1 angestellt worden[1].

Die durch (3.3.1) definierten Schlüsselparameter ermöglichen eine normierte dimensionslose Darstellung der Stoffunktionen: Wird $s(p)$ in eine Taylor-Reihe um $p = p_0$ mit $s(p_0) \neq 0$ und $(\partial s/\partial p)_{p_0} \neq 0$ entwickelt

$$\begin{aligned} s &= s(p_0) + \sum_{k=1}^{\infty}\frac{1}{k!}\left(\frac{\partial^k s}{\partial p^k}\right)_{p_0}(p-p_0)^k \\ &= s(p_0)\left\{1 + \frac{(\partial s/\partial p)_{p_0}}{s(p_0)}(p-p_0) + \sum_{k=2}^{\infty}\frac{1}{k!}\frac{(\partial^k s/\partial p^k)_{p_0}}{s(p_0)}(p-p_0)^k\right\} \end{aligned}$$

(3.3.3)

und mit Rücksicht auf (3.3.1) auf die Form

$$\frac{s}{b} = 1 + \frac{p-p_0}{a} + \sum_{k=2}^{\infty}\frac{a^k(\partial^k s/\partial p^k)_{p_0}}{k!\,b}\left(\frac{p-p_0}{a}\right)^k$$

(3.3.4)

---

[1] Eine ähnliche Struktur hat auch die Archimedes-Zahl $Ar = \Delta\varrho/\varrho \cdot g\,L^3/v^2$ (vgl. Abschn. 2.2), in welcher die relative Dichtedifferenz von zwei verschiedenen Stoffen herrührt und nicht wie bei der Grashof-Zahl durch Temperaturunterschiede hervorgerufen wird.

gebracht, so erhält man nach Einführung der dimensionslosen Variablen

$$u \equiv \frac{p - p_0}{a} = \left(\frac{\partial \ln s}{\partial p}\right)_{p_0} (p - p_0)$$
$$w \equiv \frac{s}{b} = \frac{s}{s(p_0)}$$

$$(3.3.5)$$

eine Darstellung der Stoffunktion $s(p)$

$$w = \Phi(u) \;,$$

$$(3.3.6)$$

die den Normierungsbedingungen

$$\Phi(0) = \Phi'(0) = 1$$

$$(3.3.7)$$

genügt[1]. Wir wollen diese einheitliche Transformation als *Standard-darstellung* der Stoffunktionen und die Variablen u und w als *Standard-variablen* bezeichnen.

Als ein Beispiel sei auf die in Bild 3.4.2 wiedergegebene Abhängigkeit des Diffusionskoeffizienten D von Wasser in Perlon von dem Feuchtigkeitsgehalt F und der Temperatur T und die zusammenfassende Standarddarstellung dieser Ergebnisse in Bild 3.4.3 mit dem Bezugspunkt $F_0 = 0$ hingewiesen. Die mathematische Approximation der Versuchswerte wird im nächsten Abschnitt besprochen.

Die Mannigfaltigkeit aller Funktionen $s(p)$, die bei der Standarddarstellung in *eine gegebene* Funktion Φ übergeführt werden, ist durch die Beziehung

$$s = b\, \Phi\left(\frac{p - p_0}{a}\right) \equiv f(p)$$

$$(3.3.8)$$

mit willkürlichen Parametern p_0, a und b festgelegt, wobei diese Funktionen den Bedingungen

$$f(p_0) = b\,,$$
$$f'(p_0) = \frac{b}{a}$$

$$(3.3.9)$$

genügen. Es ist also möglich, für jeden beliebigen Punkt (p_0, s_0) des Koordinatensystems (p, s) und eine dort willkürlich gewählte Neigung eine Funktion $s = f(p)$ zu konstruieren, die einer gegebenen Φ-Funktion entspricht. Dies ist für die Standarddarstellung experimentell ermittelter Stoffunktionen wichtig.

---

[1] Die Entwicklungskoeffizienten $a^k(\partial^k s/\partial p^k)_{p_0}/b$ in (3.3.4) entsprechen den dimensionslosen Stoffparametern π_k in (3.1.2).

Ist die Bedingung $s(p_0) \neq 0$ oder/und $(\partial s/\partial p)_{p_0} \neq 0$ nicht erfüllt, so werden in solchen Entartungsfällen zur Standarddarstellung von $s(p)$ zwei erste nicht verschwindende Entwicklungskoeffizienten der Taylor-Reihe herangezogen. Im Falle $s(p_0) = 0$ wird nicht die Funktion $s(p)$, sondern $s(p)/(p - p_0)^n$ im Sinne von (3.3.6) dargestellt, wobei n die Ordnung des ersten nichtverschwindenden Entwicklungskoeffizienten ist. Die Transformation von $s = f(p)$ in $w = \Phi(u)$ bei den Entartungsfällen verläuft analog dem diskutierten Regelfall.

3.4 Bezugsinvariante Approximation

Einer gegebenen Stoffunktion $s = f(p)$ kann im allgemeinen, je nach der Wahl des Bezugspunktes p_0, eine unendliche Menge von dimensionslosen Standarddarstellungen zugeordnet werden. Zur Verdeutlichung dieses Sachverhaltes greifen wir auf die bereits erwähnte willkürliche Funktion $s = f(p)$ in Bild 3.2.1 zurück, indem wir die auf der Kurve markierten Punkte P, Q, R, S als Bezugspunkte zur Erzeugung der dimensionslosen Φ-Funktionen heranziehen. Diese Φ-Funktionen sind in Bild 3.4.1 dargestellt, wobei der jeweilige Bezugspunkt durch den angehängten Index kenntlich gemacht ist.

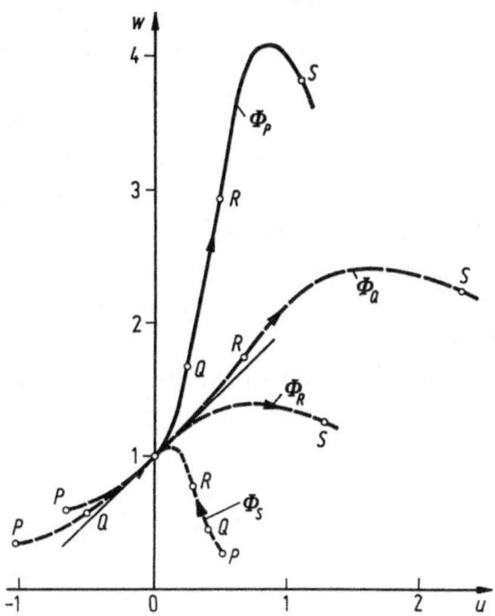

Bild 3.4.1 Standarddarstellung $w = \Phi(u)$ der Stoffunktion $s(p)$ aus dem Bild 3.2.1 mit $\Phi(0) = \Phi'(0) = 1$ in Verbindung mit verschiedenen Bezugspunkten.

Es erhebt sich nun in diesem Zusammenhang die Frage, ob es Stoff-funktionen $s = f(p)$ gibt, deren Standarddarstellung $w = \Phi(u)$ unabhängig von der Wahl des Bezugspunktes p ist. Diese Frage ist, wie wir im folgenden sehen werden, zu bejahen und führt zu einigen ähnlichkeitstheoretischen Konsequenzen.

Es sei $w = \Phi(u)$ eine Standarddarstellung für eine gegebene Stofffunktion $s = f(p)$. Wir betrachten zunächst eine weitere dimensionslose Funktion

$$\Psi(u^*, v) \equiv \frac{\Phi(u)}{\Phi(v)}, \qquad (3.4.1)$$

in der v ein beliebiger reeller Parameter ist, wobei zwischen den Variablen u und u^* die Transformationsbeziehung

$$u^* = \frac{\Phi'(v)}{\Phi(v)}(u - v) \qquad (3.4.2)$$

bestehen soll.

Die Ψ-Funktion genügt für $u^* = 0$ den Normierungsbedingungen

$$\Psi(0, v) = \left[\frac{\Phi(u)}{\Phi(v)}\right]_{u^*=0} = \frac{\Phi(v)}{\Phi(v)} = 1 \qquad (3.4.3)$$

und

$$\left(\frac{\partial \Psi}{\partial u^*}\right)_{u^*=0} = \left[\frac{\Phi'(u)}{\Phi(v)}\frac{\partial u}{\partial u^*}\right]_{u^*=0} = \frac{\Phi'(v)}{\Phi(v)}\frac{\Phi(v)}{\Phi'(v)} = 1, \qquad (3.4.4)$$

was man in Verbindung mit (3.4.2) sofort einsehen kann. Somit handelt es sich bei der Funktion $\Psi(u^*, v)$ ebenfalls um eine Standarddarstellung der gegebenen Stoffunktion. Da für $u^* = 0$ aus (3.4.2) $u = v$ folgt, vermittelt Ψ eine Darstellung von $f(p)$ für einen Bezugspunkt, dessen Abbildung auf der gegebenen Standarddarstellung $w = \Phi(u)$ durch den Punkt $u = v$ gegeben ist. Diese Zusammenhänge lassen sich an den Kurven in Bild 3.4.1 demonstrieren: Wird beispielsweise die Kurve Φ_P mit der Funktion $\Phi(u)$ identifiziert, so handelt es sich bei der Kurve Φ_Q um eine solche Funktion $\Psi(u^*, v)$, wobei v gleich dem Abszissenwert des Punktes Q auf der Kurve Φ_P ist.

Werden Φ- und Ψ-Funktionen in einem gemeinsamen Koordinatensystem dargestellt, wie dies in Bild 3.4.1 geschehen ist, so gilt für Ψ die Definitionsbeziehung

$$\Psi(u^*, v) = \frac{\Phi\left\{\dfrac{\Phi(v)}{\Phi'(v)}u^* + v\right\}}{\Phi(v)}. \qquad (3.4.5)$$

Man erhält diese Beziehung durch Eliminieren von u aus (3.4.1) und (3.4.2).

Wir kommen nunmehr zur Diskussion der Frage, ob und unter welchen Voraussetzungen es bezugsinvariante Standarddarstellungen gibt. Eine solche Invarianz bedeutet, daß die Ψ-Funktion (3.4.1) von dem Bezugsparameter v unabhängig sein soll. Da aber mit $v = 0$ die

Ψ-Funktion nach (3.4.5) in die Φ-Funktion übergeht, läuft die Invarianzforderung auf die Identität

$$\Psi(u^*, v) \equiv \Psi(u^*, 0) \equiv \Phi(u^*) \qquad (3.4.6)$$

hinaus, so daß man aus (3.4.1) eine Funktionalgleichung

$$\boxed{\Phi(u^*)\,\Phi(v) - \Phi(u) = 0} \qquad (3.4.7)$$

erhält, der eine bezugsinvariante Φ-Funktion zu genügen hat.

Faßt man diese Gleichung zunächst als eine Identität in u und v auf, wobei u^* nach (3.4.2) eine Funktion von u und v ist, so folgt durch Differenzierung dieser Gleichung nach v und nach Einführung der Substitution

$$g(u) \equiv \frac{\Phi'(u)}{\Phi(u)} \qquad (3.4.8)$$

die Beziehung

$$g(u^*)\,\frac{\partial u^*}{\partial v} + g(v) = 0. \qquad (3.4.9)$$

Für den darin vorkommenden Differentialquotienten $\partial u^*/\partial v$ gilt in Verbindung mit (3.4.2) der Ausdruck

$$\frac{\partial u^*}{\partial v} = g'(v)\,(u - v) - g(v) = \frac{g'(v)}{g(v)}\,u^* - g(v), \qquad (3.4.10)$$

so daß man schließlich für g eine kombinierte Differential- und Funktionalgleichung

$$g(u^*)\left[\frac{g'(v)}{g(v)}\,u^* - g(v)\right] + g(v) = 0 \qquad (3.4.11)$$

erhält, wobei u^* und v nunmehr, da hier u nicht vorkommt, als zwei voneinander unabhängige Argumentvariablen aufgefaßt werden. Diese Variablen lassen sich voneinander trennen, und man gelangt zu den beiden nachstehenden, miteinander durch eine willkürliche Konstante μ gekoppelten Gleichungen:

$$\frac{g(u^*) - 1}{u^*\,g(u^*)} = \frac{g'(v)}{g^2(v)} = -\mu. \qquad (3.4.12)$$

Diese beiden Gleichungen werden durch die Funktion

$$g(u) = (1 + \mu\,u)^{-1} \qquad (3.4.13)$$

befriedigt, und man erhält schließlich in Verbindung mit (3.4.8) die gesuchte bezugsinvariante Φ-Funktion:

$$\boxed{\Phi(u) = \chi(u, \mu) \equiv \begin{cases} (1 + \mu\,u)^{1/\mu} & (\mu \neq 0) \\ \exp(u) & (\mu = 0) \end{cases}} . \qquad (3.4.14)$$

Es gibt also eine einparametrige Funktionenschar $w = \chi(u, \mu)$, die der Funktionalgleichung (3.4.7) genügt und die in dem bereits erläuterten Sinne bezugsinvariante Darstellungen von Stoffunktionen ermöglicht. Die Beziehungen (3.4.14) sind die einzigen Lösungen der Funktionalgleichung (3.4.7). Es zählen dazu die lineare Beziehung $w = 1 + u$ und die Exponentialbeziehung $w = \exp(u)$, die den μ-Werten 1 und 0 entsprechen. Die ermittelten χ-Funktionen genügen der Funktionalgleichung

$$\frac{\chi(u + v, \mu)}{\chi(v, \mu)} = \chi\left(\frac{u}{1 + \mu v}, \mu\right) \qquad (3.4.15)$$

mit beliebigen Werten von u, v und μ. Ferner besteht für die χ-Funktion die Beziehung

$$\frac{\partial \chi(u, \mu)}{\partial u} = \frac{\chi(u, \mu)}{1 + \mu u}, \qquad (3.4.16)$$

die wir noch benötigen werden.

Bevor wir uns mit den ähnlichkeitstheoretischen Vorzügen der bezugsinvarianten Standardfunktionen befassen, wollen wir noch die Klasse der mathematischen Stoffunktionen $s = f(p)$ ermitteln, die zu den pi-Darstellungen $w = \chi(u, \mu)$ führen:

Für eine Stoffunktion $s = f(p)$, die sich durch eine Beziehung $w = \chi(u, \mu)$ darstellen läßt, gilt nach (3.3.5) der Zusammenhang

$$f(p) = s(p_0)\, \chi\left\{\left(\frac{d \ln s}{d p}\right)_{p_0} (p - p_0), \mu\right\}. \qquad (3.4.17)$$

Da die Funktion $f(p)$ nicht von dem willkürlichen Bezugspunkt p_0 abhängt, muß die totale Ableitung der rechten Seite nach p_0 identisch verschwinden. Es gilt daher:

$$\left(\frac{ds}{dp}\right)_{p_0} \chi(u, \mu) + s(p_0)\, \frac{\partial \chi(u, \mu)}{\partial u}\, \frac{du}{dp_0} = 0 \qquad (3.4.18)$$

mit

$$u = \left(\frac{d \ln s}{d p}\right)_{p_0} (p - p_0). \qquad (3.4.19)$$

Nach Ausführung der Differentiation erhält man mit (3.4.16) eine Beziehung

$$\left[\mu\left(\frac{d \ln s}{d p}\right)_{p_0}^2 + \left(\frac{d^2 \ln s}{d p^2}\right)_{p_0}\right] (p - p_0) = 0, \qquad (3.4.20)$$

die für jedes p und p_0 bestehen soll. Daraus folgt für die Stoffunktion $s(p)$ die Differentialgleichung

$$\mu\left(\frac{d \ln s}{d p}\right)^2 + \frac{d^2 \ln s}{d p^2} = 0 \qquad (3.4.21)$$

mit der allgemeinen Lösung

$$\boxed{\begin{aligned} s &= (c_1 + c_2\,p)^{1/\mu} \quad (\mu \neq 0) \\ s &= c_1 \exp(c_2\,p) \quad\; (\mu = 0) \end{aligned}}\,, \qquad\qquad (3.4.22)$$

worin c_1 und c_2 beliebige Konstanten sind.

Damit sind die Existenzfrage sowie die Struktur der dreiparametrigen Funktionsklasse geklärt, die bei der Standarddarstellung in die bezugsinvariante χ-Funktion übergeht. Diese Funktionsklasse, die einen Teil der durch (3.3.8) definierten Funktionsklasse bildet, eignet sich recht gut zur mathematischen Approximation empirischer Stoffunktionen.

Die Anwendung der χ-Funktion zur Approximation von Stoffunktionen wollen wir an einem Beispiel demonstrieren: In Bild 3.4.2

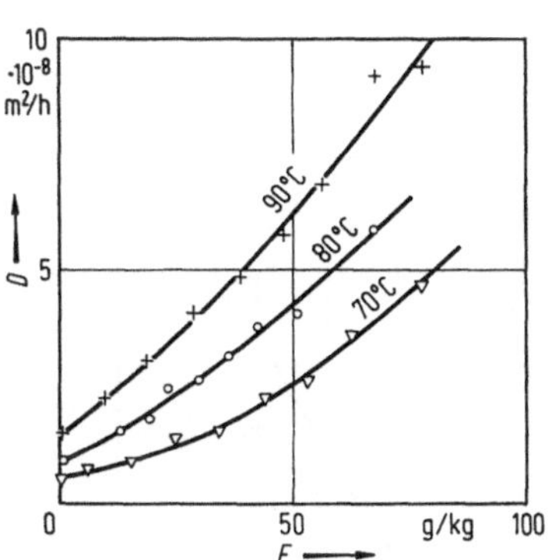

Bild 3.4.2 Einfluß des Feuchtigkeitsgehaltes F und der Temperatur T auf den Diffusionskoeffizienten D von Wasser in Perlon (nach E. MEIER [36]). Die ausgezogenen Kurven entsprechen der bezugsinvarianten Approximation $D/D(0) = (1 + \mu\,F/a)^{1/\mu}$ [s. Bez. (3.4.14)]. Die Werte von $D(0)$, a und μ sind in der Tab. 3.4.1 angegeben. Die Parameter a und μ sind im Sinne der kleinsten quadratischen Abweichungen ermittelt.

ist der experimentell ermittelte [36] Diffusionskoeffizient D für Wasser in Perlon in Abhängigkeit vom Feuchtigkeitsgehalt F für 70, 80 und 90 °C dargestellt.

Die durch die Punkte gelegten Kurven entsprechen der Gleichung

$$\frac{D(F)}{D(0)} = \left(1 + \mu\,\frac{F}{a}\right)^{1/\mu}, \qquad\qquad (3.4.23)$$

wobei $D(0)$ für jede Kurve unmittelbar experimentell vorliegt, während der zweite Schlüsselparameter a, der nach (3.2.11) durch die Beziehung

$$a = D(0)/(\partial D/\partial F)_{F=0} \qquad\qquad (3.4.24)$$

definiert ist, und der Parameter μ durch Anpassung der Kurven an die betreffenden Versuchswerte nach der Methode der kleinsten Quadrate ermittelt worden sind. Die Approximation der Versuchsdaten ist für jede einzelne Temperatur getrennt und unabhängig von den übrigen Versuchsdaten vorgenommen, so daß sich für jede der drei Temperaturen ein Wertepaar (a, μ) ergab. Hier ist also das gesamte Versuchsmaterial mit drei temperaturabhängigen Stoffparametern $D(0)$, a und μ im Sinne von (3.4.14) erfaßt:

Tabelle 3.4.1

T grd C	$D(0)$ m²/h	a g/kg	μ
70	$0{,}53 \cdot 10^{-8}$	25,4	0,287
80	$0{,}88 \cdot 10^{-8}$	18,0	0,658
90	$1{,}49 \cdot 10^{-8}$	20,7	0,668

Eine weitere Approximation ist in Bild 3.4.3 dargestellt, indem das ganze Versuchsmaterial durch eine einzige, also in dem erfaßten Temperaturbereich temperaturunabhängige Kurve $w = \chi(u, \mu)$ mit $\mu = 0{,}61$

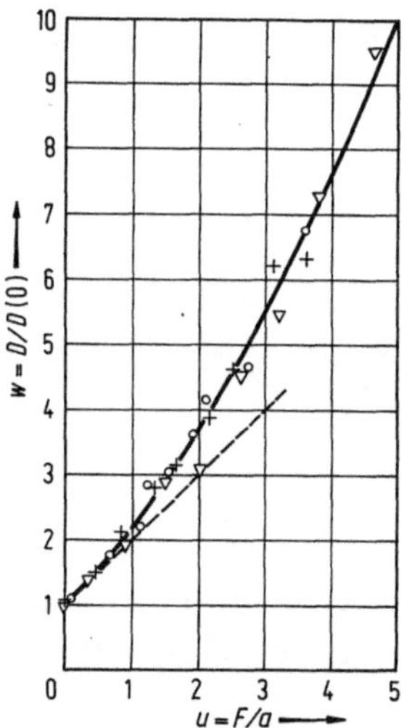

Bild 3.4.3 Standarddarstellung $w = \Phi(u)$ der Versuchswerte aus dem Bild 3.4.2 bewirkt dank der Normierung (3.3.7) eine Bündelung der Meßpunkte. Die ausgezogene Kurve ist eine bezugsinvariante Approximation $w = \chi(u, \mu)$ nach (3.4.14) mit $\mu = 0{,}61$.

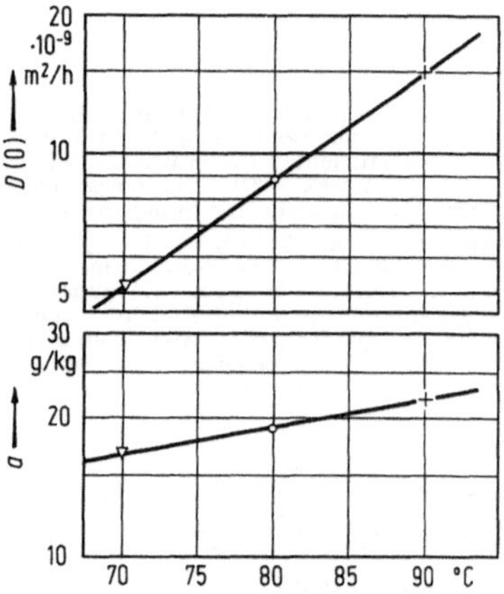

Bild 3.4.4 Temperaturabhängigkeit beider Schlüsselparameter $a = D(0)/(\partial D/\partial F)_0$ und $D(0)$ der Standarddarstellung in Bild 3.4.3.

beschrieben wird. Die eingezeichnete Kurve entspricht ebenfalls der Beziehung (3.4.23), doch sind jetzt nur die beiden Schlüsselparameter $D(0)$ und a temperaturabhängig. Die drei a-Werte und der Wert von μ sind auch hier nach der Methode der kleinsten Quadrate ermittelt. Die Abhängigkeit der Parameter $D(0)$ und a von der Temperatur ist in Bild 3.4.4 dargestellt.

Die ähnlichkeitstheoretischen Vorzüge der bezugsinvarianten Darstellung der Stoffunktionen liegen auf der Hand: Wird eine Stoffunktion $s(p)$ durch die Standardvariablen u und w gemäß (3.3.5) dimensionslos dargestellt und läßt sich diese Darstellung mit der χ-Funktion beschreiben, so ist der Bezugspunkt p_0 problemirrelevant. Die Streichung von p_0 aus der Relevanzliste bedeutet aber eine Reduktion des pi-Raumes, in dem die Prozeßgleichung dargestellt wird. Hier gilt also die Korrespondenzrelation (3.1.15), welche in die nachstehende spezielle Kurzform

$$\{\pi_j, (A(p_0)), B(s)\} \to \left\{\pi_j, A\left(\frac{s(p_0)}{(\partial s/\partial p)_{p_0}}\right), B(s(p_0)), \mu\right\} \qquad (3.4.25)$$

übergeht.

Wir wollen diesen grundsätzlichen Sachverhalt an dem in Abschn. 3.2 bereits diskutierten Ausgleichsvorgang erläutern und dabei im Detail zeigen, wie die Prozeßgleichung (3.2.14) durch Reduktion des pi-Raumes vereinfacht wird, wenn die Stoffunktion $D(F)$ mit Hilfe der χ-Funktion bezugsinvariant dargestellt wird. Dazu ist es allerdings erforderlich, die bisher noch uneingeschränkte genuine Darstellung (3.2.10) von $D(F)$ als eine Standarddarstellung vorauszusetzen, deren Schlüsselparameter a und b durch (3.2.11) mit einem beliebigen prozeßunabhängigen F_0 definiert sind.

Wir gehen also von der Differentialgleichung (3.2.6) und der Stoffunktion

$$\varphi = \frac{D(F)}{b} = \chi\left(\frac{F - F_0}{a}, \mu\right) \qquad (3.4.26)$$

mit

$$\begin{aligned} a &= D(F_0)/(\partial D/\partial F)_{F_0}, \\ b &= D(F_0) \end{aligned} \qquad (3.4.27)$$

aus, wobei μ als ein gegebener Parameter aufzufassen ist. Wird in χ das Argument entsprechend (3.2.4) durch ζ ausgedrückt, so erhält man die Differentialgleichung

$$\frac{\partial \zeta}{\partial \tau} = \mathrm{div}'[\chi\{(K_1 - K_2)\zeta + K_2, \mu\}\,\mathrm{grad}'\zeta], \qquad (3.4.28)$$

worin zur Abkürzung die Größen

$$K_i \equiv \frac{F_i - F_0}{a} \qquad (i = 1, 2) \qquad (3.4.29)$$

eingeführt sind.

Mit Rücksicht auf die Funktionalgleichung (3.4.15) gilt die Beziehung

$$\begin{aligned} \chi\{(K_1 - K_2)\zeta + K_2, \mu\} &= \chi(K_2, \mu)\,\chi\left(\frac{K_1 - K_2}{1 + \mu K_2}\zeta, \mu\right) \\ &= \chi(K_2, \mu)\,\chi(K_3\zeta, \mu) \end{aligned} \qquad (3.4.30)$$

mit

$$K_3 \equiv \frac{\overset{\circ}{K_1} - K_2}{1 + \mu K_2} = \frac{F_1 - F_2}{a + \mu(F_2 - F_0)}, \qquad (3.4.31)$$

so daß man nach Einführung einer neuen dimensionslosen Zeitvariablen

$$\tau^* \equiv \tau \chi(K_2, \mu) = \frac{b\,t}{L^2} \chi(K_2, \mu) = \frac{D(F_2)\,t}{L^2} \qquad (3.4.32)$$

zu der nachstehenden Formulierung des mathematischen Problems gelangt:

$$\frac{\partial \zeta}{\partial \tau^*} = \mathrm{div}'\,[\chi(K_3\,\zeta, \mu)\,\mathrm{grad}'\zeta] \qquad (3.4.33)$$

mit den Integrationsbedingungen, vgl. Beziehung (3.2.3),

$$\begin{aligned} \tau^* &< 0, \ \mathfrak{r}' \in K: \quad \zeta = 1, \\ \tau^* &\geqq 0, \ \mathfrak{r}' \in B: \quad \zeta = 0, \end{aligned} \qquad (3.4.34)$$

dessen Lösung die Form

$$\zeta = f_3(\mathfrak{r}', \tau^*, K_3, \mu) \qquad (3.4.35)$$

hat. Die in K_3 noch enthaltene Größe F_0 läßt sich eliminieren: Wird die Gl. (3.4.26) nach F differenziert, so erhält man mit $u = \dfrac{F - F_0}{a}$ nach (3.4.16) die Beziehung

$$\frac{\partial D}{\partial F} = \frac{b}{a} \frac{\partial \chi}{\partial u} = \frac{b\,\chi}{a(1 + \mu u)} = \frac{D(F)}{a + \mu(F - F_0)}, \quad (3.4.36)$$

aus der für $F = F_2$ der Zusammenhang

$$a + \mu(F_2 - F_0) = D(F_2)/(\partial D/\partial F)_{F_2} \qquad (3.4.37)$$

folgt, und man gelangt schließlich für K_3 zu dem Ausdruck

$$K_3 = \frac{(\partial D/\partial F)_{F_2}}{D(F_2)}\,(F_1 - F_2), \qquad (3.4.38)$$

so daß die Lösung (3.4.35) die endgültige Form

$$\boxed{\frac{F - F_2}{F_1 - F_2} = f_3\left\{\frac{\mathfrak{r}}{L}, \frac{D(F_2)\,t}{L^2}, \frac{\left(\dfrac{\partial D}{\partial F}\right)_{F_2}(F_1 - F_2)}{D(F_2)}, \mu\right\}} \qquad (3.4.39)$$

erhält. Die damit verbundene Erweiterung des der Beziehung (3.2.9) zugeordneten pi-Raumes entspricht der Korrespondenzrelation (3.4.25).

Wir haben somit das im Abschn. 3.2 formulierte Diffusionsausgleichsproblem mit einem konzentrationsabhängigen Diffusionskoeffizienten in Verbindung mit drei verschiedenen dimensionslosen Darstellungsformen der Stoffunktion $D(F)$ diskutiert. Das Problem wurde, neben der

Lösung (3.2.9) für $D = $ const, in Verbindung mit einer willkürlichen genuinen, mit einer prozeßbezogenen und schließlich mit einer bezugsinvarianten Darstellung der Stoffunktion erörtert und führte zu den Lösungsformen (3.2.14), (3.2.17) und (3.4.39), die wir noch einmal zusammenstellen, wobei die physikalisch analogen Parameter übersichtshalber jeweils untereinander angeordnet sind:

$$
D = D(F) \left|
\begin{array}{ll}
D = \text{const}: & \\
\text{genuine Darstellung}: & \\
\text{prozeßbezogene Darstellung}: & \dfrac{F - F_2}{F_1 - F_2} = \\
\text{bezugsinvariante Darstellung}: &
\end{array}
\right.
\left\{
\begin{array}{l}
f_0 \left\{ \dfrac{\mathfrak{r}}{L}, \ \dfrac{D\,t}{L^2} \right\} \\[2ex]
f_1 \left\{ \dfrac{\mathfrak{r}}{L}, \ \dfrac{b\,t}{L^2}, \ \dfrac{F_1 - F_2}{a}, \ \dfrac{F_2}{F_1} \right\} \\[2ex]
f_2 \left\{ \dfrac{\mathfrak{r}}{L}, \ \dfrac{D(F_2)\,t}{L^2} \right\} \\[3ex]
f_3 \left\{ \dfrac{\mathfrak{r}}{L}, \ \dfrac{D(F_2)\,t}{L^2}, \ \dfrac{\left(\dfrac{\partial D}{\partial F}\right)_{F_2} (F_1 - F_2)}{D(F_2)}, \ -, \ \mu \right\}
\end{array}
\right.
\tag{3.4.40}
$$

Beim Vergleich dieser Lösungen miteinander kommt es nicht nur auf die Zahl der Parameter, sondern auch auf den Gültigkeitsbereich der Lösungsformen an: Bei $D = $ const ist die Funktion f_0 nur durch die Geometrie des Körpers bedingt, in dem sich der Ausgleichsvorgang abspielt. Bei der *genuinen* Darstellung hängt die Funktion f_1 sowohl von der Geometrie des Körpers als auch von der Stoffunktion $D(F)$ ab. Ist die Lösung für eine gegebene Geometrie und eine gegebene, dimensionslos formulierte Stoffunktion φ als Funktion der vier Argumente ermittelt, so gilt sie für alle Werte F_1, F_2 und für alle $D(F)$, die sich durch die gleiche φ-Funktion darstellen lassen. Bei der *prozeßbezogenen* Darstellung der Stoffunktion ist f_2 ebenfalls von der Geometrie und von φ abhängig, doch ist diese Lösung an fixe Werte F_1 und F_2 gebunden, da deren Variation im allgemeinen die φ-Funktion verändert. Im Vergleich zu f_1 bietet also die Lösung f_2 keine Vorteile, denn bei fixierten Werten von F_1 und F_2 reduziert sich f_1 ebenfalls auf eine Funktion mit zwei Argumenten. Hingegen vermittelt die Lösungsform mit einer *bezugsinvarianten* Darstellung von $D(F)$ im Vergleich zu f_1 und f_2 eine rationellere Erfassung des Sachverhaltes und hat darüber hinaus einen weiter reichenden Gültigkeitsbereich: Bei einem konstanten μ-Wert hat die Funktion f_3 mit nur drei Argumenten die gleiche Aussagekraft wie die Lösung f_1 mit ihren vier Argumenten. Die Variation von μ erweitert wesentlich den Gültigkeitsbereich von f_3, weil dadurch eine ganze Klasse der dimensionslos formulierten Stoffunktionen $\varphi \equiv \chi$ erfaßt wird. Allerdings muß hier vorausgesetzt werden, daß sich die Stoffunktion $D(F)$ durch eine der Beziehungen (3.4.22) approximieren läßt. Diese Ausführungen gelten sinngemäß auch für beliebige Integralwerte von F, z. B. für den zeitlichen Verlauf der mittleren Feuchtigkeit.

3.5 Strömungsvorgänge bei temperaturabhängiger Viskosität

Obwohl die Strömungsvorgänge, abgesehen von den rein rheologisch bedingten Erscheinungen, wohl am stärksten durch die Temperaturabhängigkeit der Viskosität beeinflußt werden, ist die ähnlichkeitstheoretische Erfassung dieses Einflusses noch nicht konsequent und geschlossen diskutiert worden. Man beschränkt sich vielmehr häufig darauf, die experimentellen Ergebnisse von Heiz- und Kühlversuchen mit einem Korrekturterm (η_{Fl}/η_W), z. B. im Falle des Wärmeüberganges bei laminarer Rohrströmung durch die Beziehung

$$Nu = \text{const}\,(Re\,Pr\,D/L)^{1/3}\,(\eta_{Fl}/\eta_W)^{0,14}, \tag{3.5.1}$$

zusammenzufassen [31; 37] (η_{Fl} und η_W sind Viskositätswerte bei der mittleren Temperatur der Flüssigkeit und bei der Wandtemperatur).

Wir führen nachstehend eine allgemeine ähnlichkeitstheoretische Diskussion des stationären Wärmetransportes in Newtonschen Flüssigkeiten unter Berücksichtigung der Energiedissipation durch, die auf einer qualitativen Diskussion der entsprechenden partiellen Differentialgleichungen beruht. Das Problem wird zunächst in Verbindung mit einer beliebigen Stoffunktion $\eta\,(T)$ behandelt und dann speziell für drei Fälle

$$\eta = \text{const} \cdot \exp\,(E/RT), \tag{3.5.2}$$

$$\eta = \text{const} \cdot \exp\,(-\gamma T), \tag{3.5.3}$$

$$\eta = \text{const} \tag{3.5.4}$$

formuliert. Obwohl sich die beiden obigen Stoffunktionen approximationstechnisch nur unwesentlich voneinander unterscheiden, handelt es sich bei der Beziehung (3.5.3) um eine bezugsinvariante Darstellung (s. Abschn. 3.4), bei der die Absolutfixierung der Temperatur entfällt.

Das Problem wird durch das nachstehende System von partiellen Differentialgleichungen bestimmt [21]: die Bewegungsgleichung

$$\varrho\,(\mathfrak{v}\,\nabla)\,\mathfrak{v} + \text{grad}\,p - \text{div}\,[2\eta\,\text{def}\,\mathfrak{v}] = 0, \tag{3.5.5}$$

die Energiegleichung

$$\text{div}\,[c\,\varrho\,T\,\mathfrak{v} - \lambda\,\text{grad}\,T] - \eta\,(\text{def}^2\mathfrak{v})_{\mathrm{I}} = 0 \tag{3.5.6}$$

und die Kontinuitätsgleichung

$$\text{div}\,\mathfrak{v} = 0. \tag{3.5.7}$$

Es sind darin: $\mathfrak{v}$ Vektor der Strömungsgeschwindigkeit, p Druck, T absolute Temperatur, ϱ, c und λ temperaturunabhängige Dichte, spezifische Wärme und Wärmeleitzahl der Flüssigkeit, η temperaturabhängige

Viskosität. Mit def$\mathfrak{v}$ ist der Tensor der Deformationsgeschwindigkeit und mit $(\mathrm{def}^2\mathfrak{v})_\mathrm{I}$ die erste Invariante des skalaren Produktes von def$\mathfrak{v}$ mit sich selbst (Dissipationsfunktion [21]) bezeichnet.

Die Temperaturabhängigkeit der Viskosität sei durch eine prozeßbezogene, aber nicht näher festgelegte Stoffunktion

$$\eta = \eta_0\, H\left(\frac{T - T_0}{\varDelta T}\right) \tag{3.5.8}$$

beschrieben, worin T_0 und $\varDelta T$ durch die Randbedingungen des Problems gegeben seien, während $\eta_0 \equiv \eta(T_0)$ ist. Für die H-Funktion gilt somit die Bedingung $H(0) = 1$.

Das Problem sei durch eine charakteristische Länge L und eine charakteristische Geschwindigkeit v gekennzeichnet. Es können ferner weitere, nicht näher festgelegte Rand- und Nebenbedingungen mechanischer und thermischer Art bestehen, denen die zu bestimmenden Felder $\mathfrak{v}(\mathfrak{r})$, $p(\mathfrak{r})$ und $T(\mathfrak{r})$ genügen[1]; mit $\mathfrak{r}$ wird der Ortsvektor bezeichnet.

Es gibt mehrere Möglichkeiten, dieses mathematische Problem in eine dimensionslose Form zu überführen. Mit den nachstehenden dimensionslosen Variablen und Parametern

$$\boxed{\begin{array}{cccc} \mathfrak{r}' \equiv \dfrac{\mathfrak{r}}{L}, & \mathfrak{v}' \equiv \dfrac{\mathfrak{v}}{v}, & \varTheta \equiv \dfrac{T - T_0}{\varDelta T}, & p' \equiv \dfrac{p}{\varrho\, v^2}, \\[2ex] Re \equiv \dfrac{\varrho\, v\, L}{\eta_0}, & Pr \equiv \dfrac{c\, \eta_0}{\lambda}, & Br \equiv \dfrac{\eta_0\, v^2}{\lambda\, \varDelta T} & \end{array}} \tag{3.5.9}$$

erhält man aus den Gln. (3.5.5) bis (3.5.7) ein System von dimensionslos formulierten partiellen Differentialgleichungen

$$\left.\begin{array}{r} (\mathfrak{v}'\, \nabla')\, \mathfrak{v}' + \mathrm{grad}'\, p' - \dfrac{2}{Re}\, \mathrm{div}'\,[H(\varTheta)\, \mathrm{def}'\, \mathfrak{v}'] = 0, \\[2ex] \mathrm{div}'\,[Re\, Pr\, \varTheta\, \mathfrak{v}' - \mathrm{grad}'\, \varTheta] - Br\, H(\varTheta)\, (\mathrm{def}'^2\mathfrak{v}')_\mathrm{I} = 0, \\[2ex] \mathrm{div}'\,\mathfrak{v}' = 0. \end{array}\right\} \tag{3.5.10}$$

Die Differentialoperatoren ∇', grad', div' und def' beziehen sich, entsprechend (3.2.5), auf den dimensionslos formulierten Ortsvektor $\mathfrak{r}'$ und sind ebenfalls dimensionslos.

Durch dieses Gleichungssystem werden in Verbindung mit den konkreten Rand- und Nebenbedingungen des jeweiligen Problems das Vektorfeld der Strömungsgeschwindigkeit und die Skalarfelder des Druckes und der Temperatur festgelegt, was wir durch die symbolische Beziehung

$$\boxed{\mathfrak{v}',\, p',\, \varTheta = f_H(\mathfrak{r}',\, Re,\, Pr,\, Br;\, \ldots \pi_{\mathrm{mech}},\, \pi_{\mathrm{therm}})} \tag{3.5.11}$$

---

[1] Vgl. hierzu die Diskussion der Transportvorgänge in Schnecken, Kapitel 6.

(lies: $\mathfrak{v}'$, p' und Θ sind Funktionen von ...) zum Ausdruck bringen wollen; die rechts stehenden Funktionen sind Funktionale der Stofffunktion H, was mit dem H-Index angedeutet wird, und der jeweiligen geometrischen, kinematischen und thermischen Gegebenheiten. Mit π_{mech} und π_{therm} sind die problemspezifischen Parameter mechanischer und thermischer Art bezeichnet, die neben den *essentiellen* pi-Größen Re, Pr und Br das Problem bestimmen.

Wird nun für die Viskosität $\eta\,(T)$ eine der drei Beziehungen (3.5.2) bis (3.5.4) vorausgesetzt, so treten die betreffenden pi-Parameter der jeweiligen H-Funktion als Argumente in den Feldgleichungen in Erscheinung.

Im Falle der Beziehung (3.5.2) nimmt die dimensionslose Stofffunktion (3.5.8) die Form

$$H = \exp\left[\frac{E/R\,\Delta T}{T_0/\Delta T + \Theta}\right] \tag{3.5.12}$$

an, und die Feldgleichungen (3.5.11) gehen in

$$\boxed{\mathfrak{v}', p', \Theta = f(\mathfrak{r}', Re, Pr, Br, E/R\,\Delta T, T_0/\Delta T, \ldots \pi_{\mathrm{mech}}, \pi_{\mathrm{therm}})} \tag{3.5.13}$$

über.

Gilt für $\eta\,(T)$ die Beziehung (3.5.3), so hat die H-Funktion die Form

$$H = \exp(-\gamma\,\Delta T\,\Theta), \tag{3.5.14}$$

und man erhält die Feldgleichungen

$$\boxed{\mathfrak{v}', p', \Theta = f(\mathfrak{r}', Re, Pr, Br, \gamma\,\Delta T, \ldots \pi_{\mathrm{mech}}, \pi_{\mathrm{therm}})} \;. \tag{3.5.15}$$

Im Falle der temperaturunabhängigen Viskosität mit $H = 1$ hängen das $\mathfrak{v}'$- und das p'-Feld nicht von den thermischen Gegebenheiten ab, so daß die Feldgleichungen (3.5.11) die Form

$$\boxed{\begin{aligned} \mathfrak{v}', p' &= f(\mathfrak{r}', Re, \ldots \pi_{\mathrm{mech}}) \\ \Theta &= f(\mathfrak{r}', Re, Pr, Br, \ldots \pi_{\mathrm{mech}}, \pi_{\mathrm{therm}}) \end{aligned}} \tag{3.5.16}$$

annehmen.

Bei den Problemen, in denen eine charakteristische Temperaturdifferenz nicht vorkommt, wie z. B. beim Erwärmen einer zähen Flüssigkeit in einer Schnecke durch die Leistungsdissipation, falls die Schnecke und die Flüssigkeit am Eintrittsstutzen auf gleicher Temperatur gehalten werden (vgl. Abschn. 6.5), geht (3.5.11) in die Beziehung

$$\boxed{\mathfrak{v}', p', \Theta/Br = f_H(\mathfrak{r}', Re, Pr, \ldots \pi_{\mathrm{mech}}, \pi_{\mathrm{therm}})} \tag{3.5.17}$$

über, worin die problem-irrelevant gewordene Größe ΔT eliminiert ist. Dies gilt auch für die Feldgleichungen (3.5.13) und (3.5.15), in denen durch Eliminieren von ΔT neue dimensionslose Parameter auftreten, und für (3.5.16).

Wir wollen diese allgemeine Diskussion für den Fall der ebenen Couette-Strömung quantitativ durchführen: Zwischen zwei parallelen Ebenen, die den konstanten Abstand h voneinander haben und sich relativ zueinander mit einer konstanten Geschwindigkeit v_1 bewegen, befindet sich eine Newtonsche Flüssigkeit. Die beiden Ebenen werden auf zwei konstanten Temperaturniveaus T_0 und $T_1 = T_0 + \Delta T$ gehalten. Zu bestimmen sind stationäre[1] Felder der Strömungsgeschwindigkeit v und der Temperatur T sowie die Wärmestromdichte q des von der wärmeren Ebene in die Flüssigkeit hinein gerichteten Wärmestromes unter Berücksichtigung der Energiedissipation im Spalt und der Temperaturabhängigkeit der Viskosität (s. Bild 3.5.1).

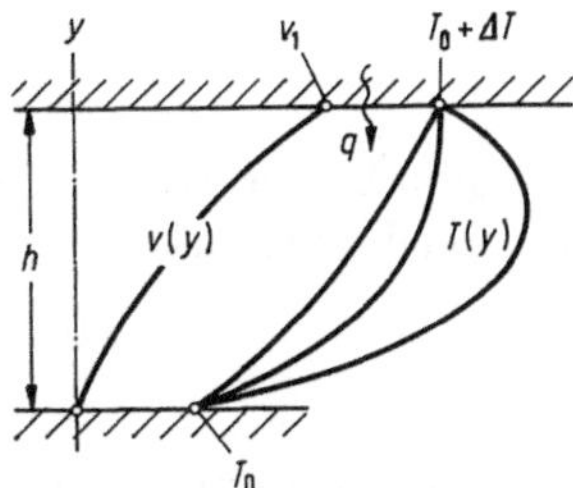

Bild 3.5.1 Vollausgebildete ebene Couette-Strömung einer Newtonschen Flüssigkeit mit temperaturabhängiger Viskosität unter Einwirkung der Energiedissipation im Spalt (schematisch).

h Abstand zwischen den beiden Begrenzungsebenen; v_1 Relativgeschwindigkeit der oberen Begrenzungsebene; $v(y)$ Geschwindigkeitsfeld in der Flüssigkeit; T_0 und $T_0 + \Delta T$ Temperaturen der beiden Begrenzungsebenen; q Wärmestromdichte; $T(y)$ drei mögliche Typen der Temperaturverteilung.

Die Strömungsgeschwindigkeit $v(y)$ und die Temperatur $T(y)$ sind als Funktionen der Ortskoordinate y durch die Energiegleichung

$$\lambda\, d^2T/dy^2 + \tau^2/\eta = 0 \qquad (3.5.18)$$

und die Bewegungsgleichung

$$\eta\, dv/dy = \tau = \text{const} \qquad (3.5.19)$$

mitsamt den Randbedingungen

$$
\begin{aligned}
T(0) &= T_0, & v(0) &= 0, \\
T(h) &= T_0 + \Delta T, & v(h) &= v_1
\end{aligned}
\qquad (3.5.20)
$$

festgelegt. Der Term τ^2/η entspricht der Dissipationsleistung, wobei auch der konstante Wert der Schubspannung τ durch die Randbedingungen bestimmt wird. Für die Temperaturabhängigkeit der Viskosität soll auch hier zunächst die allgemeine Stoffunktion (3.5.8) gelten.

Nach Einführung der dimensionslosen Variablen und Parameter

$$x \equiv y/h, \qquad w \equiv v/v_1, \qquad \Theta \equiv (T - T_0)/\Delta T,$$

$$s \equiv \frac{\tau\, h}{\eta_0\, v_1}, \qquad Br \equiv \frac{\eta_0\, v_1^2}{\lambda\, \Delta T}, \qquad Nu \equiv \frac{q\, h}{\lambda\, \Delta T} \qquad (3.5.21)$$

---

[1] Nichtstationäre Vorgänge in der Couette-Strömung, allerdings nur in Verbindung mit der Stoffunktion (3.5.3), werden in [38] diskutiert.

erhält man das Gleichungssystem

$$H(\Theta)\,\frac{d^2\Theta}{dx^2} + Br\,s^2 = 0, \tag{3.5.22}$$

$$H(\Theta)\,\frac{dw}{dx} = s \tag{3.5.23}$$

mit den Randbedingungen

$$\Theta(0) = w(0) = 0,$$
$$\Theta(1) = w(1) = 1 \tag{3.5.24}$$

sowie die Gleichung

$$Nu = (d\Theta/dx)_{x=1}. \tag{3.5.25}$$

Mit den Substitutionen

$$F(\Theta) \equiv \int_0^\Theta d\xi/H(\xi) \tag{3.5.26}$$

und

$$r(\Theta) \equiv d\Theta/dx, \tag{3.5.27}$$

wobei ξ eine Integrationsvariable ist, gehen die Gln. (3.5.22) und (3.5.23) in das Gleichungssystem

$$d(r^2)/dF + 2Br\,s^2 = 0, \tag{3.5.28}$$

$$r\,dw/dF - s = 0 \tag{3.5.29}$$

für r und w als Funktionen von F über. Dabei ist $F(\Theta)$ eine bekannte Funktion. Durch Integration von (3.5.28) erhält man die Beziehung

$$r = s[c - 2Br\,F(\Theta)]^{1/2} \tag{3.5.30}$$

mit einer Integrationskonstanten c, so daß sich für Nu aus (3.5.25) und (3.5.27) die Gleichung

$$Nu = s[c - 2Br\,F(1)]^{1/2} \tag{3.5.31}$$

ergibt.

Durch Integration der Gl. (3.5.29) folgt mit (3.5.30) die Beziehung

$$w = \int_0^F (c - 2Br\,F)^{-1/2}\,dF = Br^{-1}\{c^{1/2} - [c - 2Br\,F(\Theta)]^{1/2}\}, \tag{3.5.32}$$

die einen Zusammenhang zwischen w und Θ festlegt. Mit den Randbedingungen für $x = 1$ ergibt sich daraus eine Bestimmungsgleichung für c:

$$c = [F(1) + Br/2]^2. \tag{3.5.33}$$

Der Parameter s wird durch Integration der Gl. (3.5.30) ermittelt; man erhält dabei die Beziehung

$$s = \int_0^1 [c - 2Br\,F(\Theta)]^{-1/2}\,d\Theta \equiv s(Br), \tag{3.5.34}$$

deren rechte Seite eine bekannte Funktion von Br ist.

Für die Temperaturverteilung im Spalt erhält man gleichfalls durch Integration von (3.5.30) die Beziehung

$$\int_0^{\Theta} [c - 2Br\, F(\xi)]^{-1/2}\, d\xi - s(Br)\, x = 0, \qquad (3.5.35)$$

in der mit ξ wiederum eine Integrationsvariable bezeichnet ist. Damit ist ein impliziter, von der Stoffunktion $H(\Theta)$ abhängiger Zusammenhang

$$\boxed{f_H(\Theta, x, Br) = 0} \qquad (3.5.36)$$

ermittelt, der einen Spezialfall der allgemeinen Beziehung für Θ (3.5.11) darstellt. Denkt man sich die Beziehung (3.5.35) nach Θ aufgelöst und $\Theta(x, Br)$ in die Gln. (3.5.32) und (3.5.31) eingesetzt, so erhält man Beziehungen der Form

$$\boxed{w = f_H(x, Br)} \qquad (3.5.37)$$

und

$$\boxed{Nu = f_H(Br)}. \qquad (3.5.38)$$

Der Trivialfall für $\eta = $ const folgt aus den aufgestellten Beziehungen mit $H = 1$, und man erhält nach einigen Rechenschritten die bekannten [21] Beziehungen:

$$w = 1 - x, \qquad (3.5.39)$$
$$\Theta = 1 + (Br/2)\,(1 - x)\,x, \qquad (3.5.40)$$
$$Nu = 1 - Br/2. \qquad (3.5.41)$$

Der letzte Zusammenhang ist bereits in den Abschn. 2.4 und 2.5 diskutiert worden.

In Bild 3.5.2 ist die Beziehung (3.5.38) für die Temperaturabhängigkeit der Viskosität gemäß (3.5.3), d. h. für die Stoffunktion $H = \exp(-\gamma\, \Delta T\, \Theta)$, graphisch dargestellt. Sämtliche Kurven schnei-

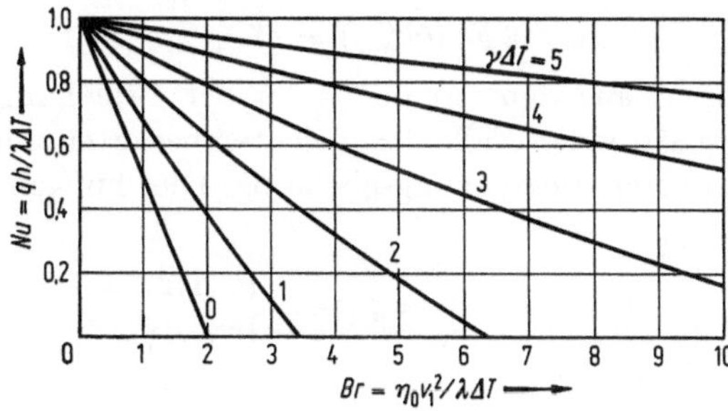

Bild 3.5.2 Effektiver stationärer Wärmedurchgang durch den ebenen Couette-Spalt bei Berücksichtigung der Energiedissipation (vgl. Bild 3.5.1) für $\eta = \eta_0 \exp[-\gamma(T - T_0)]$.

den die Abszisse: Bei den betreffenden Werten der Brinkman-Zahl wird der Richtungssinn des Wärmestromes an der Begrenzungsebene ($x = 1$) infolge der zunehmenden Energiedissipation umgekehrt. Bei $\gamma = 0$ ist die Beziehung $Nu(Br)$ entsprechend der Gl. (3.5.41) linear.

Im Anschluß an diese Ausführungen wollen wir die sich als Folge der Energiedissipation stationär einstellende maximale Temperatur $T_{\max}$ für zwei verschiedene Randbedingungen diskutieren; Fall 1: beide Begrenzungsebenen seien auf gleicher Temperatur T_0 gehalten; Fall 2: die untere Ebene ($x = 0$) habe die Temperatur T_0, die obere Ebene sei adiabatisch isoliert. In diesen beiden Fällen ist also eine Temperaturdifferenz ΔT nicht vorgegeben, so daß hier Feldgleichungen der Form (3.5.17) gelten.

Führt man, ausgehend von dem eben diskutierten Problem, die Variablen

$$\Theta^* \equiv \Theta/Br = \frac{\lambda(T - T_0)}{\eta_0\, v_1^2}, \qquad (3.5.42)$$

$$F^*(\Theta^*) \equiv \int_0^{\Theta^*} d\xi/H(\xi) \qquad (3.5.43)$$

und

$$r^*(\Theta^*) \equiv d\Theta^*/dx \qquad (3.5.44)$$

ein, so gehen die Ausgangsgleichungen (3.5.18) und (3.5.19) in das Gleichungssystem

$$\begin{aligned} d(r^{*2})/dF^* + 2s^2 &= 0, \\ r^*\, dw/dF^* - s &= 0 \end{aligned} \qquad (3.5.45)$$

über, welches mit dem Gleichungssystem (3.5.28) und (3.5.29) formal identisch ist, wenn dort $Br = 1$ gesetzt wird. Es gelten jetzt allerdings andere Randbedingungen. Aus der sich analog zu (3.5.30) ergebenden Beziehung

$$r^* = s[c^* - 2F^*(\Theta^*)]^{1/2} \qquad (3.5.46)$$

folgt für das Temperaturmaximum mit $r^* = 0$ die Gleichung

$$2F^*(\Theta^*_{\max}) = c^*. \qquad (3.5.47)$$

Ferner erhält man aus dem Analogon zu der Beziehung (3.5.32) für die beiden interessierenden Fälle der gleichtemperierten und der adiabatisch isolierten oberen Begrenzungsebene die Gleichungen

$$\int_0^{F^*_{\max}} [c^* - 2F^*]^{-1/2}\, dF^* = \begin{cases} w(1/2) = 1/2 \\ w(1) = 1, \end{cases} \qquad (3.5.48)$$

wobei sich der Wert $w(\tfrac{1}{2}) = \tfrac{1}{2}$ aus der Symmetrie des Temperaturfeldes ergibt. Nach der Durchführung der Integration folgt daraus mit Rücksicht auf (3.5.47) die endgültige Beziehung:

$$F^*(\Theta^*_{\max}) = K \equiv \begin{cases} 1/8 \\ 1/2 \end{cases}. \qquad (3.5.49)$$

Setzt man auch hier die Gültigkeit der Stoffunktion (3.5.3) voraus, so folgt mit

$$H = \exp(-\varkappa\,\Theta^*) \qquad (3.5.50)$$

und

$$\varkappa \equiv \frac{\gamma\,\eta_0\,v_1^2}{\lambda} \qquad (3.5.51)$$

die Beziehung

$$\Theta_{\max} = \varkappa^{-1}\ln(1 + \varkappa\,K), \qquad (3.5.52)$$

die im Falle der temperaturunabhängigen Viskosität ($\varkappa = 0$) in

$$\Theta_{\max} = K \qquad (3.5.53)$$

übergeht.

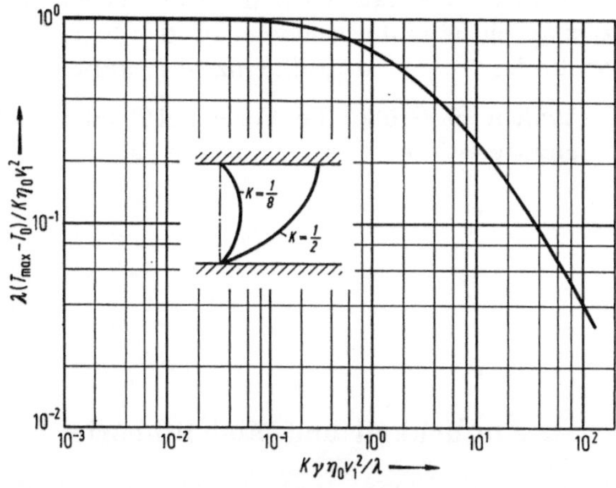

Bild 3.5.3 Maximale stationäre Temperaturerhöhung im ebenen Couette-Spalt infolge der Energie-dissipation bei temperaturabhängiger Viskosität. Der Zusammenhang gilt für beide in der Skizze dargestellten Randbedingungen (beide Begrenzungsebenen sind auf gleicher Temperatur T_0 bzw. eine Begrenzungsebene adiabatisch isoliert).

$T_{\max}$ maximale Temperatur der Flüssigkeit; v_1 Relativgeschwindigkeit der Begrenzungsebenen; λ Wärmeleitzahl der Flüssigkeit; η_0 Viskosität der Flüssigkeit bei T_0; γ Temperaturkoeffizient der Viskosität nach (3.5.3); K eine von den Randbedingungen abhängige Konstante (s. Skizze). Der dargestellte Zusammenhang entspricht der Beziehung (3.5.52).

In Bild 3.5.3 ist der Zusammenhang (3.5.52) graphisch dargestellt. Dieses Problem ist in [39] in einem größeren Rahmen für Ostwald-de Waelesche Stoffe diskutiert worden, deren Fließverhalten durch das Potenzgesetz (5.1.1) beschrieben wird, wobei für den dort vorkommenden Stoffparameter K die Temperaturabhängigkeit im Sinne der Stoffgleichung (3.5.3) vorausgesetzt ist (vgl. hierzu Ausführungen in Abschnitt 5.4).

Die durchgeführte Diskussion zeigt, daß selbst dieser einfache Transportvorgang durch die Temperaturabhängigkeit der Viskosität eine recht komplizierte mathematische Struktur bekommt. Unter diesen Umständen kommt der experimentellen Erforschung derartiger Vorgänge eine erhöhte Bedeutung zu.

Die Feldgleichungen (3.5.13) und (3.5.17) zeigen, daß sich die Veränderlichkeit der Viskosität nicht etwa darin äußert, daß die Kennzahlen Re, Pr und Br, die η enthalten, mit der Stoffunktion $\eta(T)$ gebildet werden und dadurch ihrerseits als veränderliche Feldgrößen in das Problem eingehen[1,2], *man sieht vielmehr, daß sich diese Kennzahlen auch hier auf einen konstanten charakteristischen Viskositätswert beziehen und somit ihren Charakter als Integralparameter des Problems behalten.* Dies gilt auch bei jedem mathematisch beliebig komplizierten Problem. Da die Stoffunktion $\eta(T)$ realer Fluide durch die Beziehung (3.5.3) recht gut approximiert wird, schlägt sich die Temperaturabhängigkeit der Viskosität praktisch nur in *einer* zusätzlichen pi-Größe nieder, die den Temperaturkoeffizient γ enthält: Je nachdem, ob der betreffende Vorgang eine charakteristische Temperaturdifferenz $\varDelta T$ aufweist oder nicht, kann diese zusätzliche pi-Größe die Form $\gamma \varDelta T$ oder $\dfrac{\gamma \, \eta_0 \, v^2}{\lambda}$ haben, worin v eine charakteristische Geschwindigkeit ist.

4. Ähnlichkeit und Modelltheorie

4.1 Das Ähnlichkeitsprinzip und die Modellübertragung

Die Darstellung physikalisch-technischer Sachverhalte im pi-Raum zeichnet sich neben der rationellen Erfassung der Zusammenhänge durch eine weitere, besonders für die ingenieurwissenschaftliche Forschung wichtige Eigenschaft aus: Während einem gegebenen Werte-

---

[1] Diese Feststellung gilt sinngemäß ganz allgemein für die ähnlichkeitstheoretische Erfassung von Vorgängen bei veränderlichen Stoffgrößen und in Verbindung mit rheologischen Stoffen (Kapitel 5).

[2] Eine derart gebildete pi-Variable kann allenfalls als eine dimensionslose Darstellung der Stoffunktion $\eta(T)$ fungieren.

satz von problemrelevanten x-Größen nur *eine einzige Realisierung* des
betreffenden physikalischen Sachverhaltes entspricht, sind jedem Werte-
satz der zugehörigen pi-Größen, d. h. jedem Zustandspunkt des pi-Raumes, stets *unendlich viele Realisierungsmöglichkeiten* zugeordnet[1].

Auf dieser grundsätzlichen Eigenschaft der pi-Darstellungen beruht
die *analytische Konzeption des Ähnlichkeitsprinzipes*, die zum Teil schon
in [1] dargelegt ist und die wir hier weiter ausbauen wollen. Nach dieser
Konzeption sind alle physikalisch-technischen Sachverhalte, die durch
ein und dieselbe pi-Beziehung erfaßt werden, einander „ähnlich", sofern
sie ein und demselben Zustandspunkt des pi-Raumes zugeordnet sind.
Wir haben das Wort „ähnlich" in Anführungszeichen gesetzt, weil hier
der Ähnlichkeitsbegriff in einem extensiveren Sinn als üblich gehandhabt wird. Es wäre eigentlich zutreffender, in diesem Zusammenhang
von *äquivalenten* bzw. von *homotopen* (ein und demselben Ort des
pi-Raumes zugeordneten) Sachverhalten zu sprechen.

Die analytische Formulierung des Ähnlichkeitsbegriffes ist zu unterscheiden von der älteren *synthetischen* Konzeption, die u. a. in [4] unter
der Bezeichnung „similitude" diskutiert wird. Nach der synthetischen
Konzeption zeichnen sich physikalisch ähnliche Vorgänge dadurch aus,
daß bei vollständiger Ähnlichkeit der geometrischen Bedingungen die
Verhältnisse der in den homologen Raumpunkten wirksamen Kräfte,
Ströme usw. bei diesen Vorgängen jeweils gleich sind. Auch die Herleitung der Ähnlichkeitsbedingungen aus den in physikalischen Beziehungen vorkommenden mathematischen Operationen [11] ist der
synthetischen Konzeption zuzurechnen.

Die analytische Konzeption hat gegenüber der synthetischen einige
Vorzüge: Sie vermittelt ein einfaches formales Kriterium zur Prüfung
der etwa vorliegenden „Ähnlichkeit" und enthebt den Prüfenden der
Notwendigkeit, über die dabei auftretenden Kräfte, Ströme usw. intuitive
und häufig sehr unsichere Überlegungen anzustellen. Die analytische
Konzeption setzt die geometrische Ähnlichkeit der Randbedingungen
nicht als sui generis voraus; sie ist daher nicht so sehr am eigentlichen
Vorgang wie an den diesen Vorgang beschreibenden pi-Beziehungen
orientiert und wird somit der Problematik der ähnlichkeitstheoretischen
Modellübertragungen besser gerecht (s. Abschn. 4.2).

Ist einem physikalisch-technischen Sachverhalt ein pi-Satz $S(\pi_1,
\pi_2, \ldots, \pi_m)$ zugeordnet, so sind gemäß der analytischen Konzeption
die Realisierungen dieses Sachverhaltes einander „ähnlich", wenn für
beliebige $m-1$ Elemente des pi-Satzes die Bedingung

$$\pi_i = \text{idem} \qquad\qquad (4.1.1)$$

<hr>

[1] Es handelt sich um formale Realisierungsmöglichkeiten, die häufig durch die
physikalischen Gegebenheiten wesentlich eingeschränkt sind (Näheres s. weiter).

erfüllt ist[1,2]. Diese Bedingung ist zwar immer hinreichend, doch gibt es zwei grundsätzliche Fälle, bei denen sie auf eine schwächere Bedingung reduziert wird:

1. Wir haben in Abschn. 2.4 erwähnt, daß die Zahl der pi-Variablen und der pi-Parameter in einer pi-Beziehung kleiner sein kann als die Zahl der pi-Größen des zugeordneten pi-Satzes S. Dies ist der Fall, wenn einige der pi-Variablen als Potenzprodukte der Elemente von S auftreten oder wenn einige pi-Größen unter gewissen einschränkenden Voraussetzungen in der pi-Beziehung entfallen. Ist die Zahl der pi-Variablen gleich $m' < m$, so reduziert sich (4.1.1) auf eine analoge Bedingung, die sich auf $m' - 1$ pi-Variablen bezieht. Hierbei ist die Kenntnis der tatsächlichen mathematischen Form der pi-Beziehung nicht erforderlich. (Einem solchen Sachverhalt sind wir bereits bei der Diskussion der Tab. 2.4.1 begegnet.)

2. Der zweite Fall der Reduktion von (4.1.1) ist gegeben, wenn die betreffende pi-Beziehung die Form

$$f_1\{\pi_1, \pi_2, \ldots, \pi_k, f_2(\pi_{k+1}, \pi_{k+2}, \ldots, \pi_m)\} = 0 \qquad (4.1.2)$$

hat, in der einige pi-Variablen nur als Argumente einer inneren Funktion f_2 vorkommen. Eine derartige Situation kann in Verbindung mit einer *Zwischengröße* auftreten (vgl. Abschn. 2.2). Bezeichnet man mit

$$\pi^* \equiv f_2(\pi_{k+1}, \pi_{k+2}, \ldots, \pi_m) \qquad (4.1.3)$$

die entsprechende pi-Zwischengröße, so wird die Ähnlichkeitsforderung (4.1.1) durch eine schwächere Bedingung, z. B.

$$\begin{aligned} \pi_i &= \text{idem}, \\ \pi^* &= \text{idem}, \end{aligned} \qquad (4.1.4)$$

erfüllt, die beliebige, mit der Konstanz von π^* verträgliche Variationen der inneren pi-Größen zuläßt. Der i-Index durchläuft dabei $(k-1)$ Werte zwischen 1 und k. Diese Ähnlichkeitsbedingung legt in dem ursprünglichen m-dimensionalen pi-Raum einen Unterraum fest, der im dem pi-Satz $S'(\pi_1, \ldots, \pi_k, \pi^*)$ entsprechenden reduzierten pi-Raum auf einen einzigen Punkt abgebildet wird. Obwohl die Sachverhalte, die durch diesen Zustandspunkt des pi-Raumes dargestellt werden, im engeren Sinne des Wortes einander nicht notwendig ähnlich sind,

---

[1] Um die Wertegleichheit einer pi-Größe in den miteinander zu vergleichenden Vorgängen zum Ausdruck zu bringen, empfiehlt es sich, anstatt $\pi = \text{const}$ die Schreibweise $\pi = \text{idem}$ zu benutzen, da die Konstanz der pi-Größen nicht gefordert wird und diese bei instationären Vorgängen im allgemeinen auch gar nicht vorliegt.

[2] Handelt es sich um einen nichteindeutigen Sachverhalt im pi-Raum (z. B. oberer und unterer Reaktionszustand bei katalytischen Prozessen [56] oder rheologisch bedingte Hysteresevorgänge), so sind auch die Bedingungen zu beachten, die das Erreichen des betreffenden Zustandes gewährleisten.

genügen sie der analytischen Konzeption des Ähnlichkeitsprinzips und können für Modellübertragungen herangezogen werden.

Durch den Ähnlichkeitsbegriff werden gewöhnlich die miteinander zu vergleichenden Sachverhalte nicht in ihrer gesamten Komplexität, sondern hinsichtlich einiger ihrer Teilaspekte erfaßt. Dies sei am Beispiel der Strömungsvorgänge in Schnecken mit einem gleichmäßigen Profil in Verbindung mit der schleichenden Bewegung Newtonscher Flüssigkeiten erläutert, deren Stoffgrößen temperaturunabhängig seien. Die Strömungsvorgänge in den Schnecken interessieren nicht nur vom fördertechnischen, sondern u. a. auch vom wärmetechnischen Standpunkt her; für den Druckaufbau Δp in einer Schnecke und die effektive Wärmeübergangszahl α am Schneckenzylinder gelten dabei die nachstehenden pi-Beziehungen, s. (2.4.7) und die Abschn. 6.2 und 6.5:

$$\Delta p \, d/\eta \, n \, L = f_1(q/n \, d^3) \tag{4.1.5}$$

und

$$\alpha \, d/\lambda = f_2(q/n \, d^3, \, \varrho \, n \, d^2/\eta, \, \eta \, c/\lambda), \tag{4.1.6}$$

worin d und L Durchmesser und Länge der Schnecke, $\varrho, \eta, c, \lambda$ Dichte, Viskosität, spezifische Wärme und Wärmeleitzahl des Fluids, n und q Schneckendrehzahl und Durchsatz des Fluids sind. Die Funktionen f_1 und f_2 sind nur durch die Geometrie des Schneckenprofils, d. h. durch die erzeugende Funktion Φ (s. Bild 6.1.3), bedingt. Im allgemeinen hängt die Beziehung (4.1.5) auch von der Reynolds-Zahl $Re \equiv \varrho \, n \, d^2/\eta$ ab, doch, wie das Bild 6.2.7 zeigt, fällt dieser Einfluß bei $Re < 10^2$ weg. Wir vergleichen nun Strömungsvorgänge in zwei Schnecken (gleiche Profilgeometrie, aber unterschiedliches L/d-Verhältnis) miteinander und setzen voraus, daß der Betriebsparameter $q/n \, d^3$ in beiden Fällen den gleichen Wert hat. Diese beiden Vorgänge sind im Sinne der analytischen Ähnlichkeitskonzeption hinsichtlich der pi-Beziehung (4.1.5) einander „ähnlich" (obwohl die geometrische Ähnlichkeit nicht vollständig erfüllt ist), weil mit der Bedingung $q/n \, d^3$ = idem aus dieser Beziehung $\Delta p \, d/\eta \, n \, L$ = idem folgt.

Hinsichtlich der Beziehung (4.1.6) sind jedoch diese beiden Vorgänge nur dann einander ähnlich, wenn außer der Bedingung $q/n \, d^3$ = idem noch Pr = idem und Re = idem erfüllt sind. Die betrachteten Vorgänge sind also beim Einhalten der Bedingungen

$$\Phi = \text{idem}, \quad q/n \, d^3 = \text{idem},$$
$$L/d \neq \text{idem}, \quad Pr \neq \text{idem}, \quad Re \neq \text{idem} \tag{4.1.7}$$

wohl in bezug auf (4.1.5), nicht aber hinsichtlich (4.1.6) einander „ähnlich".

Das Ähnlichkeitsprinzip bildet die theoretische Grundlage für *Modellübertragungen*, die bei der Vorausberechnung und Abschätzung von komplexen technologischen Prozessen eine wesentliche Rolle spielen. Man wendet sie an, wenn ein Sachverhalt unter den Bedingungen der Hauptausführung nicht getestet werden kann und die betreffenden pi-Beziehungen nicht bekannt sind. Es muß allerdings vorausgesetzt werden, daß dabei der pi-Raum, in dem dieser Sachverhalt beschrieben wird, hinlänglich bekannt ist. Der eigentliche Zweck der Modellübertragungen besteht nicht darin, zwischen den zu vergleichenden Vorgängen Ähnlichkeit herbeizuführen, sondern die Berechnung von experimentell nicht erfaßbaren Größen bzw. Größengruppen zu ermöglichen. Die analytische Ähnlichkeitskonzeption trägt diesem Umstand Rechnung.

Da jedem Zustandspunkt des pi-Raumes stets eine unendliche Menge von Realisierungsmöglichkeiten entspricht, kann eine Modellübertragung nur an physikalischen Gegebenheiten scheitern, wenn z. B. die Ähnlichkeitsbedingungen Stoffwerte oder Werte der Zustandsparameter erfordern, die physikalisch nicht realisiert werden können. So einschneidend diese Beschränkungen für die Praxis der Modellübertragungen auch sind, so darf man jedoch nicht verkennen, daß das Scheitern einer Modellübertragung niemals aus formal-logischen Gründen erfolgen kann, wie dies in [27] behauptet wird. Aus diesem Grunde ist auch die Feststellung, daß dieses oder jenes physikalische Gesetz ein Ähnlichkeitsgesetz sei, eine Tautologie; denn jede dimensionshomogene physikalische Beziehung kann als eine pi-Beziehung formuliert werden (Abschn. 1.7) und repräsentiert daher per definitionem eine unendliche Menge von Realisierungs*möglichkeiten*.

Die einfachste Form der Modellübertragung liegt vor, wenn die interessierenden pi-Zustände *an einem einzigen Modell* geeigneter Größe realisiert werden können. Die Übertragungsbedingungen sind gewöhnlich um so schwieriger zu erfüllen, je mehr der Übertragungsmaßstab, d. h. das Verhältnis der charakteristischen Längen des Modells und der Hauptausführung, von Eins abweicht: Einerseits kann die vollständige (analytische) Ähnlichkeit an physikalischen Realisierungsmöglichkeiten scheitern und andererseits ist damit zu rechnen, daß eine wesentliche Maßstabänderung zu einer Erweiterung oder Veränderung des pi-Raumes führt: es können weitere physikalische Größen problemrelevant werden oder einige ihren Einfluß verlieren. So tritt z. B. bei erzwungenen nichtisothermen Strömungsvorgängen mit fortschreitender Maßstabvergrößerung und einsetzender freier Konvektion die Grashof-Zahl *Gr* als eine weitere problemrelevante pi-Größe auf.

Eine ähnlichkeitstheoretisch *exakte* Modellübertragung liegt vor, wenn alle pi-Variablen der betreffenden pi-Beziehung der idem-Bedingung genügen. Können diese Bedingungen nicht gleichzeitig erfüllt werden, so spricht man von *partieller* Ähnlichkeit. In einem solchen

Fall benötigt der Forschende ein erhebliches Maß an Einsicht in die betreffenden Zusammenhänge, um aus den Modellversuchen zutreffende Schlußfolgerungen über das Verhalten der Hauptausführung zu gewinnen[1].

In den Fällen, bei denen der interessierende pi-Zustand durch einen Modellvorgang nicht realisiert werden kann, ist es manchmal möglich, mit Hilfe geeigneter Arbeitshypothesen das gesuchte Ergebnis durch indirekte Schlußfolgerungen aus *mehreren Modellversuchen* zu gewinnen, die jeweils gewisse Teilaspekte des Originalvorganges wiedergeben. Ein derartiges Vorgehen ist zu der Gruppe der *exakten* Modellübertragungen zu zählen, sofern man im Rahmen der aufgestellten Arbeitshypothesen den interessierenden pi-Zustand erfaßt (s. Abschn. 4.2).

4.2 Eine Diskussionsstudie der Modellversuche an Drehrohren

Beim Konzipieren und Entwickeln von Apparaten, die mit hohen Investitionskosten verbunden sind, ist man häufig genötigt, ihre zu erwartende Eignung und Wirksamkeit durch Modellversuche sicherzustellen. Handelt es sich dabei um komplexe Vorgänge, bei denen eine vollständige Ähnlichkeit nicht erzielt werden kann, so bedarf es mitunter eines umfangreichen Versuchsprogramms in Verbindung mit einer oder gar mehreren zusätzlichen Arbeitshypothesen. Wir wollen in diesem Abschnitt eine Diskussionsstudie der Modellversuche an Drehrohren erörtern, deren Schwerpunkt im methodologischen Aspekt liegt.

Bei den Prozessen in Drehrohröfen findet ein kompliziertes Zusammenspiel kinematischer, thermischer und gegebenenfalls auch reaktionskinetischer Vorgänge statt, so daß das Drehrohr ein sehr interessantes und in methodischer Hinsicht lehrreiches Untersuchungsobjekt für eine ähnlichkeitstheoretische Diskussion und für den Entwurf von Modellversuchen darstellt. Wir werden die komplexen Verhältnisse, die in einem Drehrohrofen tatsächlich vorliegen, auf ein etwas idealisiertes Problem reduzieren, welches dennoch die wesentlichen Merkmale des physikalischen Vorganges aufweist:

Es wird der stationäre Betrieb eines geneigten zylindrischen Drehrohres mit folgendem thermischen Regime betrachtet: Im Inneren des rotierenden Rohres seien auf einer raumfesten achsenparallelen Geraden (z. B. auf der Rohrachse selbst) linienverteilte Wärmequellen installiert, deren örtliche Heizleistung so geregelt sei, daß die Temperatur des Rohrmantels auf einer bestimmten *raumfesten* Mantelerzeugenden über die ganze Rohrlänge ein konstantes Niveau T_r (Regeltemperatur) hat

---

[1] In Abschn. 6.3 und 6.4 werden zwei kompliziertere Probleme der Modellübertragung zur Auslegung von Schnecken diskutiert.

(Bild 4.2.1). Diese regeltechnische Maßnahme bedeutet keineswegs, daß der nach außen hin wärmeisolierte Rohrmantel gleichmäßig temperiert ist. Es herrscht vielmehr auf dem Rohrmantel vom Standpunkt eines ruhenden Beobachters aus ein stationäres raumfestes Temperaturfeld (Bild 4.2.1) mit einem gewissen Trend in Axialrichtung.

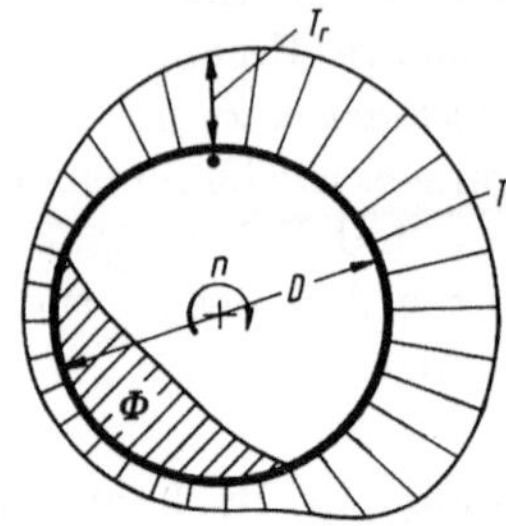

Bild 4.2.1 Querschnitt durch ein Drehrohr (schematisch). D Rohrdurchmesser; n Rohrdrehzahl; Φ Querschnittsanteil der Gutschüttung; T Temperaturverteilung an der Rohrwand; T_r Regeltemperatur.

Das Gut wird in das Drehrohr stetig eingespeist und hat dabei die Temperatur T_0. Es wird vorausgesetzt, daß die problemrelevanten Stoffwerte des Gutes und die friktionsbestimmenden Eigenschaften an der Rohrwand wie im Gut selbst durch die Erhitzung des Gutes im Drehrohr und durch die ablaufende chemische Reaktion nicht beeinflußt werden. Es kann demzufolge angenommen werden, daß die Bewegungskinematik des Gutes unabhängig von dem thermischen Regime und, abgesehen von den Endeffekten, in allen Querschnitten des Rohres die gleiche ist.

Die allmähliche Erwärmung des Gutes erfolgt sowohl durch Wärmestrahlung als auch durch Wärmeleitung. Die Rohrwand und das Gut werden als graue Körper mit konstanten Absorptionskoeffizienten vorausgesetzt. Die Wärmeerzeugung infolge chemischer Reaktionen wird vernachlässigt.

Das Temperaturfeld im Gut ist vom Standpunkt eines ruhenden Beobachters stationär, wobei sowohl die mittlere als auch die niedrigste Temperatur $T_{\min}$ in einem Querschnitt der Gutschüttung mit zunehmendem Abstand vom Eintrittsquerschnitt des Rohres ständig wachsen. Der Betriebszustand des Drehrohres sei durch die Forderung festgelegt, daß $T_{\min}$ in der Gutschüttung am Austrittsquerschnitt des Rohres einen vorgegebenen Sollwert T_s erreicht.

Es sind im weiteren:

D	Innendurchmesser des Drehrohres
L	Länge des Rohres
ψ	Neigungswinkel der Rohrachse (dimensionslos)
n	Drehzahl des Drehrohres
q	Durchsatz des Gutes (Schüttvolumen pro Zeiteinheit)
Φ	Bruttoanteil der Gutschüttung im Rohrquerschnitt (dimensionslos)
T_0	Absoluttemperatur des Gutes bei der Aufgabe
T_s	Solltemperatur, die vom Gut beim Austritt nicht unterschritten werden soll

T'_r — charakteristische Regeltemperatur des thermischen Regimes

δ — charakteristische Stückgröße (Korngröße) des Gutes

g — Erdbeschleunigung

σ — Stefan-Boltzmannsche Konstante

a_R, a_G — Temperaturleitzahl der Rohrwand und des Gutes

A_R, A_G — Strahlungsabsorptionskoeffizient der Rohrwand und des Gutes (dimensionslos)

c_R, c_G — volumenbezogene spezifische Wärme der Rohrwand und des Gutes

λ_R, λ_G — Wärmeleitzahl der Rohrwand und des Gutes

k — Komplex der maßgeblichen Reibungskoeffizienten im Schüttgut und an der Rohrwand (dimensionslos)

Die stationäre Erhitzung des durch das Drehrohr hindurchwandernden Gutes wird durch eine *thermische* Prozeßgleichung der Form

$$f(L, D, \psi, n, q, g, \delta, k, T_0, T_s, T_r, A_R, A_G, \sigma, a_R, a_G, \lambda_R, \lambda_G) = 0 \quad (4.2.1)$$

beschrieben. Darüber hinaus besteht noch eine *kinematische* Prozeßgleichung, die infolge der vorausgesetzten Temperaturunabhängigkeit der Friktionseigenschaften, die Form

$$f(\Phi, n, q, D, \delta, \psi, k, g) = 0 \quad (4.2.2)$$

hat. Zur dimensionsanalytischen Diskussion des Problems empfiehlt sich das in der Tab. 1.4.1 dargestellte Dimensionssystem $(\mathsf{L}, \mathsf{T}, \mathsf{M}, \Theta, \mathsf{W})$: Da die Reibungswärme im Gut und an der Rohrwand und somit die Umwandung der mechanischen Energie in Wärme vernachlässigt wird, tritt die charakteristische Dimensionskonstante dieses Dimensionssystems, das mechanische Wärmeäquivalent J, in der Relevanzliste nicht auf. Es kommt noch hinzu, daß die Grunddimension M bei der Anwendung des Dimensionssystems $(\mathsf{L}, \mathsf{T}, \mathsf{M}, \Theta, \mathsf{W})$ in keiner der problemrelevanten Größen vertreten ist, was die Dimensionsanalyse vereinfacht:

Die Dimensionsmatrix der dimensionsbehafteten problemrelevanten Größen

	D	n	T_r	λ_R	a_R	q	g	σ
L	1	0	0	−1	2	3	1	−2
T	0	−1	0	−1	−1	−1	−2	−1
Θ	0	0	1	−1	0	0	0	−4
W	0	0	0	1	0	0	0	1

$$(4.2.3)$$

in die wir nur je einen Repräsentanten der vorkommenden Entitäten aufgenommen haben, kann durch Linearkombinationen ihrer Zeilen auf die Form

$\mathsf{L} + \mathsf{W}$	1	0	0	0	2	3	1	−1
$-(\mathsf{T} + \mathsf{W})$	0	1	0	0	1	1	2	0
$\Theta + \mathsf{W}$	0	0	1	0	0	0	0	−3
W	0	0	0	1	0	0	0	1

$$(4.2.4)$$

gebracht werden, aus der sich (s. Abschn. 2.3) vier pi-Größen, $n\,D^2/a_R$, $q/n\,D^3$, $n^2\,D/g$ und $\sigma\,D\,T_r^3/\lambda_R$ ergeben. Die dem Zusammenhang (4.2.1) entsprechende dimensionslose thermische Prozeßgleichung hat daher die Form

$$\boxed{\begin{aligned} f_1(L/D,\, n\,D^2/a_R,\, q/n\,D^3,\, n^2 D/g,\, \psi,\, \delta/D,\, \sigma\,D\,T_r^3/\lambda_R,\, T_0/T_r, \\ T_s/T_r,\, k,\, A_R,\, A_G,\, a_G/a_R,\, \lambda_G/\lambda_R) = 0, \end{aligned}} \qquad (4.2.5)$$

während die Beziehung (4.2.2) durch eine kinematische dimensionslose Prozeßgleichung

$$\boxed{f_2(\Phi,\, n^2 D/g,\, q/n\,D^3,\, \psi,\, \delta/D,\, k) = 0} \qquad (4.2.6)$$

dargestellt wird, auf deren dimensionsanalytische Herleitung wir verzichten können.

Diese beiden pi-Beziehungen bilden die Grundlage für die nachstehenden Diskussionen. Bei der Prüfung der Modellübertragbarkeit des formulierten Problems erkennt man sofort, daß die Ähnlichkeitsbedingungen $\pi_i =$ idem hinsichtlich der pi-Variablen $n\,D^2/a_R$ und $n^2 D/g$ in (4.2.5) (bei fixiertem Wert von g) nur in Verbindung mit einem anderen Wert von a_R für den Modellstoff erfüllt werden können, was praktisch schwer zu realisieren wäre, da dieser Modellstoff hinsichtlich der übrigen Stoffkonstanten mehrere Bedingungen zu erfüllen hätte. Wir werden daher im folgenden einige Arbeitshypothesen heranziehen, die eine Modellübertragung bei *gleichbleibenden Stoffwerten* des Gutes und der Rohrwand ermöglichen. Die erste und die zweite Arbeitshypothese werden in Verbindung mit den zusätzlichen Bedingungen

$$\left.\begin{aligned} \text{gleiche Stoffwerte,} \\ L/D = \text{idem,} \\ \delta/D = \text{idem,} \end{aligned}\right\} \qquad (4.2.7)$$

$$\left.\begin{aligned} T_0/T_r = \text{idem,} \\ T_s/T_r = \text{idem,} \\ \sigma\,D\,T_r^3/\lambda_R = \text{idem} \end{aligned}\right\} \qquad (4.2.8)$$

diskutiert, so daß sich die beiden obigen Prozeßgleichungen auf die Beziehungen

$$\boxed{f_1(n\,D^2/a_R,\, q/n\,D^3,\, n^2 D/g,\, \psi) = 0} \qquad (4.2.9)$$

und

$$\boxed{f_2(\Phi,\, q/n\,D^3,\, n^2 D/g,\, \psi) = 0} \qquad (4.2.10)$$

reduzieren. Während die Bedingungen (4.2.7) bei der Variation von D, d. h. beim Übergang von der Hauptausführung zu einem Modell, keine

Schwierigkeiten bereiten, wird durch die letzte thermische Bedingung in (4.2.8) der Variation von D eine physikalisch bedingte Grenze gesetzt.

Das zu diskutierende Problem der ähnlichkeitstheoretischen Übertragung sei wie folgt formuliert: Gegeben sind die mit dem Index (0) gekennzeichneten Werte der Hauptausführung: D_0, L_0, n_0, q_0, δ_0, $(T_0)_0$, $(T_s)_0$ und $(T_r)_0$ sowie die problemrelevanten Stoffgrößen. Es soll anhand geeigneter Modellversuche unter Beachtung der Bedingungen (4.2.7) und (4.2.8) der Neigungswinkel ψ_0 der Rohrachse der Hauptausführung ermittelt werden, bei dem die Verweilzeit des Gutes im Drehrohr gerade ausreicht, um am Austrittsquerschnitt des Drehrohres die thermische Forderung $T_{\min} = T_s$ zu gewährleisten. Die Modellversuche mögen an einem Modelldrehrohr mit $D = D_M$ geführt werden, wobei der Übertragungsmaßstab mit

$$m \equiv D_M/D_0 \qquad (4.2.11)$$

bezeichnet sei. Wir werden im Verlauf der Diskussion sehen, daß die gestellte Aufgabe, die nur in Verbindung mit einigen noch zu erörternden Arbeitshypothesen konsequent durchgeführt werden kann, sowohl *thermische* als auch rein *kinematische* Modellversuche erfordert, wobei die letztgenannten Versuche am kalten Modelldrehrohr durchgeführt werden können (temperaturunabhängiges Friktionsverhalten).

Zur Durchführung der Modellversuche zwecks Ermittlung des richtigen Neigungswinkels ψ_0 der Hauptausführung wäre es an sich erforderlich, mit Rücksicht auf die thermische Prozeßgleichung, die Bedingungen

$$n\,D^2/a_R = \text{idem}, \quad q/n\,D^3 = \text{idem}, \quad n^2 D/g = \text{idem} \qquad (4.2.12)$$

einzuhalten. Doch lassen sich, wie bereits hervorgehoben, die Bedingungen $n\,D^2/a_R = \text{idem}$ und $n^2\,D/g = \text{idem}$ bei ein und demselben Wert von a_R nicht gleichzeitig erfüllen. Wir werden daher nachstehend insgesamt drei Arbeitshypothesen diskutieren, die eine Bestimmung von ψ_0 aus geeigneten Modellversuchen ermöglichen.

Erste Arbeitshypothese

Einige theoretische und experimentelle Ergebnisse zeigen [40; 41], daß der Einfluß der Erdbeschleunigung g auf die Bewegungskinematik des Schüttgutes in einem Drehrohr bei kleinen Werten von ψ gering ist. Nimmt man daher an, daß g problem-irrelevant sei, so reduzieren sich die Prozeßgleichungen (4.2.9) und (4.2.10) auf

$$\boxed{f_1(n\,D^2/a_R,\, q/n\,D^3,\, \psi) = 0} \qquad (4.2.13)$$

und

$$\boxed{f_2(\Phi,\, q/n\,D^3,\, \psi) = 0.} \qquad (4.2.14)$$

Die Beziehung (4.2.14) läßt sich leicht an einem *kalten* Drehrohrmodell überprüfen[1]: Werden kinematische Versuche mit mehreren Werten von n und q durchgeführt, die der Bedingung $q/n\,D^3 = $ const genügen, so muß nach (4.2.14) bei $\psi = $ const auch Φ konstant bleiben. Die Forderung $\Phi = $ const bezieht sich nur auf die Größe des Schüttungsquerschnittes und nicht auf die Lage der Schüttung im Drehrohr und sonstige Details der Bewegungskinematik. Wird die Beziehung (4.2.14) hinlänglich gut bestätigt, so kann man annehmen, daß die thermische Situation durch (4.2.13) im wesentlichen richtig wiedergegeben wird.

Die reduzierte thermische Prozeßgleichung (4.2.13) ermöglicht eine einfache Modellübertragung: Das Modelldrehrohr wird unter Einhaltung der Bedingungen (4.2.7), (4.2.8) und

$$n\,D^2 = \text{idem},$$
$$q/D = \text{idem} \tag{4.2.15}$$

betrieben, wobei ein Neigungswinkel ψ_1 gesucht wird, bei dem die thermische Forderung $(T_{\min})_1 = (T_s)_1$ am Endquerschnitt erfüllt ist.

Für die Versuchsparameter (*Versuchsprogramm 1*) gelten dabei nach (4.2.7), (4.2.8) und (4.2.15) die Gleichungen

$$\left. \begin{aligned} n_1 &= n_0\, m^{-2}, \\ q_1 &= q_0\, m, \\ (T_0)_1/(T_0)_0 &= (T_s)_1/(T_s)_0 = (T_r)_1/(T_r)_0 = m^{-1/3}. \end{aligned} \right\} \tag{4.2.16}$$

Wird im Rahmen dieses Versuchsprogramms ein Neigungswinkel ψ_1 des Modellrohres ermittelt, bei dem am Austrittsquerschnitt die thermische Forderung $(T_{\min})_1 = (T_s)_1$ erfüllt ist, so gilt nach (4.2.13) für den Neigungswinkel ψ_0 der Hauptausführung die Gleichung

$$\psi_0 = \psi_1. \tag{4.2.17}$$

Zweite Arbeitshypothese

Eine weitere Möglichkeit für eine Modellübertragung folgt aus der Annahme, daß zwar die Bewegungskinematik der Gutschüttung durch die Erdbeschleunigung g beeinflußt wird und somit die Gl. (4.2.10) gilt, daß es aber bei dem thermischen Vorgang im Drehrohr nicht unmittelbar auf g, sondern auf die mittlere Wandergeschwindigkeit $\bar{v}$ des Gutes ankommt, die ihrerseits u. a. von g abhängt. Diese Arbeitshypothese wird übrigens durch die Diskussion eines verwandten Problems — der Erwärmung eines sich durch einen Rohrofen bewegenden prisma-

---

[1] Für diese Beziehung sind einige theoretische und experimentell ermittelte Zusammenhänge bekannt, in denen Φ durch die mittlere Geschwindigkeit des Gutes $\bar{v}$ (Beziehung 4.2.18) ausgedrückt wird (vgl. zusammenfassende Darstellung in [58]).

tischen Festkörpers — ebenfalls nahegelegt. Da für $\bar{v}$ der Zusammenhang

$$q = \Phi \, \bar{v} \, \pi \, D^2/4 \qquad (4.2.18)$$

besteht, läuft diese Arbeitshypothese auf die Gültigkeit der Prozeßgleichungen

$$\boxed{f_1 (n \, D^2/a_R, \, q/n \, D^3, \, \Phi) = 0} \qquad (4.2.19)$$

und

$$\boxed{f_2 (\Phi, \, q/n \, D^3, \, n^2 D/g, \, \psi) = 0} \qquad (4.2.20)$$

hinaus, die anstelle der Prozeßgleichungen (4.2.9) und (4.2.10) treten. Der Übergang von (4.2.9) zu (4.2.19) kann als Ergebnis der Heranziehung einer dimensionslosen *Zwischengröße* (Φ) interpretiert werden: Wird Φ aus der Gl. (4.2.20) als eine explizite Funktion der übrigen Variablen in (4.2.19) eingesetzt, so erhält man einen Zusammenhang

$$f_1 \{n \, D^2/a_R, \, q/n \, D^3, \, \Phi (q/n \, D^3, \, n^2 D/g, \, \psi)\} = 0, \qquad (4.2.21)$$

bei dem $n^2 D/g$ und ψ als innere Variablen auftreten (vgl. Abschn. 2.2).

Das entsprechende *Versuchsprogramm 2* besteht aus zwei Teilen; die erste Versuchsserie wird gemäß dem bereits besprochenen Versuchsprogramm 1 durchgeführt, doch werden jetzt daraus andere Schlußfolgerungen gezogen: Im Gegensatz zu den dort gültigen Überlegungen kann hier nicht mehr geschlossen werden, daß der experimentell ermittelte Neigungswinkel ψ_1, bei dem die Durchwärmung des Gutes gewährleistet ist, auch für die Hauptausführung zutreffend sei: Mit $n \, D^2/a_R$ = idem und $q/n \, D^3$ = idem, die den Bedingungen (4.2.15), unter denen das Versuchsprogramm 1 abläuft, äquivalent sind, folgt aus (4.2.19) Φ = idem. Andererseits hat die Bedingung $n \, D^2/a_R$ = idem automatisch zur Folge, daß für die pi-Größe $n^2 D/g$ die idem-Bedingung nicht erfüllt ist. Somit ergibt sich aus (4.2.20) mit Φ = idem, $q/n \, D^3$ = idem, aber $n^2 D/g \neq$ idem, daß auch ψ die idem-Bedingung nicht erfüllt; man kann also nicht von ψ_1 auf ψ_0 schließen.

Um ψ_0 zu berechnen, muß eine zweite Versuchsserie, nunmehr am kalten Modelldrehrohr, durchgeführt werden. Der Zweck dieser Versuche ist die experimentelle Ermittlung des Neigungswinkels ψ_2 unter den Bedingungen $q/n \, D^3$ = idem, $n^2 D/g$ = idem, wobei die Neigung ψ_2 so eingestellt wird, daß Φ_2 mit dem Wert Φ_1 der ersten Versuchsserie übereinstimmt. Das zweite Versuchsprogramm wird somit entsprechend den Bedingungen

$$\left. \begin{array}{l} n_2 = n_0 \, m^{-1/2}, \\[4pt] q_2 = q_0 \, m^{5/2}, \\[4pt] \Phi_2 = \Phi_1 \end{array} \right\} \qquad (4.2.22)$$

durchgeführt. Mit dem sich dabei ergebenden Wert von ψ_2 gilt für den Neigungswinkel der Hauptausführung die Gleichung:

$$\psi_0 = \psi_2. \tag{4.2.23}$$

Dieser Doppelversuch vermittelt eine exakte Modellübertragung im Sinne der Prozeßgleichungen (4.2.19) und (4.2.20) und ist ein Beispiel dafür, daß bei komplizierteren, jedoch im Sinne der vorausgesetzten pi-Zusammenhänge *exakten* Modellübertragungen, die Ähnlichkeit in engerer Bedeutung des Wortes nicht erfüllt zu sein braucht.

Dritte Arbeitshypothese

Es sei noch eine weitere, von den beiden besprochenen Möglichkeiten unabhängige Hypothese diskutiert, wonach die konduktive Wärmeübertragung im Vergleich zur Wärmestrahlung einen vernachlässigbar geringen Anteil habe. Damit sind die Größen λ_R und λ_G problemirrelevant geworden. Eine entsprechende pi-Beziehung kann aus der verkürzten Relevanzliste mit c_R und c_G anstelle von a_R, a_G, λ_R und λ_G erhalten werden. Sie kann jedoch auch unmittelbar aus (4.2.5) gewonnen werden, indem dort die Größen $n\,D^2/a_R$ und $\sigma\,D\,T_r^3/\lambda_R$ zu einem Quotienten $\sigma\,T_r^3/c_R\,n\,D$ zusammengefügt und die Parameter a_G/a_R und λ_G/λ_R durch c_G/c_R ersetzt werden:

$$\boxed{\begin{aligned} &f_3(L/D,\, q/n\,D^3,\, n^2D/g,\, \sigma\,T_r^3/c_R\,n\,D,\, \psi,\, \delta/D,\\ &\quad T_0/T_r,\, T_s/T_r,\, c_G/c_R,\, A_R,\, A_G,\, k) = 0. \end{aligned}} \tag{4.2.24}$$

Unter den Bedingungen

$$\left.\begin{aligned} &\text{gleiche Stoffwerte,}\\ &L/D = \text{idem,}\\ &\delta/D = \text{idem,}\\ &T_0/T_r = \text{idem,}\\ &T_s/T_r = \text{idem,} \end{aligned}\right\} \tag{4.2.25}$$

reduziert sich diese thermische Prozeßgleichung auf eine Beziehung der Form

$$\boxed{f_3(q/n\,D^3,\, n^2D/g,\, \sigma\,T_r^3/c_R\,n\,D,\, \psi) = 0,} \tag{4.2.26}$$

die eine einfache Modellübertragung zuläßt. Für das *Versuchsprogramm 3* gelten die Gleichungen

$$\left.\begin{aligned} n_3 &= n_0\,m^{-1/2} \quad (= n_2),\\ q_3 &= q_0\,m^{5/2} \quad (= q_2),\\ (T_r)_3 &= (T_r)_0\,m^{1/6}. \end{aligned}\right\} \tag{4.2.27}$$

Das Ziel der Modellversuche ist die Bestimmung des Neigungswinkels ψ_3 des Modelldrehrohres, bei dem die erforderliche Durchwärmung des Gutes gewährleistet ist. Für die Neigung des Drehrohres der Hauptausführung gilt dann die Gleichung

$$\psi_0 = \psi_3 . \tag{4.2.28}$$

Abschließende Bemerkungen

Werden zu Modellübertragungen mehrere Arbeitshypothesen herangezogen, so muß man im allgemeinen erwarten, daß sie zu unterschiedlichen Vorhersagen hinsichtlich des Hauptvorganges führen. Es ist bei dem diskutierten Problem des Drehrohres kaum damit zu rechnen, daß die Neigungswinkel ψ_1, ψ_2 und ψ_3, die man ausgehend von den erläuterten Arbeitshypothesen experimentell ermitteln kann, miteinander übereinstimmen. Man würde also zu drei unterschiedlichen Aussagen für den Neigungswinkel ψ_0 der Hauptausführung gelangen.

Faßt man den Übertragungsmaßstab m als einen variablen Parameter auf, so kann den erläuterten Arbeitshypothesen je eine experimentell ermittelbare Funktion $\psi_i(m)$ mit $i = 1$, 2 und 3 zugeordnet werden, wobei diese Funktionen der Bedingung

$$\psi_1(1) = \psi_2(1) = \psi_3(1) = \psi_0 \tag{4.2.29}$$

genügen. Eine Arbeitshypothese ist um so besser, je *persistenter* die ψ-Werte, d. h. je geringer die Variabilität der betreffenden Funktion $\psi_i(m)$, ist (vgl. schematische Darstellung, Bild 4.2.2).

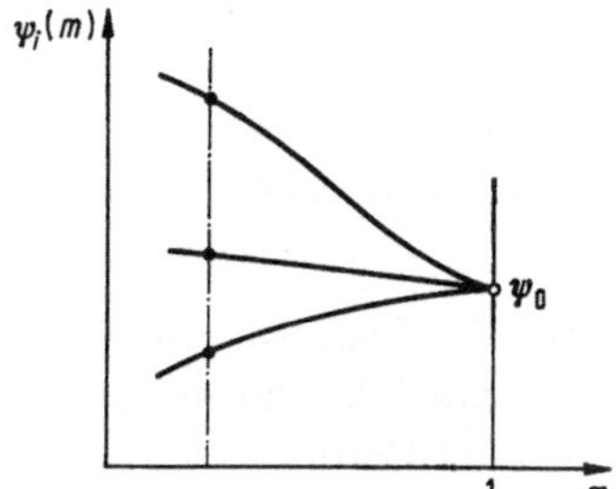

Bild 4.2.2 Zur Prüfung der Persistenz der mit Modellversuchen errechneten ψ-Werte und der Signifikanz der entsprechenden Arbeitshypothesen.

Zur Erhöhung der Signifikanz des Schätzwertes für ψ_0 ist es daher empfehlenswert, Modellversuche gemäß allen drei Arbeitshypothesen an mindestens zwei Modelldrehrohren unterschiedlicher Größe auszuführen und daraus eine auf allen drei Arbeitshypothesen beruhende Schätzung abzuleiten.

5. Ähnlichkeitstheoretische Diskussion von Vorgängen in Verbindung mit nicht-Newtonschen Stoffen

5.1 Einführung in die Problematik

Prozesse und Vorgänge in Verbindung mit nicht-Newtonschen Stoffen bilden seit mehreren Jahren einen der Schwerpunkte der ingenieurwissenschaftlichen Forschung. Wir werden in diesem Kapitel entsprechend unserer Zielsetzung nicht die vielfältigen Einzelprobleme diskutieren, die sich durch die Integration der tensoriellen rheologischen Zustandsgleichungen ergeben (z. B. Sekundärströmungen, Strömungsinstabilitäten in viskoelastischen Medien usw.), sondern uns auf einige allgemeingültige dimensionstheoretische Aspekte und auf die sich daraus ergebenden ähnlichkeitstheoretischen Konsequenzen beschränken.

Man diskutiert gewöhnlich Vorgänge, die in Verbindung mit nicht-Newtonschen Stoffen ablaufen, im Vergleich zu den analogen Sachverhalten des Newtonschen Falles[1]. Wie bei der Diskussion von Vorgängen mit veränderlichen Stoffgrößen (vgl. Kapitel 3) stellt sich auch hier die zentrale Frage nach der Erweiterung des pi-Raumes beim Übergang vom Newtonschen zu einem analogen nicht-Newtonschen Fall.

Wir werden in Abschn. 5.2 zeigen, daß zur Ermittlung des erweiterten pi-Raumes nur die Kenntnis der problemrelevanten rheologischen Konstanten erforderlich ist, wogegen die faktische Kenntnis der rheologischen Zustandsgleichung, die die betreffende pi-Beziehung in diesem pi-Raum bestimmt, nur für eine *mathematische* Diskussion benötigt wird. Bei dem überwiegenden Teil der experimentellen und theoretischen Untersuchungen über Transportvorgänge in nicht-Newtonschen Stoffen wird die Gültigkeit des rheologischen Potenzgesetzes nach Ostwald-de Waele

$$\tau = K\,D^m \tag{5.1.1}$$

zwischen der Schubspannung τ und der Schergeschwindigkeit D vorausgesetzt, wobei K und m zwei rheologische Konstanten sind. Die Änderung des pi-Raumes, die mit dem Übergang vom Newtonschen Fall zu einem entsprechenden Ostwald-de Waeleschen Fall verbunden ist, besteht nur darin, daß in den ursprünglichen pi-Größen, die die Viskosität enthalten, diese durch einen dimensionsgleichen Größenkomplex der

---

[1] Diese Fragestellung ist natürlich nur für fluide, d. h. unbegrenzt fließfähige, Stoffe sinnvoll. Bei den physikalisch-technischen Sachverhalten, an denen begrenzt deformierbare rheologische Stoffe beteiligt sind (z. B. bei der Untersuchung des mechanischen Verhaltens von Konstruktionen aus Kunststoffen), kann die entsprechende ähnlichkeitstheoretische Frage in bezug auf den elastischen Hookeschen Körper formuliert werden.

Form $K(v/L)^{m-1}$ ersetzt wird und daß ferner als eine weitere pi-Größe der dimensionslose Exponent m hinzukommt. Mit v und L sind dabei eine charakteristische Geschwindigkeit und eine charakteristische Länge bezeichnet. Eine ausführliche dimensionstheoretische Diskussion des Potenzgesetzes ist in Abschn. 5.4 durchgeführt.

Das Fließverhalten der nicht-Newtonschen Stoffe in einem Viskosimeter (Kapillar- und Couette-Strömung) vermittelt im allgemeinen nur eine beschränkte Information über ihre rheologischen Eigenschaften. Die Charakterisierung dieser Stoffe durch eine *Fließkurve*

$$f(\tau, D) = 0 \tag{5.1.2}$$

reicht daher, auch wenn man nicht von dem Potenzgesetz (5.1.1), sondern von geeigneteren mathematischen Approximationen ausgeht, häufig nur für die ähnlichkeitstheoretische Diskussion von einfacheren Vorgängen aus:

Die Kenntnis der Fließkurve genügt zwar beispielsweise für die ähnlichkeitstheoretische Darstellung der Leistungscharakteristik eines Rührers, reicht aber zur Erfassung der Homogenisiervorgänge häufig nicht aus, weil die Homogenisierwirkung in stärkerem Maße als der Leistungsbedarf von der Struktur des Strömungsfeldes und somit, besonders bei komplizierteren Randbedingungen, von dem gesamten Komplex der rheologischen Eigenschaften des Fluids abhängt. Dieses sei am Beispiel der stationären Strömung einer viskoelastischen Flüssigkeit, einer 1,3 %igen Lösung von Polyisobutylen in Dekalin, um eine rotierende Kugel (Bild 5.1.1) demonstriert [43]: Infolge des Wechselspiels zwischen den Normalspannungen und den Massenträgheitskräften ist hier das vom Newtonschen Fall her bekannte Strömungsfeld durch Sekundärströmungen überlagert und in einige voneinander deutlich abgegrenzte Gebiete unterteilt, die das Homogenisieren der Flüssigkeit hemmen. Dieses Strömungsfeld kann nur in Verbindung mit einer tensoriellen rheologischen Zustandsgleichung interpretiert werden [43].

Die rheologischen Phänomene werden durch sehr verschiedenartige Zustandsänderungen molekular-statistischer, grenzflächenphysikalischer, elektrochemischer und kolloidchemischer Natur verursacht. Sie sind bei vielen Stoffen, insbesondere bei dispersen Systemen, z. B. thixotropen Schlämmen, derart komplex, daß man meistens nicht in der Lage ist, das Wechselspiel zwischen den strukturkinetischen Vorgängen in solchen Systemen und ihren mechanischen Eigenschaften mathematisch zu erfassen.

Als ein Beispiel für ein derartiges Wechselspiel bringen wir in den Bildern 5.1.2 und 5.1.3 Fließkurven von 12 %igen Aerosildispersionen in drei verschiedenen Flüssigkeiten [44; 45]. Je nach dem verwendeten Dispersionsmittel erhält man entweder eine Flüssigkeit oder eine fettartige Substanz mit einer Fließgrenze. Entsprechend diesem Umstand sind in Bild 5.1.2 die Fließkurven als $\eta(D)$ und in Bild 5.1.3 als $\tau(D)$ dargestellt. Während sich die Aerosildispersion in Äthylenglykol wie eine Newtonsche Flüssigkeit verhält (was nicht ausschließt, daß diese Substanz eventuell irgendwelche mit dem Viskosimeter nicht zu erfassenden nicht-Newtonschen Eigenschaften hat), zeigt die Aerosildispersion in Polyran ein sehr interessantes Fließverhalten: Bei kleineren

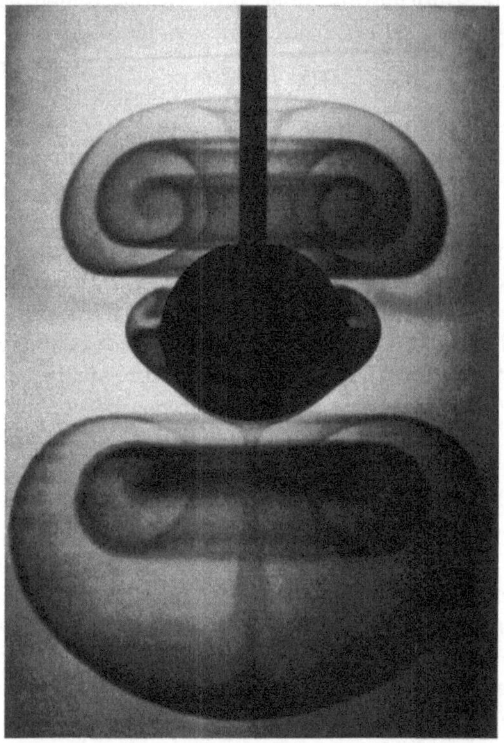

Bild 5.1.1 Sekundärströmungsfeld um eine rotierende Kugel ($d = 20$ mm, $n = 150$ U/min) in Polyisobutylenlösung in Dekalin (1,3%) nach H. GIESEKUS [43].

Werten der Schergeschwindigkeit ist die Dispersion strukturviskos und spiegelt im wesentlichen das entsprechende Verhalten des reinen Dispersionsmittels wider. Bei etwa $D = 1,5$ sec^{-1} setzt ein rapider Viskositätsanstieg ein, und die Viskositätskurve durchläuft ein Maximum. Im Bereich $D < D_{\text{max}}$ stellt sich der jeweilige rheologische Zustand praktisch sofort ein, hingegen erfährt die Substanz bei $D > D_{\text{max}}$ gewisse Strukturveränderungen, die bei Aufheben oder Verringern der mechanischen Beanspruchung nur sehr langsam zurückgehen. Die Aerosilsuspension in Leinöl (Bild 5.1.3) ist ein plastischer Körper mit einer stabilen Fließgrenze $\tau_0 = 780\ \mathrm{dyn/cm^2}$ (bei 22 °C). Die rheologische Eigentümlichkeit dieses Systems besteht darin, daß seine Struktur nur

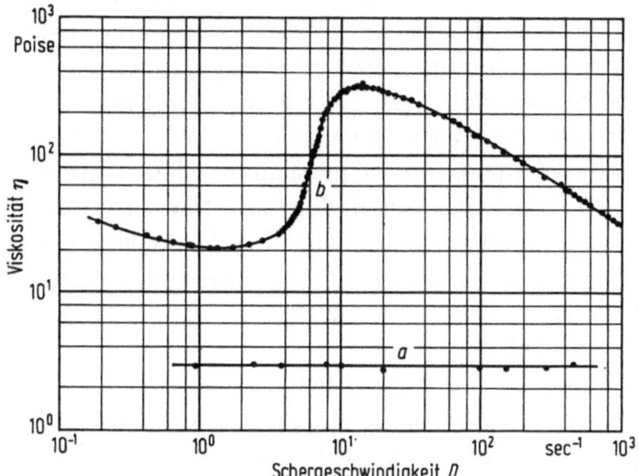

Bild 5.1.2 Fließkurven der Aerosildispersion (12%) in Äthylenglykol (*a*) und in Polyran (*b*) [44]. Gemessen mit Rotationsviskosimeter (Radienverhältnis $\alpha = 0,935$) bei 22 °C.

einer bestimmten Beanspruchung standhalten kann und mit zunehmender Schergeschwindigkeit so weit abgebaut wird, daß dabei eine kritische Schubspannung nicht überschritten wird. Dieser erzwungene, jedoch

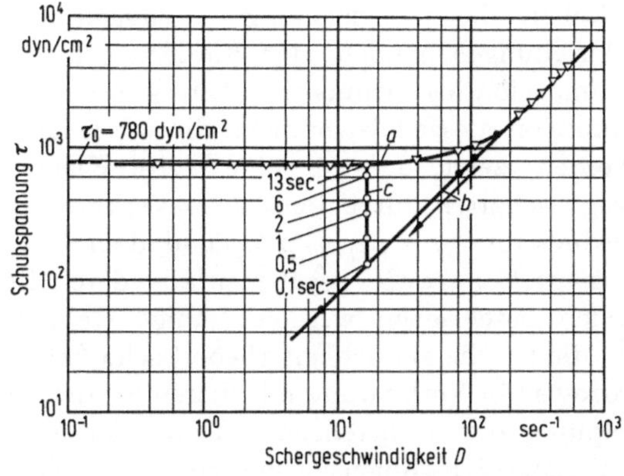

Bild 5.1.3 Fließverhalten der Aerosildispersion in Leinöl [45].
(*a*) Gleichgewichtskurve; (*b*) Newtonsches Verhalten nach vollständiger Zerstörung der Struktur (instabil); (*c*) Regenerationskinetik des Strukturaufbaus; τ_0 Fließgrenze.

thermodynamisch nicht bevorzugte Strukturabbau schreitet mit zunehmender Schergeschwindigkeit fort, bis schließlich die Fließkurve in eine dem Newtonschen Verhalten entsprechende Grenzgerade einmündet. Wird die Schergeschwindigkeit von ihrem höchsten Wert plötzlich verringert, so erhält man Meßpunkte, die auf der Fortsetzung der

Grenzgeraden liegen und dem „strukturfreien" Zustand der Dispersion entsprechen. Im Zuge der einsetzenden Strukturregeneration steigt allerdings die Schubspannung allmählich an und erreicht schließlich die stationären Werte der Fließkurve. Diese Regenerationskinetik ist in Bild 5.1.3 durch die Zeitmarkierung veranschaulicht.

Das erläuterte Beispiel zeigt, daß man es mitunter mit sehr komplexen Verhaltensweisen der rheologischen Stoffe zu tun hat. Die Problematik liegt dabei nicht nur in mathematischen Schwierigkeiten der Formulierung und der Diskussion der betreffenden rheologischen Zustandsgleichungen, sondern auch darin, die rheologischen Eigenschaften der realen Stoffe in ihrer Komplexität experimentell erschöpfend zu erfassen und die problemrelevanten rheologischen Stoffkonstanten mit Sicherheit zu ermitteln.

Eine konsequente dimensionstheoretische Analyse des Gesamtproblems zeigt jedoch [42], daß es für eine sehr umfangreiche Klasse rheologischer Stoffe möglich ist, auch ohne Kenntnis der rheologischen Zustandsgleichung und der problemrelevanten rheologischen Konstanten, einige ähnlichkeitstheoretische Aussagen und Modellübertragungsregeln zu gewinnen.

5.2 Dimensionstheoretische Analyse der rheologischen Zustandsgleichungen

Die rheologischen Zustandsgleichungen genügen, da es sich um physikalische Beziehungen handelt, den Forderungen des pi-Theorems und sind daher dimensionslos formulierbar. Eine konsequente dimensionsanalytische Diskussion dieser Gleichungen, die wir in diesem Abschnitt durchführen werden, zeigt, daß für eine weite Klasse rheologischer Stoffe, deren Eigenschaften durch tensorielle Verknüpfungen zwischen dem Spannungsdeviator $s_{ij} \equiv \sigma_{ij} + p\,\delta_{ij}$ und dem Geschwindigkeitsgradienten $v_{i,j} \equiv \partial v_i/\partial x_j$ sowie gegebenenfalls deren Zeitableitungen und Zeitintegralen beschrieben werden[1], einige Rahmengesetzmäßigkeiten bestehen, die für die ähnlichkeitstheoretische Erfassung von Vorgängen und Prozessen in Verbindung mit diesen Stoffen von Bedeutung sind. Im Mittelpunkt der nachstehenden Dimensionsanalyse steht der Beweis, daß der Rang der Dimensionsmatrix der in rheologischen Zustandsgleichungen vorkommenden Größen immer gleich 2 ist, was zu gewissen ähnlichkeitstheoretischen Folgerungen führt[2]. Die Dimensionsmatrix umfaßt neben den Zustandsvariablen s_{ij}, $v_{i,j}$ sowie deren Zeit-

---

[1] Es sind dabei σ_{ij} Komponenten des Spannungstensors, p der isotrope Druck und δ_{ij} das Kronecker-Symbol [46].

[2] Diese Dimensionsanalyse erstreckt sich auch auf begrenzt deformierbare Stoffe (nicht-Hookesche Stoffe), für deren rheologisches Verhalten der Verschiebungsgradient maßgeblich ist.

ableitungen und Zeitintegralen noch gewisse Stoffkonstanten a_k und hat in Verbindung mit dem konventionellen Dimensionssystem (L, T, M) die nachstehende Form:

$$
\begin{array}{c|cccc ccc}
 & s_{ij} & v_{i,j} & s_{ij}^{(\mu)} & v_{i,j}^{(\nu)} & a_1 & a_2 \ldots a_n \\
\hline
\mathsf{M} & 1 & 0 & 1 & 0 & \alpha_{11} & \alpha_{12}\ldots\alpha_{1n} \\
\mathsf{L} & -1 & 0 & -1 & 0 & \alpha_{21} & \alpha_{22}\ldots\alpha_{2n} \\
\mathsf{T} & -2 & -1 & -(2+\mu) & -(1+\nu) & \alpha_{31} & \alpha_{32}\ldots\alpha_{3n}.
\end{array}
\qquad (5.2.1)
$$

Es sind darin mit den Symbolen $s_{ij}^{(\mu)}$ und $v_{i,j}^{(\nu)}$ sowohl die Zeitableitungen ($\mu, \nu > 0$) als auch Zeitintegrale ($\mu, \nu < 0$) erfaßt, wobei μ und ν die Ordnung der jeweiligen mathematischen Operation angeben. Die Elemente α_{lk} sind durch die physikalische Entität der betreffenden Stoffkonstanten a_k festgelegt. Es ist für das Weitere von Bedeutung, daß die Teilmatrix der Zustandsvariablen zwei einander proportionale Zeilen (eingerahmt) aufweist.

Durch Linearkombinationen der Zeilen kann diese Dimensionsmatrix auf die Form

$$
\begin{array}{c|cccc ccc}
 & s_{ij} & v_{i,j} & s_{ij}^{(\mu)} & v_{i,j}^{(\nu)} & a_1 & a_2 \ldots a_n \\
\hline
\mathsf{M} & 1 & 0 & 1 & 0 & \beta_{11} & \beta_{12}\ldots\beta_{1n} \\
-\mathsf{M}+\mathsf{L}-\mathsf{T} & 0 & 1 & \mu & 1+\nu & \beta_{21} & \beta_{22}\ldots\beta_{2n} \\
\mathsf{M}+\mathsf{L} & 0 & 0 & 0 & 0 & \beta_{31} & \beta_{32}\ldots\beta_{3n}
\end{array}
\qquad (5.2.2)
$$

mit

$$
\left.
\begin{aligned}
\beta_{1k} &= \alpha_{1k}, \\
\beta_{2k} &= -\alpha_{1k} + \alpha_{2k} - \alpha_{3k}, \\
\beta_{3k} &= \alpha_{1k} + \alpha_{2k}
\end{aligned}
\right\}
\quad (k = 1, 2, \ldots, n)
\qquad (5.2.3)
$$

gebracht werden. Sofern die β-Elemente der dritten Zeile nicht ohnehin alle Null sind, kann man durch geeignete Linearkombinationen der a_k-Spalten erreichen, daß alle Elemente der dritten Zeile bis auf eines verschwinden, wobei anstelle der ursprünglichen Stoffkonstanten a_k entsprechende Potenzprodukte dieser Größen in Erscheinung treten. Nach dieser Transformation kann die übriggebliebene Spalte mit einem nichtverschwindenden Element in der dritten Zeile als einzige rangbestimmende Spalte der Matrix gestrichen werden (s. Abschn. 2.3). Man kann somit ohne Einschränkung der Allgemeinheit voraussetzen, daß die dritte Zeile in (5.2.2) leer ist, und der weiteren Diskussion die Matrix

$$
\begin{array}{cccc ccc}
s_{ij} & v_{i,j} & s_{ij}^{(\mu)} & v_{i,j}^{(\nu)} & a_1 & a_2 \ldots a_n \\
\hline
1 & 0 & 1 & 0 & \beta_{11} & \beta_{12}\ldots\beta_{1n} \\
0 & 1 & \mu & 1+\nu & \beta_{21} & \beta_{22}\ldots\beta_{2n}
\end{array}
\qquad (5.2.4)
$$

zugrunde legen, die, wie es die beiden ersten Spalten erkennen lassen, tatsächlich den Rang $r = 2$ hat.

Zur Bestimmung eines vollständigen pi-Satzes könnte man zwar von den beiden ersten Spalten in (5.2.4) als Kernmatrix ausgehen (s. Abschnitt 2.3), doch würden dann alle pi-Größen mindestens eine der Zustandsvariablen s_{ij} und $v_{i,j}$ enthalten; es ist daher zweckmäßiger, die Kernmatrix, soweit dies möglich ist, nur aus den Stoffkonstanten zu bilden. Man hat in diesem Zusammenhang zwei Fälle zu unterscheiden, die zu zwei dimensionsanalytisch verschiedenen Typen (I bzw. II) der rheologischen Zustandsgleichungen führen.

Der allgemeinere Fall (Typ I) liegt vor, wenn die Konstantenmatrix in (5.2.4) mindestens zwei Spalten besitzt, deren Elemente eine von Null verschiedene Determinante ergeben. Trifft dies zu, so kann die Bedingung

$$\varkappa \equiv \begin{vmatrix} \beta_{11} & \beta_{12} \\ \beta_{21} & \beta_{22} \end{vmatrix} \neq 0 \tag{5.2.5}$$

als erfüllt vorausgesetzt werden, was erforderlichenfalls durch eine Umstellung der Spalten der Konstantenmatrix erzielt wird, und die beiden ersten Spalten der Konstantenmatrix können als Kernmatrix verwendet werden. Aus diesen beiden Spalten lassen sich zwei dimensionsbehaftete Stoffparameter, eine charakteristische *Komplianzkonstante*

$$\boxed{\Psi \equiv a_1^{\frac{-\beta_{22}}{\varkappa}} a_2^{\frac{\beta_{21}}{\varkappa}}} \tag{5.2.6}$$

und eine charakteristische *Zeitkonstante*

$$\boxed{\Theta \equiv a_1^{\frac{\beta_{12}}{\varkappa}} a_2^{-\frac{\beta_{11}}{\varkappa}}}, \tag{5.2.7}$$

bilden.

Nun kann die Matrix (5.2.4) auf die Form

Ψ	Θ	s_{ij}	$v_{i,j}$	$s_{ij}^{(\mu)}$	$v_{i,j}^{(\nu)}$	$a_3 \ldots a_n$	
-1	0	1	0	1	0	$\beta_{13} \ldots \beta_{1n}$	(5.2.8)
0	-1	0	1	μ	$1+\nu$	$\beta_{23} \ldots \beta_{2n}$	

gebracht werden, der folgender vollständiger pi-Satz entspricht (s. Abschnitte 1.7 und 2.3):

$$(\text{Typ I}): \quad \boxed{\{\Psi s_{ij},\, \Theta v_{i,j},\, \Psi \Theta^\mu s_{ij}^{(\mu)},\, \Theta^{\nu+1} v_{i,j}^{(\nu)},\, \pi_{\text{rheol}}\}} . \tag{5.2.9}$$

Mit π_{rheol} ist dabei der Komplex der reinen Stoffparameter

$$\boxed{\pi_{\mathrm{rheol}} \equiv \{a_k\, \Psi^{\beta_{1k}}\, \Theta^{\beta_{2k}}\}} \qquad (k = 3, 4, \ldots, n) \qquad (5.2.10)$$

bezeichnet.

Der zweite, entartete Fall (Typ II) liegt vor, wenn die Konstantenmatrix in (5.2.4) entweder nur aus einer einzigen Spalte besteht (z. B.
bei den Newtonschen Flüssigkeiten) oder eine der β-Zeilen nur Nullen
hat oder beide β-Zeilen einander proportional sind. In all diesen Fällen
gibt es keine β-Determinante, die der Bedingung (5.2.5) genügen würde.
Setzt man ohne Einschränkung der Allgemeinheit voraus, daß die a_1-
Spalte in (5.2.4) nicht aus zwei Nullen besteht, so sind alle übrigen
nichtleeren a_k-Spalten ihr proportional, und man erhält sofort die entsprechenden dimensionslosen Stoffparameter

$$\boxed{\pi^*_{\mathrm{rheol}} \equiv \left\{ \frac{a_k}{a_1^{\varepsilon_k}} \right\}} \qquad (k = 2, 3, \ldots, n), \qquad (5.2.11)$$

wobei die ε_k Proportionalitätsfaktoren zwischen den a_k-Spalten und der
a_1-Spalte sind.

Zur weiteren Diskussion verbleibt nach der Streichung der Spalten
$(a_2, a_3, \ldots, a_n)$ in (5.2.4) nunmehr die Matrix

$$
\begin{array}{ccccc}
s_{ij} & v_{i,j} & s_{ij}^{(\mu)} & v_{i,j}^{(\nu)} & G \\
\hline
1 & 0 & 1 & 0 & \beta_{11} \\
0 & 1 & \mu & 1+\nu & \beta_{21},
\end{array}
\qquad (5.2.12)
$$

worin wir die einzige dimensionsbehaftete rheologische Konstante a_1
durch das Symbol G hervorheben wollen. Werden in (5.2.12) die beiden
ersten Spalten als Kernmatrix aufgefaßt, so folgt daraus der nachstehende vollständige pi-Satz,

$$\text{(Typ II)} \qquad \boxed{\left\{ \frac{s_{ij}^{(\mu)}}{s_{lm}(v_{p,q})^{\mu}}, \; \frac{v_{i,j}^{(\nu)}}{(v_{l,m})^{1+\nu}}, \; \frac{s_{ij}^{\beta_{11}}(v_{l,m})^{\beta_{21}}}{G}, \; \pi^*_{\mathrm{rheol}} \right\}} ; \qquad (5.2.13)$$

hierbei können die Indizes Werte von 1 bis 3 annehmen.

Die beiden pi-Sätze (5.2.9) und (5.2.13) geben die Bauelemente an,
mit denen die tensoriellen rheologischen Zustandsgleichungen der betrachteten Klasse gebildet werden, wobei die physikalischen Realisierungsmöglichkeiten für den entarteten Fall des Stofftyps II im Vergleich zu Typ I stark eingeengt sind.

Als ein Beispiel für die pi-Darstellung einer rheologischen Zustandsgleichung des Stofftyps I sei die Reiner-Rivlinsche Gleichung [46]

$$\Psi(\sigma + p\,\mathfrak{E}) = \sum_{n=1,2} f_n(\Theta^2 I_2,\, \Theta^3 I_3,\, \pi_{\mathrm{rheol}})\, (\Theta\,\mathrm{def}\mathfrak{v})^n \qquad (5.2.14)$$

gebracht.

Es sind dabei: σ und $\mathrm{def}\mathfrak{v}$ Spannungstensor und Tensor der Deformationsgeschwindigkeit, p isotroper Druck, $\mathfrak{E}$ Einheitstensor, I_2 und I_3 die zweite und dritte Invariante von $\mathrm{def}\mathfrak{v}$, f_n zwei dimensionslose Stoffunktionen dimensionsloser Argumente; diese Funktionen genügen gewissen einschränkenden Bedingungen, die den positiv definiten Charakter der Dissipationsfunktion gewährleisten [46].

Die eigentliche Bedeutung der durchgeführten Betrachtungen liegt nicht bei der dimensionsanalytischen Diskussion der rheologischen Zustandsgleichungen, sondern bei der ähnlichkeitstheoretischen Diskussion von Vorgängen und Prozessen in Verbindung mit nicht-Newtonschen Stoffen. Einer derartigen Diskussion der Prozeßgleichungen ist der nächste Abschnitt gewidmet. Hier sei nur der grundsätzliche Befund hervorgehoben, daß *die ähnlichkeitstheoretische Relevanz der zur Diskussion stehenden Stoffklasse durch höchstens zwei dimensionsbehaftete Stoffkonstanten und gegebenenfalls einen Satz dimensionsloser Stoffparameter gewährleistet ist.*

Da wir uns im folgenden mit der Frage befassen werden, wie der pi-Raum, in dem ein Prozeß dargestellt wird, durch den Übergang von einer Newtonschen Flüssigkeit zu einem nicht-Newtonschen Stoff verändert wird, ist es zweckmäßig, anstelle von Ψ eine charakteristische *Viskositätskonstante*

$$H \equiv \frac{\Theta}{\Psi} = a_1^{\frac{\beta_{12}+\beta_{22}}{\varkappa}}\, a_2^{-\frac{\beta_{11}+\beta_{21}}{\varkappa}} \qquad (5.2.15)$$

zu definieren und die rheologischen Stoffe des Types I durch die Größen H, Θ und π_{rheol} zu kennzeichnen.

Im Gegensatz zu den Stoffkonstanten H und Θ hängt die Größenart der einzigen dimensionsbehafteten Stoffkonstanten G des Entartungsfalles (Typ II), von den Matrixelementen β_{11} und β_{21} ab in (5.2.12) und kann daher von Substanz zu Substanz wechseln.

Berücksichtigt man, daß $\beta_{31} = 0$ ist, so gelten nach (5.2.3) die Gleichungen

$$\left.\begin{aligned}\alpha_{11} &= \beta_{11}\\ \alpha_{21} &= -\beta_{11}\\ \alpha_{31} &= -(2\beta_{11} + \beta_{21})\end{aligned}\right\}, \qquad (5.2.16)$$

so daß für G die Dimensionsgleichung

$$[G] = (M/LT^2)^{\beta_{11}}\, T^{-\beta_{21}} \qquad (5.2.17)$$

besteht. Die beiden β-Exponenten dürfen nicht gleichzeitig Null sein, können aber im übrigen beliebige Werte annehmen. Bei $\beta_{11} = -\beta_{21} = 1$ stimmt die Dimension von G mit der der Viskosität überein. Für unsere weiteren Ausführungen sei noch vermerkt, daß $[G]$ durch die Dimensionen von H und Θ dargestellt werden kann:

$$[G] = [H]^{\beta_{11}}\, [\Theta]^{-(\beta_{11}+\beta_{21})}. \qquad (5.2.18)$$

Die ähnlichkeitstheoretisch wirksame rheologische Relevanz der nicht-Newtonschen Stoffe ist somit durch die nachstehenden Stoffkonstanten und dimensionslosen Stoffparameter gegeben:

bzw.

$$\text{Typ I:} \quad \boxed{\{H\,,\,\Theta\,,\,\pi_{\mathrm{rheol}}\}} \qquad (5.2.19)$$

$$\text{Typ II:} \quad \boxed{\{G\,,\,\pi^*_{\mathrm{rheol}}\}} \;. \qquad (5.2.20)$$

5.3 Zusammenhang zwischen den pi-Sätzen des Newtonschen und des nicht-Newtonschen Falles

Wir wenden uns der in Abschn. 5.1 formulierten Frage zu: Welche Änderungen erfährt der pi-Raum, wenn der betreffende Vorgang nicht mit einer Newtonschen Flüssigkeit, sondern mit einem nicht-Newtonschen Stoff abläuft? Diese ähnlichkeitstheoretisch wichtige Frage kann anhand der Diskussionsergebnisse des Abschn. 5.2 beantwortet werden:

Die problemrelevanten pi-Größen des Newtonschen Falles lassen sich in zwei Gruppen einteilen: In *Prozeßvariablen*, die mindestens eine der den eigentlichen Prozeß kennzeichnenden Größen (Apparateabmessungen, charakteristische Geschwindigkeiten, charakteristische Temperaturen usw.) oder Prozeßzielgrößen (z. B. effektive Wärmeübergangszahl, erforderliche Homogenisierdauer usw.) enthalten, und in *Stoffparameter*, die sich ausschließlich aus den Stoffkonstanten jedweder Art zusammensetzen. Wir setzen zunächst voraus, daß alle Stoffwerte konstant (temperaturunabhängig) sind. Die Erfassung der Temperaturabhängigkeit der rheologischen Stoffgrößen wird später diskutiert.

Der vollständige pi-Satz (Abschn. 2.3), der einem gegebenen physikalisch-technischen Sachverhalt in Verbindung mit einer Newtonschen Flüssigkeit zugeordnet wird, kann daher auf die Form

$$S_{\mathrm{Newt}}\underbrace{\{\pi_i\,,\,A_m(\eta)}_{\text{Prozeßvar.}}\,;\,\underbrace{\pi_j\,,\,B_n(\eta)}_{\text{Stoffpar.}}\} \qquad (5.3.1)$$

gebracht werden, wobei A_m und B_n die die Viskosität enthaltenden pi-Größen sind. Der Index (Newt) soll darauf hinweisen, daß es sich um einen Prozeß in Verbindung mit einer Newtonschen Flüssigkeit handelt, wogegen das nicht-Newtonsche Verhalten durch den Index (n-Newt) gekennzeichnet wird.

Bei einem korrespondierenden Prozeß in Verbindung mit einem nicht-Newtonschen Stoff treten in der Relevanzliste anstelle von η, je nachdem, ob es sich um den Stofftyp I oder II handelt, die in (5.2.19) bzw. (5.2.20) angegebenen rheologischen Stoffkonstanten und dimensionslosen Stoffparameter auf[1].

Bei dem Stofftyp I wird in der Dimensionsmatrix des Newtonschen Falles die η-Spalte durch die äquivalente H-Spalte ersetzt, und es treten ferner die Θ-Spalte sowie gegebenenfalls die leeren Spalten der Stoffparameter π_{rheol} hinzu. Da dabei der Rang der Dimensionsmatrix unverändert bleibt, ergeben sich für den korrespondierenden pi-Satz $S_{\mathrm{n\text{-}Newt}}$ unabhängig von den konkreten rheologischen Eigenschaften der nicht-Newtonschen Stoffe nachstehende Konsequenzen:

a) *Sämtliche in S_{Newt} vorkommenden pi-Größen treten auch in $S_{\mathrm{n\text{-}Newt}}$ auf, wobei in A_m und B_n anstelle von η die dimensionsgleiche Stoffkonstante H steht;*

b) *in der Gruppe der Prozeßvariablen von $S_{\mathrm{n\text{-}Newt}}$ tritt eine zusätzliche pi-Variable $\pi(\Theta)$ auf, die die zweite Stoffkonstante Θ enthält (z. B. die Deborah-Zahl De für elastoviskose Stoffe [47]);*

c) *die Gesamtheit der rheologischen dimensionslosen Stoffparameter π_{rheol} erscheint in der Stoffparametergruppe des pi-Satzes $S_{\mathrm{n\text{-}Newt}}$.*

Zwischen dem vollständigen pi-Satz eines Newtonschen Falles und dem vollständigen pi-Satz des entsprechenden nicht-Newtonschen Falles (Typ I) besteht daher die Korrespondenzrelation (vgl. Abschn. 3.1):

$$\boxed{\begin{aligned}
&S_{\mathrm{Newt}}\{\pi_i,\, A_m(\eta);\, \pi_j,\, B_n(\eta)\} \to \\
&\quad\to S_{\mathrm{n\,-\,Newt}}\{\pi_i,\, A_m(H),\, \pi(\Theta);\, \pi_j,\, B_n(H),\, \pi_{\mathrm{rheol}}\}
\end{aligned}} \qquad (5.3.2)$$

In diesem Zusammenhang sei noch darauf hingewiesen, daß bei der ähnlichkeitstheoretischen Diskussion von Prozessen in Verbindung mit elastoviskosen Stoffen eine Folge von Kennzahlen

$$K_n \equiv \frac{\displaystyle\int_0^\infty t^{n+1}\, M(t)\, dt}{\displaystyle\int_0^\infty t^n\, M(t)\, dt}\, \frac{v}{L} \qquad (5.3.3)$$

---

[1] Es können dabei unter Umständen einige zusätzliche nichtrheologische Größen problemrelevant werden: So wird beispielsweise das Homogenisieren eines elastoviskosen Fluids von der Erdbeschleunigung beeinflußt, wenn die Substanz infolge des Weissenberg-Effektes an der Rührerwelle hochgetrieben wird und von dort unter der Einwirkung der Schwere zurückfließt. Derartige Ausnahmefälle werden im weiteren nicht berücksichtigt.

mit $n = 0, 1, 2, \ldots$ eingeführt wird [47], worin $M(t)$ die stoffspezifische Zeitabhängigkeit des Moduls M bei einem Relaxationsversuch ist, während v und L charakteristische Geschwindigkeit und Länge sind. Die Größe K_0 wird als *Weissenberg-Zahl* bezeichnet. Diese Kennzahlen, die gemäß ihrer Definition der Gruppe der Prozeßvariablen zuzurechnen wären, lassen sich mit Hilfe der pi-Variablen $\pi(\Theta)$ in reine Stoffparameter umwandeln und in der Gruppe π_{rheol} unterbringen, wobei als $\pi(\Theta)$ z. B. K_0 dienen kann.

Entsprechende Überlegungen zeigen, daß für die nicht-Newtonschen Stoffe vom Typ II die Korrespondenzrelation

$$\boxed{S_{\text{Newt}}\{\pi_i, A_m(\eta); \pi_j, B_n(\eta)\} \rightarrow S_{n-\text{Newt}}\{\pi_i, A_m^*(G); \pi_j, B_n^*(G), \pi_{\text{rheol}}^*\}}$$

$$(5.3.4)$$

besteht, wobei A_m^* und B_n^* eine von den pi-Variablen A_m und B_n des Newtonschen Falles abweichende Struktur besitzen, die von der Dimension der Konstanten G, s. Beziehung (5.2.17), abhängt. Die pi-Variablen A_m^* und B_n^* können als Potenzprodukte von $A_m(H)$ bzw. $B_n(H)$ mit $\pi(\Theta)$ aufgefaßt werden, in denen H und Θ gemäß (5.2.18) durch G ersetzt sind.

Der erläuterte Korrespondenzzusammenhang zwischen S_{Newt} und $S_{\text{n-Newt}}$ bleibt auch bei *temperaturabhängigen* rheologischen Stoffkonstanten erhalten: Es ist stets möglich, die dabei hinzukommenden pi-Größen so zu formulieren, daß zu der Gruppe der Prozeßvariablen in S_{Newt} bzw. $S_{\text{n-Newt}}$ nur je eine zusätzliche pi-Größe, z. B. $\dfrac{1}{\eta_0}\left(\dfrac{\partial\eta}{\partial T}\right)_0 \Delta T$ bzw. $\dfrac{1}{H_0}\left(\dfrac{\partial H}{\partial T}\right)_0 \Delta T$ mit einer charakteristischen Temperaturdifferenz ΔT hinzutritt, während alle übrigen Temperaturkoeffizienten in Form von Verhältnissen der Gruppe der Stoffparameter zugeordnet werden. Im übrigen gelten auch hier die Ausführungen des 3. Kapitels über die ähnlichkeitstheoretische Erfassung veränderlicher (temperaturabhängiger) Stoffparameter.

Das Wesentliche an den Korrespondenzzusammenhängen (5.3.2) und (5.3.4) ist der Umstand, daß sich die Vielfalt der problemrelevanten charakteristischen rheologischen Stoffkonstanten fast ausschließlich in der Gruppe der Stoffparameter niederschlägt, was für die experimentelle Erforschung von entscheidender Bedeutung ist: *Beschränkt man die experimentellen Untersuchungen auf irgendeine bestimmte, im übrigen aber beliebige Substanz, deren rheologische Zustandsgleichung nicht einmal bekannt zu sein braucht, so reduziert sich das Problem dank der Fixierung der Stoffparameter auf einen Zusammenhang zwischen dimensionslosen*

Prozeßvariablen, deren Zahl, abgesehen von Ausnahmefällen[1], höchstens um Eins größer ist als die des Newtonschen Falles.

Da man gewöhnlich von den rheologischen Eigenschaften realer nicht-Newtonscher Stoffe und den problemrelevanten Stoffkonstanten eine recht unvollständige Kenntnis hat, wird bei der Durchführung von Modellversuchen häufig dieselbe rheologische Substanz verwendet, die auch am eigentlichen Vorgang beteiligt ist. Daraus ergeben sich einige Folgerungen für die ähnlichkeitstheoretische *Übertragbarkeit der Modellversuche*, die nachstehend diskutiert werden:

Gegeben sei ein beliebiger stationärer Strömungsvorgang in einem nicht-Newtonschen Fluid des Typs I mit temperaturunabhängigen Stoffkonstanten. Es soll untersucht werden, ob eine vollständige Ähnlichkeitsübertragung des Geschwindigkeitsfeldes $\mathfrak{v}(\mathfrak{r})$ und der übrigen mechanischen Größen für dasselbe Fluid durchführbar ist. Bei der Diskussion dieser Frage können wir uns auf die Analyse einer verkürzten Relevanzliste beschränken, die neben dem Ortsvektor $\mathfrak{r}$ und dem Geschwindigkeitsvektor $\mathfrak{v}$ nur eine charakteristische Länge L, eine charakteristische Geschwindigkeit v und eine charakteristische Druckdifferenz Δp sowie die Stoffkonstanten ϱ, H und Θ enthält. Die Dimensionsmatrix dieser Relevanzliste

$$
\begin{array}{c|cccccccc}
 & L & v & \varrho & \mathfrak{r} & \mathfrak{v} & \Delta p & H & \Theta \\
\hline
\mathsf{L} & 1 & 1 & -3 & 1 & 1 & -1 & -1 & 0 \\
\mathsf{T} & 0 & -1 & 0 & 0 & -1 & -2 & -1 & 1 \\
\mathsf{M} & 0 & 0 & 1 & 0 & 0 & 1 & 1 & 0
\end{array}
\tag{5.3.5}
$$

hat den Rang $r = 3$ und geht nach einer Lineartransformation in die Matrix

$$
\begin{array}{c|ccc|ccccc}
 & L & v & \varrho & \mathfrak{r} & \mathfrak{v} & \Delta p & H & \Theta \\
\hline
\mathsf{L + T + 3M} & 1 & 0 & 0 & 1 & 0 & 0 & 1 & 1 \\
\mathsf{-T} & 0 & 1 & 0 & 0 & 1 & 2 & 1 & -1 \\
\mathsf{M} & 0 & 0 & 1 & 0 & 0 & 1 & 1 & 0
\end{array}
\tag{5.3.6}
$$

über, der nach (1.7.8) der pi-Satz

$$
\text{(Typ I)} \quad S\left\{\frac{\mathfrak{v}}{v}, \frac{\mathfrak{r}}{L}, \frac{\Delta p}{\varrho\, v^2}, \frac{\varrho\, v\, L}{H}, \frac{v\, \Theta}{L}\right\}
\tag{5.3.7}
$$

entspricht. Aus diesem pi-Satz geht hervor, daß eine vollständige Ähnlichkeit eines Modellvorganges bei *fixierten Stoffgrößen* nicht erzielt

---

[1] Siehe hierzu Fußnote auf Seite 118.

werden kann; denn aus $\varrho\, v\, L/H =$ idem und $v\, \Theta/L =$ idem (vgl. Abschn. 4.1) folgt bei $\varrho, H, \Theta =$ idem unmittelbar die Bedingung $L =$ idem. Zwei Vorgänge sind somit nur dann einander ähnlich, wenn ihre charakteristischen Längen L gleich sind.

Anders ist es jedoch im Falle der *schleichenden Strömung*, bei der die Massendichte problemirrelevant ist und sich der obige pi-Satz auf

$$\text{(Typ I)} \quad S' \left\{ \frac{\mathfrak{v}}{v}, \frac{\mathfrak{r}}{L}, \frac{\Delta p\, L}{H\, v}, \frac{v\, \Theta}{L} \right\} \tag{5.3.8}$$

reduziert (vgl. Tab. 2.4.1). Daraus geht hervor, daß die Forderung $\mathfrak{v}/v =$ idem für geometrisch-homologe Raumpunkte $\mathfrak{r}/L =$ idem gewährleistet ist, wenn die Bedingungen $v/L =$ idem und $\Delta p =$ idem erfüllt sind:

$$\boxed{\text{(Typ I, schleichende Bewegung):} \quad \left.\begin{array}{l} v/L = \text{idem} \\ \Delta p = \text{idem} \end{array}\right\} \to \begin{array}{c} \mathfrak{v}/v = \text{idem} \\ (\text{für } \mathfrak{r}/L = \text{idem}) \end{array}}.$$

$$\tag{5.3.9}$$

Ist ein Vorgang nicht durch Δp, sondern durch eine charakteristische Kraft K festgelegt, so tritt anstelle von $\Delta p =$ idem die Bedingung $K/L^2 =$ idem.

Da dieser Sachverhalt für beliebige geometrisch-kinematische Gegebenheiten gilt, folgt daraus, daß die *mechanische Ähnlichkeit* (Geschwindigkeits-, Spannungs-, Dissipationsfelder usw.) *bei beliebigen schleichenden, stationären und isothermen Strömungsvorgängen in nicht-Newtonschen Medien des Typs I trotz fixierter Stoffwerte herbeigeführt werden kann.* Wir werden diesen Sachverhalt in Abschn. 6.3 bei der Diskussion der Druckcharakteristik einer Schnecke in Verbindung mit einer komplizierteren rheologischen Substanz experimentell belegen.

Als zweites Problem sei der stationäre konvektive Wärmetransport mit Energiedissipation diskutiert, wobei die Stoffwerte weiterhin als temperaturunabhängig vorausgesetzt werden. Das Temperaturfeld $T(\mathfrak{r})$ hängt sowohl von den bereits besprochenen Größen L, v, Δp, ϱ, H und Θ als auch von der spezifischen Wärme c und der Wärmeleitzahl λ sowie gegebenenfalls von einer charakteristischen Temperaturdifferenz ΔT ab. Um den etwaigen Einfluß der Energiedissipation auf die Modellübertragbarkeit deutlicher zu machen, gehen wir von dem Dimensionssystem (L, T, M, Θ, W) aus; in diesem System tritt das mechanische Wärmeäquivalent J als Dimensionskonstante auf und macht die mit der Dissipation zusammenhängenden pi-Größen kenntlich (vgl. die Ausführungen des Abschn. 2.5). Die Dimensionsmatrix des anstehenden Problems lautet:

	L	v	ϱ	ΔT	λ	$\mathfrak{r}$	T	Δp	H	Θ	c	J
L	1	1	-3	0	-1	1	0	-1	-1	0	0	2
T	0	-1	0	0	-1	0	0	-2	-1	1	0	-2
M	0	0	1	0	0	0	0	1	1	0	-1	1
Θ	0	0	0	1	-1	0	1	0	0	0	-1	0
W	0	0	0	0	1	0	0	0	0	0	1	-1

$$(5.3.10)$$

und hat den Rang $r = 5$. Nach einigen Lineartransformationen geht sie in die nachstehende Matrix

	L	v	ϱ	ΔT	λ	$\mathfrak{r}$	T	Δp	H	Θ	c	J
L + T + 3M + 2W	1	0	0	0	0	1	0	0	1	1	-1	1
− T − W	0	1	0	0	0	0	0	2	1	-1	-1	3
M	0	0	1	0	0	0	0	1	1	0	-1	1
Θ + W	0	0	0	1	0	0	1	0	0	0	0	-1
W	0	0	0	0	1	0	0	0	0	0	1	-1

$$(5.3.11)$$

über, aus der sich der pi-Satz

$$\text{(Typ I)} \quad S\left\{ \frac{T}{\Delta T}, \frac{\mathfrak{r}}{L}, \frac{\Delta p}{\varrho v^2}, \frac{\varrho v L}{H}, \frac{v \Theta}{L}, \frac{c \varrho v L}{\lambda}, \frac{\varrho v^3 L}{J \lambda \Delta T} \right\} \quad (5.3.12)$$

ergibt. Dieser pi-Satz läßt eine vollständige Ähnlichkeitsübertragung bei fixierten Stoffwerten aus den gleichen Gründen nicht zu wie bei dem pi-Satz (5.3.7).

Im Gegensatz zum reinen Strömungsproblem ist hier die Modellübertragbarkeit auch bei schleichender Bewegung nicht möglich: Aus dem für die schleichende Bewegung gültigen pi-Satz

$$\text{(Typ I)} \quad S'\left\{ \frac{T}{\Delta T}, \frac{\mathfrak{r}}{L}, \frac{\Delta p L}{H v}, \frac{v \Theta}{L}, \frac{c \varrho v L}{\lambda}, \frac{\Delta p v L}{J \lambda \Delta T} \right\}, \quad (5.3.13)$$

den man aus (5.3.12) durch Eliminieren von ϱ erhält[1], folgt mit $v \Theta/L = $ idem und $c \varrho v L/\lambda = $ idem bei fixierten Stoffwerten die Bedingung $L = $ idem, die eine Modellübertragbarkeit ausschließt. Daran ändert sich nichts, wenn man die Energiedissipation vernachlässigt und die letzte pi-Größe mit dem problemirrelevant gewordenen J streicht. Die vollständige Modellübertragbarkeit ist beim Wärmetransportproblem erst dann gegeben, wenn die spezifische Wärme c problemirrelevant ist

---

[1] Die Größe $c\varrho$ ist bereits eine volumenbezogene Größe (vgl. hierzu Diskussion der Tab. 2.4.1).

und die Péclet-Zahl $c \varrho v L/\lambda$ entfällt. Der entsprechende pi-Satz lautet in diesem Falle

$$\text{(Typ I)} \quad S'' \left\{ \frac{T}{\Delta T}, \frac{\mathfrak{r}}{L}, \frac{\Delta p \, L}{H \, v}, \frac{v \, \Theta}{L}, \frac{\Delta p \, v \, L}{J \, \lambda \, \Delta T} \right\}. \qquad (5.3.14)$$

Die Péclet-Zahl ist allerdings nur dann problem-irrelevant, wenn die Strömungslinien auf Flächen konstanter Temperatur liegen. In diesem Zusammenhang sei auf die Diskussion des Strömungsvorganges in Abschn. 2.4 (Tab. 2.4.1, Spalte 8) und die Ausführungen in Abschn. 3.5 verwiesen.

Die durchgeführte Diskussion gilt auch für Stoffe, deren rheologischer Zustand durch vorangegangene Beanspruchung mitbestimmt wird, sofern auch die Gegebenheiten, die für die „Vorgeschichte" der Substanz maßgebend sind, in die Ähnlichkeitsbedingungen einbezogen werden.

Für rheologische Stoffe des *Typs II* tritt anstelle von (5.3.7) mit Rücksicht auf (5.2.18) der pi-Satz

$$\text{(Typ II)} \quad S \left\{ \frac{\mathfrak{v}}{v}, \frac{\mathfrak{r}}{L}, \frac{\varrho^{\beta_{11}} \, v^{2\beta_{11}+\beta_{21}}}{G \, L^{\beta_{21}}}, \frac{\Delta p}{\varrho \, v^2} \right\}. \qquad (5.3.15)$$

Daraus folgt, daß die Ähnlichkeit des Geschwindigkeitsfeldes $\mathfrak{v}/v$ und mithin die Modellübertragbarkeit bei fixierten Stoffwerten gewährleistet ist, wenn die Bedingungen

$$\boxed{\text{(Typ II)}: \quad v^2 : \Delta p : L^{\frac{2\beta_{21}}{2\beta_{11}+\beta_{21}}} = \text{idem}} \qquad (5.3.16)$$

erfüllt sind. Die mechanische Ähnlichkeit besteht unabhängig davon, ob es sich um eine schleichende Bewegung der Substanz handelt oder nicht. Wir möchten allerdings in diesem Zusammenhang daran erinnern, daß dem rheologischen Stofftyp II eine geringere reelle Bedeutung zukommt.

Der entsprechende pi-Satz des Wärmetransportvorganges lautet

$$\text{(Typ II)} \quad S \left\{ \frac{T}{\Delta T}, \frac{\mathfrak{r}}{L}, \frac{\varrho^{\beta_{11}} \, v^{2\beta_{11}+\beta_{21}}}{G \, L^{\beta_{21}}}, \frac{\Delta p}{\varrho \, v^2}, \frac{c \, \varrho \, v \, L}{\lambda}, \frac{\varrho \, v^3 \, L}{J \, \lambda \, \Delta T} \right\} \qquad (5.3.17)$$

und läßt eine Modellübertragung bei nicht schleichender Bewegung des Mediums und fixierten Stoffwerten nur dann zu, wenn die Bedingung

$$\beta_{11} + \beta_{21} = 0 \qquad (5.3.18)$$

erfüllt ist (sie ist u. a. für Newtonsche Flüssigkeiten mit $\beta_{11} = -\beta_{21} = 1$ erfüllt). Die Übertragungsbedingungen lauten in diesem Falle

$$\boxed{\text{(Typ II, } \beta_{11} + \beta_{21} = 0): \begin{array}{l} v \, L = \text{idem} \\ \Delta p \, L^2 = \text{idem} \\ \Delta T \, L^2 = \text{idem} \end{array} \left. \right\} \rightarrow \begin{array}{l} T/\Delta T = \text{idem} \\ (\text{für } \mathfrak{r}/L = \text{idem}) \end{array}} .$$

$$(5.3.19)$$

Ist die Bedingung (5.3.18) nicht erfüllt, so besteht bei den rheologischen Stoffen des Typs II die thermische Übertragbarkeit nur, wenn die Strömung schleichend ist: In diesem Falle lautet der pi-Satz nach dem Eliminieren von ϱ:

$$\text{(Typ II)}\quad S'\left\{\frac{T}{\varDelta T},\ \frac{\mathfrak{r}}{L},\ \frac{v^{\beta_{21}}\varDelta p^{\beta_{11}}}{G\,L^{\beta_{21}}},\ \frac{c\,\varrho\,v\,L}{\lambda},\ \frac{\varDelta p\,v\,L}{J\,\lambda\,\varDelta T}\right\},\qquad (5.3.20)$$

aus dem die nachstehenden Bedingungen der Modellübertragbarkeit folgen:

$$\boxed{\begin{array}{l}\text{(Typ II, schleichende Bewegung)}:\\[4pt] \left.\begin{array}{r}v\,L = \text{idem}\\ \varDelta p:\varDelta T:L^{2\beta_{21}/\beta_{11}} = \text{idem}\end{array}\right\}\ \rightarrow\ \begin{array}{l}T/\varDelta T = \text{idem}\\ (\text{für } \mathfrak{r}/L = \text{idem})\end{array}\end{array}}\qquad (5.3.21)$$

5.4 Bemerkungen zum Potenzgesetz

Die meisten theoretisch und experimentell durchgeführten Untersuchungen über Transportvorgänge in nicht-Newtonschen Flüssigkeiten gehen von der Ostwald-de Waeleschen Gleichung

$$\tau = K\,D^m \qquad (5.4.1)$$

aus. Diese übliche Darstellungsform des Potenzgesetzes mit zwei Stoffparametern K und m zeichnet sich bekanntlich dadurch aus, daß die Dimension von K vom Wert des Exponenten m abhängt. Die Beziehung (5.4.1) verletzt damit das *Prinzip der Konsistenz der physikalischen Größen*, was gewisse dimensionstheoretische Folgen nach sich zieht, die gewöhnlich unbeachtet bleiben[1].

Bei dem Versuch, die Potenzgleichung (5.4.1) dimensionstheoretisch in den allgemeinen Rahmen einzuordnen, scheint zunächst, daß sie dem Typ II, also der allgemeinen Form (5.2.13) mit $G = K$ und $\beta_{11} = 1$, $\beta_{21} = -m$ angehört. Das wäre jedoch nur dann der Fall, wenn m eine invariante Zahl wäre, die die Entität der Konstanten K festlegt. Da dies nicht zutrifft, handelt es sich bei m nicht um einen Dimensionskoeffizienten β, sondern um einen dimensionslosen Stoffparameter π_{rheol}, der als solcher durchaus eine durch Temperatur, Konzentration usw. beeinflußbare Stoffgröße sein darf. Um der Variabilität von m Rechnung zu tragen, ist das Potenzgesetz physikalisch konsistent zu formulieren. Dazu sind zwei Stoffkonstanten erforderlich, z. B. das Kon-

---

[1] Um sich die erkenntnistheoretische Unhaltbarkeit der damit gegebenen Situation vor Augen zu führen, möge man bedenken, daß z. B. die Frage, ob K mit steigender Temperatur etwa abnehme, infolge der sich dabei stetig verändernden Pseudoentität dieser Größe, keinen tieferen physikalischen Sinn hätte als z. B. die Überlegung, ob 3 dyn größer sei als 2 Poise.

stantenpaar (Ψ, Θ), s. Beziehung (5.2.6) und (5.2.7). Die physikalisch konsistente Darstellung des Potenzgesetzes lautet dann:

$$\Psi\tau = (\Theta D)^m, \tag{5.4.2}$$

und man sieht, daß es sich bei der Stoffkonstante K in (5.4.1) um eine zusammengesetzte Größe

$$K = \Theta^m/\Psi = H\,\Theta^{m-1} \tag{5.4.3}$$

handelt.

Obwohl die Potenzgleichung zu dem rheologischen Gleichungstyp I zählt, stellt sie einen Sonderfall dar, weil die beiden dimensionsbehafteten Stoffkonstanten H und Θ (bzw. Ψ und Θ) gemeinsam als eine Größe K in Erscheinung treten. Die allgemeingültige Korrespondenzrelation (5.3.2) für den Stofftyp I reduziert sich im Falle eines Ostwald-de Waeleschen Stoffes auf den Zusammenhang

$$\boxed{\begin{aligned} S_{\text{Newt}}\{\pi_i, A(\eta); \pi_j, B(\eta)\} &\to \\ \to S_{\text{Ostw}}\{\pi_i, A[K(v/L)^{m-1}]; &\ \pi_j, B[K(v/L)^{m-1}], m\} \end{aligned}} \tag{5.4.4}$$

worin v eine charakteristische Geschwindigkeit und L eine charakteristische Länge sind. Insbesondere tritt anstelle der üblichen Reynolds-Zahl $Re \equiv \varrho v L/\eta$ eine modifizierte Reynolds-Zahl

$$Re_K \equiv f(m)\,\frac{\varrho\,v^{2-m}\,L^m}{K} \tag{5.4.5}$$

auf. Für den Faktor $f(m)$, den man aus Zweckmäßigkeitsgründen einführt, sind einige theoretisch und experimentell begründete Funktionen vorgeschlagen worden [48]. Der wesentliche Unterschied zwischen dem allgemeinen pi-Satz $S_{\text{n-Newt}}$ in (5.3.2) und S_{Ostw} in (5.4.4) besteht darin, daß in S_{Ostw} die Größe $\pi(\Theta)$ fehlt.

Der pi-Satz S_{Ostw} geht aus dem allgemeinen pi-Satz $S_{\text{n-Newt}}$ formal hervor, wenn $A(H)$ und $B(H)$ mit $\pi(\Theta)$ zu Potenzprodukten zusammengeführt werden, in denen die Stoffkonstanten H und Θ nur in der Kombination (5.4.3) vorkommen. Diese Reduktion des pi-Raumes bleibt auch in Verbindung mit der tensoriellen rheologischen Zustandsgleichung

$$\sigma + p\,\mathfrak{E} = 2K(-4I_2)^{\frac{m-1}{2}}\,\mathrm{def}\,\mathfrak{v} \tag{5.4.6}$$

bestehen, die eine Verallgemeinerung der Potenzgleichung (5.4.1) darstellt und, auf die Grundkonstanten Ψ und Θ zurückgeführt, die dimensionslose Form

$$\Psi(\sigma + p\,\mathfrak{E}) = 2(-4\Theta^2 I_2)^{\frac{m-1}{2}}\,(\Theta\cdot\mathrm{def}\,\mathfrak{v}) \tag{5.4.7}$$

hat.

Bei einer kritischen ähnlichkeitstheoretischen Diskussion von experimentellen Ergebnissen muß jedoch beachtet werden, daß die Reduktion des vollständigen pi-Satzes $S_{\text{n-Newt}}$ auf S_{Ostw} — auch wenn die Ostwald-de Waelesche Approximation (5.4.1) das *viskosimetrische* Verhalten bestens wiedergibt — zwar möglich, aber nicht zwingend ist:

Die skalare Potenzgleichung (5.4.1) läßt nämlich außer der Gl. (5.4.7) noch weitere tensorielle Verallgemeinerungen zu, bei denen die Stoffparameter H und Θ nicht bei *jeder* Strömungsstruktur in der Kombination $H\,\Theta^{m-1} \equiv K$ vorkommen. Das gilt z. B. für das Reiner-Rivlinsche Fluid (5.2.14), wenn man voraussetzt, daß die Stoffunktion f_1 die Form $f_1(-\Theta^2\,I_2,\,\Theta^3\,I_3,\,m)$ hat und bei $I_3 = 0$ der Bedingung

$$f_1(-\Theta^2\,I_2,\,0,\,m) = 2(-4\,\Theta^2\,I_2)^{\frac{m-1}{2}} \qquad (5.4.8)$$

genügt. Es gibt also eine umfangreiche Klasse von rheologischen *Modellstoffen*, die sich nur bei genügend einfachen Strömungsvorgängen wie Ostwald-de Waelsche Stoffe verhalten. Solche Vorgänge lassen sich in einem reduzierten pi-Raum darstellen, während zur Beschreibung von komplizierteren Vorgängen (wie z. B. in Bild 2.4.1) im allgemeinen ein *vollständiger* pi-Raum benötigt wird.

Setzt man voraus, daß die Stoffkonstanten H und Θ, sei es generell infolge der Gültigkeit von (5.4.6) oder sei es nur bei Strömungen mit $I_3 = 0$, als eine Konstante $K = H\,\Theta^{m-1}$ wirksam sind, so besteht für die Modellübertragbarkeit bei $K,\,m$ = idem in Anlehnung an die Diskussion im Abschn. 5.3 folgender Sachverhalt:

Der pi-Satz (5.3.7) reduziert sich auf

$$S_{\text{Ostw}}\left\{\frac{\mathfrak{v}}{v},\,\frac{\mathfrak{r}}{L},\,\frac{\Delta p}{\varrho\,v^2},\,\frac{\varrho\,v^{2-m}\,L^m}{K}\right\}, \qquad (5.4.9)$$

so daß hier eine vollständige Ähnlichkeit des Geschwindigkeitsfeldes auch ohne die Einschränkung der schleichenden Strömung möglich ist. Die Übertragungsbedingungen lauten:

$$
\boxed{
\begin{array}{l}
\text{(Ostwald-} \\
\text{de Waelescher} \\
\text{Stoff):}
\end{array}
\left.
\begin{array}{l}
v\,L^{\frac{m}{2-m}} = \text{idem} \\[2ex]
\Delta p\,L^{\frac{2m}{2-m}} = \text{idem}
\end{array}
\right\}
\begin{array}{l}
\to \mathfrak{v}/v = \text{idem} \\[1ex]
\text{(für } \mathfrak{r}/L = \text{idem})
\end{array}
}
\qquad (5.4.10)
$$

Der pi-Satz (5.3.12) für den stationären konvektiven Wärmetransport reduziert sich auf den pi-Satz

$$S_{\text{Ostw}}\left\{\frac{T}{\Delta T},\,\frac{\mathfrak{r}}{L},\,\frac{\Delta p}{\varrho\,v^2},\,\frac{\varrho\,v^{2-m}\,L^m}{K},\,\frac{c\,\varrho\,v\,L}{\lambda},\,\frac{\varrho\,v^3\,L}{J\,\lambda\,\Delta T}\right\}, \qquad (5.4.11)$$

der eine vollständige Ähnlichkeitsübertragung bei $K, m =$ idem nicht zuläßt. Wird dagegen schleichende Strömung vorausgesetzt, so ist eine solche Übertragung möglich, und die Bedingungen dazu lauten:

$$\left.\begin{array}{l} \text{(Ostwald-} \\ \text{de Waelescher} \\ \text{Stoff, schleichende} \\ \text{Bewegung):} \end{array}\quad \left.\begin{array}{l} v\,L = \text{idem} \\ \varDelta p\,L^{2m} = \text{idem} \\ \varDelta T\,L^{2m} = \text{idem} \end{array}\right\} \to \begin{array}{l} T/\varDelta T = \text{idem} \\ \text{(für } \mathfrak{r}/L = \text{idem)} \end{array}\right. \qquad (5.4.12)$$

6. Zur theoretischen und experimentellen Erforschung der Transportvorgänge in einspindeligen Schnecken

6.1 Ähnlichkeitstheoretische Übersicht

In den vorangegangenen Kapiteln ging es in erster Linie um die Erläuterung der methodologischen Fragen der Ähnlichkeitstheorie, bei denen die substantielle Diskussion der herangezogenen Beispiele von untergeordneter Bedeutung war. Im Gegensatz dazu steht in diesem Kapitel die Diskussion eines konkreten Forschungsobjektes, der Strömungsvorgänge in Schnecken und der damit zusammenhängenden verfahrenstechnischen Eigenschaften der Schnecken, im Vordergrund.

Die Strömungsvorgänge in Schnecken stellen ein interessantes Problem der Ingenieurforschung dar, bei dem durch das enge Ineinandergreifen der mathematischen und der ähnlichkeitstheoretischen Diskussion eine besonders günstige Basis für die experimentelle Erforschung dieser Vorgänge geschaffen wird. Die vielseitigen Anwendungen der Schnecken in der Verfahrenstechnik beruhen auf ihren fördertechnischen, mischtechnischen und wärmetechnischen Eigenschaften [49]. Das am meisten erforschte fördertechnische Verhalten kommt in der Druckcharakteristik $\varDelta p(n, q)$ und der Leistungscharakteristik $P(n, q)$ zum Ausdruck, worin n die Drehzahl der Schnecke, q der Durchsatz des Fluids, $\varDelta p$ die Druckdifferenz und P die Antriebsleistung der Schnecke sind (vgl. Bild 6.1.1). Diese Charakteristiken hängen von der Schneckengeometrie und von den rheologischen Eigenschaften des Fluids sowie dessen Dichte ab.

Wie bei vielen anderen mathematisch formulierbaren Problemen, deren *exakte* Lösungen wegen der komplizierten Integrationsbedingungen zur Zeit noch nicht gewonnen werden können, gibt es auch bei der Erforschung der Vorgänge in Schnecken zwei methodische Alternativkonzeptionen: Bei der ersten, am häufigsten befolgten Konzeption werden mathematische Näherungslösungen für geometrisch vereinfachte Bedingungen (geradliniger Rechteckkanal mit schräg zum Kanal bewegter Platte unter Vernachlässigung der „Leckströmung") gesucht [34; 50].

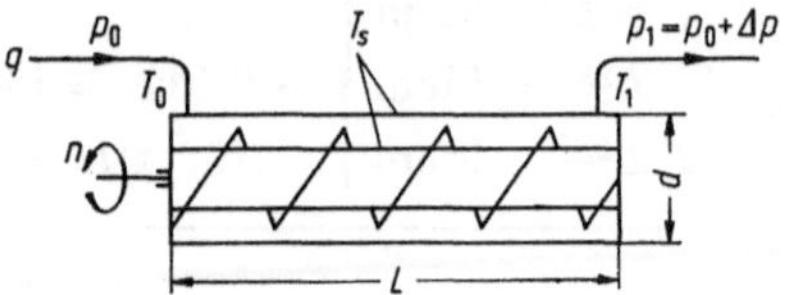

Bild 6.1.1 Schematische Darstellung einer Schnecke.

d Nenndurchmesser; L Länge; n Drehzahl; q Flüssigkeitsdurchsatz; p_0 und p_1 Druck am Ein- bzw. Austrittstutzen ($\Delta p = p_1 - p_0$); T_0 und T_1 Temperatur der Flüssigkeit am Ein- und Austrittstutzen; T_s Temperatur der Schnecke (Zylinder und/oder Spindel).

Die zweite Konzeption, mit der wir uns in diesem Kapitel befassen werden, beruht auf einer strengen, wenn auch zum Teil qualitativen mathematischen und ähnlichkeitstheoretischen Diskussion und der darauf basierenden experimentellen Erforschung des Problems [23].

Auch wenn die Schneckenspindel, der Zylinder und das eintretende Fluid gleich temperiert sind, bildet sich im Fluid infolge der Energiedissipation ein stationäres Temperaturfeld aus. Sind die problemrelevanten Stoffgrößen, insbesondere die rheologischen Parameter des Fluids, temperaturabhängig, so muß im allgemeinen die gegenseitige Kopplung zwischen dem Strömungsfeld und dem Temperaturfeld berücksichtigt werden (vgl. Abschn. 3.5). Wir werden uns im weiteren auf Vorgänge beschränken, bei denen die Schneckenspindel und/oder der Schneckenzylinder entweder auf einer konstanten Temperatur T_s gehalten werden oder adiabatisch isoliert sind (Temperaturrandbedingungen 1. und 2. Art [31]). Die Temperatur des Fluids beim Eintreten in die Schnecke sei T_0, die mittlere Temperatur des Fluids beim Verlassen der Schnecke sei T_1 (diese kann sowohl die mittlere Temperatur im Schneckenquerschnitt als auch die dem Enthalpiefluß entsprechende mittlere Temperatur des austretenden Fluids sein).

Mit Ausnahme des Abschn. 6.3 setzen wir eine Newtonsche Flüssigkeit voraus. Dabei wird angenommen, daß ihre Viskosität entweder temperaturunabhängig ist oder der Stoffunktion $\eta(T)$ gemäß der Beziehung (3.5.3) genügt. Alle übrigen problemrelevanten Stoffgrößen werden als temperaturunabhängige Konstanten behandelt.

Da die Schnecken zwei betriebstechnische Freiheitsgrade, die Schneckendrehzahl n und den Durchsatz q des Fluids, besitzen, wird der Strömungszustand durch zwei Reynolds-Zahlen festgelegt, die im Falle einer Newtonschen Flüssigkeit die Form

$$Re_n = n\,d^2/\nu, \qquad Re_q = q/\nu\,d \qquad\qquad (6.1.1)$$

haben. Die Diskussion in den folgenden Abschnitten zeigt allerdings, daß es zweckmäßiger ist, neben Re_n das Verhältnis

$$Q \equiv Re_q/Re_n = q/n\,d^3 \qquad (6.1.2)$$

als einen Parameter einzuführen, der für das Verhalten der Schnecken von entscheidender Bedeutung ist.

Das Vektorfeld der Strömungsgeschwindigkeit $\mathfrak{v}$, das Druckfeld p und das Temperaturfeld T in der Schnecke sind relativ zur Schneckenspindel stationär (Näheres s. in Abschn. 6.2). Geht man daher von einem in der Spindel verankerten Koordinantensystem (r, ψ, z) aus, wobei r und ψ den Aufpunkt im Schneckenquerschnitt (Bild 6.1.2) und

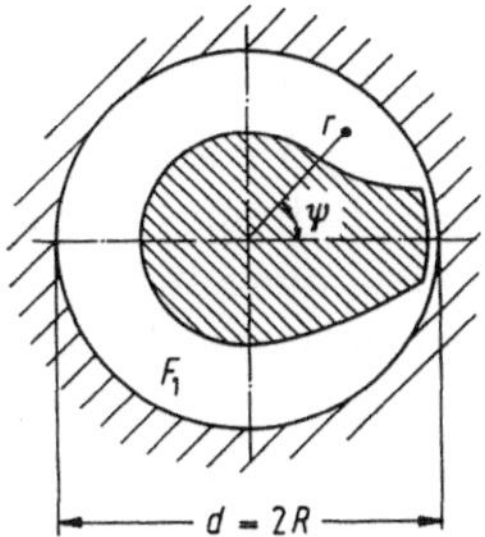

Bild 6.1.2 Querschnitt durch eine Schnecke (schematisch). r und ψ Polarkoordinaten in bezug auf die Schneckenspindel; F_1 der durchströmte Querschnitt.

z die Lage des Querschnittes entlang der Schneckenachse festlegen, so werden die dimensionslosen Feldvariablen

$$\mathfrak{v}' \equiv \mathfrak{v}/n\,d, \quad p' \equiv p/\varrho\,n^2\,d^2, \quad \Theta \equiv (T - T_0)/\Delta T, \qquad (6.1.3)$$

durch pi-Beziehungen der Form (lies: $\mathfrak{v}'$, p' und Θ sind Funktionen von . . .):

$$\mathfrak{v}', p', \Theta = f(r/d, \psi, z/d, Q, Re, Pr, Br, \varkappa, L/d) \qquad (6.1.4)$$

mit den dimensionslosen Parametern

$$Re \equiv \varrho\,n\,d^2/\eta_0, \quad Pr \equiv c\,\eta_0/\lambda, \quad Br \equiv \eta_0\,n^2\,d^2/\lambda\,\Delta T, \quad \varkappa \equiv \gamma\,\Delta T \qquad (6.1.5)$$

beschrieben, worin $\Delta T = T_s - T_0$, $\eta_0 = \eta(T_0)$ und γ der Temperaturkoeffizient in (3.5.3) sind, vgl. die Beziehung (3.5.15). Falls die ganze Schnecke adiabatisch isoliert oder $\Delta T = 0$ ist, gehen die Beziehungen (6.1.4) nach dem Eliminieren von ΔT in

$$\mathfrak{v}', p', \Theta/Br = f(r/d, \psi, z/d, Q, Re, Pr, Br\,\varkappa, L/d) \qquad (6.1.6)$$

über, vgl. die Beziehung (3.5.17). Die f-Funktionen (6.1.4) und (6.1.6) hängen nur vom Schneckenprofil ab, welches, abgesehen vom problemirrelevanten Drallsinn der Spindelschraube, durch den Längsschnitt der Schnecke vollständig festgelegt ist. Wir werden die entsprechende dimensionslos dargestellte Profilkontur als *profilerzeugende Funktion* $\Phi(x)$ (s. Bild 6.1.3) bezeichnen. Demnach sind die f-Funktionen in (6.1.4) und (6.1.6) Funktionale von Φ.

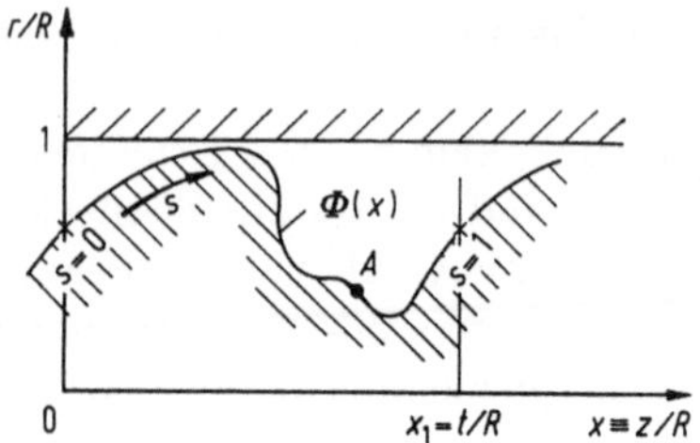

Bild 6.1.3 Zum Begriff der profilerzeugenden Funktion $\Phi(x)$: Das Bild stellt schematisch den Längsschnitt durch eine Schnecke mit gleichförmigem Schraubenprofil dar.

R Radius der Zylinderbohrung; t Steigung des Schneckenprofils (die Strecke $\langle 0, x_1 \rangle$ entspricht einer Periode von Φ). Zur Festlegung eines Aufpunktes A auf der Profilkurve dient der Kurvenparameter s (s. Abschn. 6.5).

Die Feldgleichungen (6.1.4) legen in Verbindung mit der Stofffunktion $\eta(T)$ auch das tensorielle Spannungsfeld sowie das Quellenfeld der Reibungswärme fest. Denkt man sich die erforderlichen Integrationen ausgeführt, so erhält man für die Druckdifferenz Δp, die Antriebsleistung P, die Axialschubkraft K, die auf die Spindel ausgeübt wird, und die mittlere Temperatur T_1 des Fluids beim Verlassen der Schnecke die nachstehenden betriebstechnisch wichtigen Beziehungen[1] $(\Delta T \neq 0)$:

$$\frac{\Delta p\, d}{\eta_0\, n\, L}, \; \frac{P}{\eta_0\, n^2\, L\, d^2}, \; \frac{K}{\eta_0\, n\, L\, d}, \; \frac{T_1 - T_0}{T_s - T_0} = f\left(Q, Re, Pr, Br, \varkappa, \frac{L}{d}\right).$$

$$(6.1.7)$$

Für die fördertechnische Kennzeichnung der Schnecken ist der Fall der temperaturunabhängigen Viskosität ($\gamma = 0$) besonders wichtig, weil dabei das strömungstechnische und das wärmetechnische Problem entkoppelt werden. In einem solchen Fall reduzieren sich die ersten drei Zusammenhänge in (6.1.7) auf die nachstehenden Beziehungen:

$$\frac{\Delta p\, d}{\eta_0\, n\, L}, \; \frac{P}{\eta_0\, n^2\, L\, d^2}, \; \frac{K}{\eta_0\, n\, L\, d} = f\left(Q, Re, \frac{L}{d}\right). \qquad (6.1.8)$$

Das fördertechnische Verhalten der Schnecken wird in den Abschn. 6.2 (Newtonsche Flüssigkeit) und 6.3 (nicht-Newtonsche Stoffe) ausführlich diskutiert. In Abschn. 6.4 befassen wir uns mit den Homogenisiereigenschaften der Schnecken. In Abschn. 6.5 werden einige wärmetechnische Fragen, u. a. der Wärmeübergang am Schneckenzylinder, erörtert.

---

[1] Da Δp, P und K beim isothermen Betrieb abgesehen von Endstörungen proportional L sind, ist es zweckmäßig, die Größen $\Delta p/L$, P/L und K/L zu bilden.

6.2 Fördertechnische Eigenschaften (Newtonsche Flüssigkeiten)

In diesem Abschnitt werden die fördertechnischen Charakteristiken (6.1.8) der Schnecken, insbesondere bei schleichender Bewegung hochviskoser Flüssigkeiten, als Lösungen der Navier-Stokesschen Differentialgleichung in voller Strenge, wenn auch nur qualitativ, diskutiert [23]. Diese Diskussion bildet eine theoretisch fundierte Basis für die experimentelle Erforschung des Fragenkomplexes und für die Erarbeitung von ähnlichkeitstheoretischen Berechnungsunterlagen.

Um von dem ohnehin geringfügigen Einfluß der Endquerschnitte einer Schnecke auf das Strömungsfeld völlig abzusehen, wird zunächst eine unendlich lange Schneckenanordnung vorausgesetzt. Die Spindel soll ein beliebiges, aber gleichförmiges Profil besitzen und mit der Winkelgeschwindigkeit Ω rotieren. Der totale Durchsatz der Flüssigkeit durch den Schneckenquerschnitt einschließlich der „Leckströmung“ am Schneckenkamm sei q. Der Radius des Zylinders sei R (vgl. Bild 6.1.2).

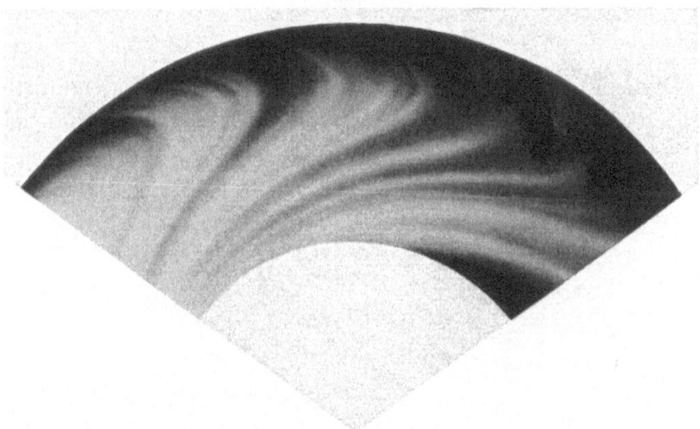

Bild 6.2.1 Zum Nachweis der Stationärität und Stabilität der Strömungsbahnen in Schnecken [51]: Der Filmring ist Abwicklung einer Schneckenflanke; die Bahnen sind durch chemische Einwirkung auf den Film erzeugt worden und zeigen trotz der Versuchsdauer von 30 Min. kaum Spuren einer Fluktuation der Strömungsstruktur (Flüssigkeitsdurchsatz $q = 0$).

Da das Strömungsfeld relativ zur Spindel stationär ist[1], wird das mathematische Problem in einem in der Spindel verankerten Bezugssystem formuliert. Wir führen daher ein mit der Spindel rotierendes

---

[1] Dies zeigt eine in Bild 6.2.1 wiedergegebene Aufnahme der Strömungsbahnen an einer Flanke der Schneckenspindel [51]: Das Bild ist durch etwa dreißigminütige chemische Einwirkung eines in der strömenden Flüssigkeit enthaltenen Zusatzes auf eine sensitive Schicht entstanden, mit der die Schneckenflanke versehen war. Die Schärfe der Linienzeichnung zeugt von Stabilität der Bahnen, da sich die Schwärzung der Schicht bei fluktuierender Strömung statistisch ausgemittelt hätte.

Zylinderkoordinatensystem (r, φ, z) mit den Richtungsvektoren e_r, e_φ, e_z und die bereits erwähnte, der Schraubengeometrie der Spindel folgende Azimutkoordinate

$$\psi = \varphi + 2\pi\, z/t \qquad (6.2.1)$$

ein, wobei t die Steigung der Spindelschraube ist (s. Bild 6.2.2 und 6.1.2).

Dieses Problem wird durch die Bewegungsgleichung

$$2\eta\,\mathrm{div\,def}\,\mathfrak{v} - \mathrm{grad}\,p = \varrho\,\{(\mathfrak{v}\,\nabla)\,\mathfrak{v} - \Omega^2\, r\, e_r - 2\Omega\,[\mathfrak{v}\, e_z]\}, \qquad (6.2.2)$$

die Kontinuitätsgleichung

$$\mathrm{div}\,\mathfrak{v} = 0 \qquad (6.2.3)$$

sowie die Randbedingungen

$$\text{auf der Spindel:} \quad \mathfrak{v} = 0,$$
$$\text{am Zylinder:} \quad \mathfrak{v} = -e_\varphi\, R\,\Omega \qquad (6.2.4)$$

und die Nebenbedingung

$$\int_{F_1} (\mathfrak{v} \cdot e_z)\, dF_1 = q \qquad (6.2.5)$$

festgelegt. Die beiden letzten Terme in (6.2.2) berücksichtigen die Wirkung der Zentrifugal- und der Corioliskraft im rotierenden Bezugs-

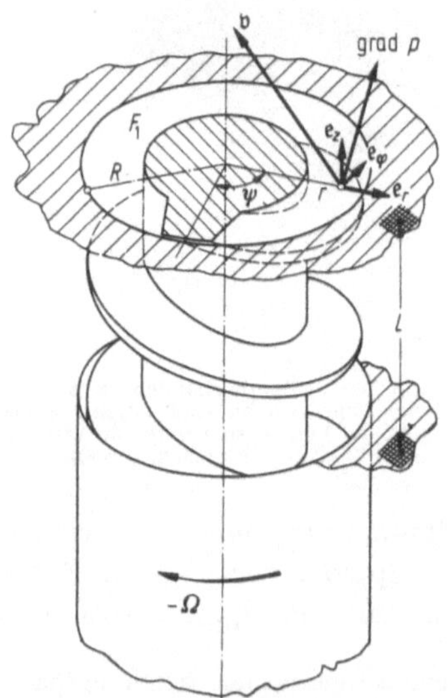

Bild 6.2.2 Zur mathematischen Diskussion der Flüssigkeitsbewegung in einer Schnecken-anordnung.
F_1 aufwärts durchströmter Qerschnitt; r, ψ Ortskoordinaten (e_r, φ, z) Einheitsvektoren; $\mathfrak{v}$ Vektor der Strömungsgeschwindigkeit, $\mathrm{grad}\,p$ Vektor des Druckgradienten; L Länge eines willkürlich gewählten Abschnittes [23].

system; mit F_1 ist der gesamte durchströmte Querschnitt, einschließlich des Spaltes am Spindelkamm, bezeichnet (Bild 6.1.2). Wird das Problem mit R als charakteristischem Längenmaß dimensionslos formuliert[1], so erkennt man, daß die Vektorfelder der Strömungsgeschwindigkeit $\mathfrak{v}$ und des Druckgradienten $\operatorname{grad} p$ durch pi-Beziehungen der Form

$$\frac{\mathfrak{v}}{\Omega R} = \mathfrak{F}_0\left(\frac{r}{R}, \psi, Q^*, Re^*\right) \qquad (6.2.6)$$

und

$$\frac{\operatorname{grad} p}{\varrho\, \Omega^2 R} = \mathfrak{F}_1\left(\frac{r}{R}, \psi, Q^*, Re^*\right) \qquad (6.2.7)$$

beschrieben werden, wobei Q^* und Re^* durch die Gleichungen

$$Q^* \equiv q/\Omega R^3, \qquad Re^* \equiv \varrho\, \Omega R^2/\eta \qquad (6.2.8)$$

definiert sind. In den Beziehungen (6.2.6) und (6.2.7) tritt die z-Koordinate nicht auf, weil die Struktur des Strömungsfeldes in allen Schneckenquerschnitten die gleiche ist. Die beiden Vektorfunktionen $\mathfrak{F}_0$ und $\mathfrak{F}_1$ sind Funktionale der profilerzeugenden Funktion Φ (Bild 6.1.3).

Für das bis auf eine additive Konstante festgelegte Druckfeld folgt aus (6.2.7) die Gleichung

$$p/\varrho\, \Omega^2 R^2 = f_1\left(\frac{r}{R}, \psi, Q^*, Re^*\right) + \frac{z}{R} \cdot g_1(Q^*, Re^*), \qquad (6.2.9)$$

worin die Funktionen f_1 und g_1 durch die profilerzeugende Funktion Φ festgelegt sind. Man kann sich von der Richtigkeit dieser Gleichung überzeugen, wenn man sie unter Beachtung von (6.2.1) als eine Feldgleichung $p(r, \varphi, z)$ auffaßt und daraus die Komponenten $\dfrac{\partial p}{\partial r}$, $\dfrac{1}{r} \cdot \dfrac{\partial p}{\partial \varphi}$, $\dfrac{\partial p}{\partial z}$ von $\operatorname{grad} p$ (für Zylinderkoordinaten) berechnet. Die Gl. (6.2.9) zeigt, daß sich der Druck p entlang der Schraubenlinien $r = \text{const}$, $\psi = \text{const}$ entweder mit z linear ändert oder, falls $g_1 = 0$ ist, konstant bleibt. Die relative Druckverteilung im Querschnitt ist demnach für alle z die gleiche und hängt nur von der profilerzeugenden Funktion Φ und den Werten der Betriebsparameter Q^* und Re^* ab. Für den mittleren Druck $\bar{p}$ im Querschnitt gilt somit die Beziehung

$$\frac{\bar{p}}{\varrho\, \Omega^2 R^2} = \frac{z}{R} \cdot g_1(Q^*, Re^*) + \bar{f}_1(Q^*, Re^*), \qquad (6.2.10)$$

worin $\bar{f}_1$ der Mittelwert von f_1 über dem Querschnitt ist. Mit den Feldgleichungen (6.2.6) und (6.2.9) ist auch das Feld des Spannungstensors

$$\sigma = -p \cdot \mathfrak{E} + 2\eta \operatorname{def} \mathfrak{v} \qquad (6.2.11)$$

---

[1] Bei der Diskussion des mathematischen Problems ist es zweckmäßig, vom Nennradius R und der Winkelgeschwindigkeit Ω auszugehen und erst später die technisch üblichen Größen, den Nenndurchmesser $d = 2R$ und die Schneckendrehzahl $n = \Omega/2\pi$, heranzuziehen.

im Strömungsraum und an den Begrenzungsflächen festgelegt. Es folgt aus (6.2.6) und (6.2.11) u. a., daß die Azimutalkomponente τ_φ der am Zylinder wirkenden Schubspannung, die das Drehmoment überträgt, von z unabhängig ist:

$$\tau_\varphi = (\mathfrak{e}_r \cdot \sigma \cdot \mathfrak{e}_\varphi)_{r=R} = 2\eta\,(\mathfrak{e}_r \cdot \mathrm{def}\,\mathfrak{v} \cdot \mathfrak{e}_\varphi)_{r=R} \equiv \tau_\varphi(\psi)\,. \qquad (6.2.12)$$

In dimensionsloser Darstellung lautet diese Beziehung

$$\frac{\tau_\varphi}{\varrho\,\Omega^2\,R^2} = f_2(\psi, Q^*, Re^*)\,, \qquad (6.2.13)$$

wobei f_2 ein Funktional von Φ ist. Entsprechend gilt für die Axialkomponente τ_z am Zylinder, die die Axialkraft am Zylinder und an der Spindel erzeugt, die Gleichung

$$\frac{\tau_z}{\varrho\,\Omega^2\,R^2} = f_3(\psi, Q^*, Re^*)\,. \qquad (6.2.14)$$

Betrachtet man einen Abschnitt der Schneckenanordnung zwischen beliebigen Werten z_1 und z_2, so entsprechen diesem Abschnitt eine Druckdifferenz Δp zwischen den homologen Punkten der beiden Endquerschnitte (die gleich der Differenz $\Delta\bar{p}$ ist), ein Drehmoment M (sowie die Antriebsleistung $P = M\Omega$) und eine Axialkraft K. Man erhält für diese Größen aus den Gln. (6.2.10), (6.2.13) und (6.2.14) mit $L = z_2 - z_1$ die Beziehungen

$$\frac{\Delta p}{\varrho\,\Omega^2\,R\,L} = g_1(Q^*, Re^*)\,, \qquad (6.2.15)$$

$$\frac{M}{\varrho\,\Omega^2\,R^4\,L} = \frac{P}{\varrho\,\Omega^3\,R^4\,L} = \int_0^{2\pi} f_2(\psi, Q^*, Re^*) \cdot d\psi \equiv g_2(Q^*, Re^*)\,, \qquad (6.2.16)$$

$$\frac{K}{\varrho\,\Omega^2\,R^3\,L} = \int_0^{2\pi} f_3(\psi, Q^*, Re^*) \cdot d\psi \equiv g_3(Q^*, Re^*)\,. \qquad (6.2.17)$$

Im Hinblick auf die nachfolgende Diskussion der schleichenden Bewegung führen wir diese Beziehungen in zwei andere Darstellungsformen über, wobei wir uns der zusammenfassenden Schreibweise bedienen wollen. Durch Multiplikation mit Re^* folgen aus (6.2.15) bis (6.2.17) die Beziehungen

$$\boxed{\frac{\Delta p\,R}{\eta\,\Omega\,L}\,,\ \frac{M}{\eta\,\Omega\,L\,R^2}\,,\ \frac{K}{\eta\,\Omega\,L\,R} = Re^*\,g_k(Q^*, Re^*) \equiv G_k(Q^*, Re^*)\,,}$$

$$(6.2.18)$$

aus denen sich nach Division durch $Q*$ eine weitere Darstellungsform

$$\frac{\Delta p\, R^4}{\eta\, q\, L}, \frac{M R}{\eta\, q\, L}, \frac{K R^2}{\eta\, q\, L} = Q^{*-1}\, G_k(Q^*, Re^*) \equiv H_k(Q^*, Re^*) \qquad (6.2.19)$$

ergibt, die wir im weiteren noch benötigen werden. Der Index k durchläuft die Werte von 1 bis 3 und ordnet jeder der links stehenden pi-Größen eine Funktion zu.

Die Darstellung der Leistungscharakteristik geht mit $P = M\Omega$ aus der Drehmomentcharakteristik direkt hervor, doch nehmen wir sie aus später noch ersichtlichen mathematisch-methodischen Gründen in die Beziehungen (6.2.18) und (6.2.19) nicht auf.

Die Schneckenmaschinen werden gewöhnlich in Verbindung mit hochviskosen Flüssigkeiten (bzw. hochkonsistenten rheologischen Stoffen) eingesetzt, wobei der Strömungsvorgang weit mehr durch die reibungsbedingten Kräfte als durch die Massenträgheit des Fluids bestimmt wird. Eine derartige Strömung wird bekanntlich als *schleichende Bewegung* bezeichnet, deren mathematische Konsequenzen sich aus dem Grenzübergang $\varrho \to 0$ ergeben. Mit $Re^* = \dfrac{\varrho\, \Omega^2 R}{\eta} \to 0$ erhält man aus (6.2.18) und (6.2.19) für die schleichende Bewegung der Flüssigkeit die Beziehungen

$$\frac{\Delta p R}{\eta\, \Omega\, L}, \frac{M}{\eta\, \Omega\, L R^2}, \frac{K}{\eta\, \Omega\, L R} = G_k(Q^*, 0), \qquad (6.2.20)$$

$$\frac{\Delta p\, R^4}{\eta\, q\, L}, \frac{M R}{\eta\, q\, L}, \frac{K R^2}{\eta\, q\, L} = H_k(Q^*, 0). \qquad (6.2.21)$$

Da mit $\varrho = 0$ die rechte Seite der Navier-Stokesschen Differentgleichung (6.2.2) identisch verschwindet, geht der mathematische Sachverhalt in ein lineares Problem über, dessen Lösung als Superponierung geeigneter Teillösungen gesucht werden kann. Dieser Umstand ermöglicht es, über die Funktionen $G_k(Q^*, 0)$ und $H_k(Q^*, 0)$ nähere Aussagen zu machen: Als erste Teillösung betrachten wir die durchsatzlose Flüssigkeitsbewegung ($q = 0$) in der völlig gedrosselten Schnecke mit $\Omega_1 = \Omega$, als zweite Teillösung — die Strömung durch die ruhende Schnecke ($\Omega_2 = 0$) mit dem Flüssigkeitsdurchsatz $q_2 = q$.

Die betreffenden Vektorfelder $\mathfrak{v}_j$ und $\operatorname{grad} p_j$ sind Lösungen des mathematischen Problems

$$\begin{aligned} 2\eta \operatorname{div} \operatorname{def} \mathfrak{v}_j - \operatorname{grad} p_j &= 0, \\ \operatorname{div} \mathfrak{v}_j &= 0 \end{aligned} \qquad (j = 1, 2) \qquad (6.2.22)$$

mit den Rand- und Nebenbedingungen:

für die Spindel: $\qquad\qquad \mathfrak{v}_1 = \mathfrak{v}_2 = 0,$

für den Zylinder: $\qquad\qquad \mathfrak{v}_1 = -\Omega\, R \cdot \mathfrak{e}_\varphi, \qquad \mathfrak{v}_2 = 0$

$$(6.2.23)$$

und

$$\int\limits_{F_1} (\mathfrak{v}_j \cdot \mathfrak{e}_z)\, dF_1 = \begin{cases} 0 & (j = 1) \\ q & (j = 2). \end{cases} \qquad (6.2.24)$$

Die superponierten Vektorfelder

$$\mathfrak{v} = \mathfrak{v}_1 + \mathfrak{v}_2,$$
$$\operatorname{grad} p = \operatorname{grad}(p_1 + p_2) \qquad (6.2.25)$$

genügen den Integrationsbedingungen (6.2.4) und (6.2.5) und stellen daher die allgemeine Lösung für die schleichende Bewegung in der Schneckenanordnung dar. Da Δp, M und K aus den Feldgrößen $\mathfrak{v}$ und $\operatorname{grad} p$ durch lineare Operationen gewonnen werden, gilt auch für sie die Superponierbarkeit:

$$\left. \begin{aligned} \Delta p &= \Delta p_1 + \Delta p_2, \\ M &= M_1 + M_2, \\ K &= K_1 + K_2. \end{aligned} \right\} \qquad (6.2.26)$$

Aus den Gleichungen (6.2.20) und (6.2.21) folgt für die beiden Teillösungen mit $Q^* = 0$ bzw. mit $Q^* = \infty$:

$$\frac{\Delta p_1 R}{\eta\, \Omega\, L}, \; \frac{M_1}{\eta\, \Omega\, L\, R^2}, \; \frac{K_1}{\eta\, \Omega\, L\, R} = G_k(0, 0) = \text{const} \qquad (6.2.27)$$

und

$$\frac{\Delta p_2 R^4}{\eta\, q\, L}, \; \frac{M_2 R}{\eta\, q\, L}, \; \frac{K_2 R^2}{\eta\, q\, L} = H_k(\infty, 0) = \text{const.} \qquad (6.2.28)$$

Legt man die Konstanten $G_k(0, 0)$ als positiv definit fest, so ist es physikalisch evident, daß dann die Konstanten $H_k(\infty, 0)$ negativ sind. Aus (6.2.27) und (6.2.28) erhält man schließlich mit Rücksicht auf (6.2.26) und (6.2.20) die Beziehungen

$$\boxed{\frac{\Delta p\, R}{\eta\, \Omega\, L}, \; \frac{M}{\eta\, \Omega\, L\, R^2}, \; \frac{K}{\eta\, \Omega\, L\, R} = G_k(Q^*, 0) = G_k(0, 0) + Q^* \cdot H_k(\infty, 0)}$$

$$(k = 1, 2, 3) \qquad (6.2.29)$$

sowie mit $M = P/\Omega$:

$$\boxed{\frac{P}{\eta\, \Omega^2\, L\, R^2} = G_2(0, 0) + Q^* \cdot H_2(\infty, 0)}. \qquad (6.2.30)$$

Die fördertechnischen Charakteristiken sind also bei schleichender Bewegung Newtonscher Flüssigkeiten lineare Funktionen von Q^*. Damit ist ein grundsätzlicher Sachverhalt, der von den Näherungsrechnungen für ein Rechteckprofil bekannt ist [34], in voller Strenge für ein beliebiges Schneckenprofil bewiesen (vgl. Bild 6.2.6). Die obere Grenze des *Re-*

Bereiches, in dem die Schneckencharakteristiken linear sind, wird später, im Zusammenhang mit Bild 6.2.7, erörtert.

Wir wollen die durchgeführte mathematische Diskussion mit einer kurzen Erörterung der asymmetrischen Schneckenprofile abschließen: Werden der Richtungssinn des Flüssigkeitsdurchsatzes und der Rotation der Spindel umgekehrt ($q' = -q, \Omega' = -\Omega$), so stimmen die entsprechenden Größen $\Delta p'$, M' und K', die ebenfalls eine Vorzeichenänderung erfahren, ihrem Betrage nach mit den ursprünglichen Werten Δp, M und K im allgemeinen nicht überein: Bildet man nämlich ausgehend von (6.2.18) die Differenzen $(\Delta p' R/\eta \Omega' L - \Delta p R/\eta \Omega L)$, $(M'/\eta \Omega' L R^2 - M/\eta \Omega L R^2)$ und $(K'/\eta \Omega' L R - K/\eta \Omega L R)$, so erhält man mit Rücksicht auf

$$Q^{*\prime} = Q^*, \qquad Re^{*\prime} = -Re^* \tag{6.2.31}$$

die Ausdrücke

$$\varepsilon_k \equiv G_k(Q^*, -Re^*) - G_k(Q^*, Re^*) \quad (k = 1, 2, 3), \tag{6.2.32}$$

die nur für *symmetrische* Profile identisch verschwinden. Setzt man dagegen *schleichende* Bewegung der Flüssigkeit voraus, so folgt mit $Re^* = 0$ für alle, *auch asymmetrischen* Profile, $\varepsilon_k = 0$. Die fördertechnischen Charakteristiken werden also bei der schleichenden Bewegung einer Newtonschen Flüssigkeit durch die gleichzeitige Umkehrung des Durchsatz- und Drehsinnes nicht beeinflußt[1]. Diese theoretische Schlußfolgerung ist auch experimentell verifiziert worden [23].

Da wir uns nun den technischen Gesichtspunkten und der Diskussion von experimentellen Ergebnissen zuwenden, wollen wir nicht mehr von einer unendlich langen Schneckenanordnung, sondern von realen Schneckenmaschinen sprechen. Einige Versuchsergebnisse zeigen, daß der Einfluß von L/d (L ist hier die faktische Länge der Spindel) auf die fördertechnischen Charakteristiken der Schnecken (Newtonsche Flüssigkeiten, schleichende Bewegung) geringfügig ist und etwa ab $L/t > 2$ (t ist die Steigung des Profils) vernachlässigt werden kann. Zugleich werden wir anstatt Ω und R die technisch gebräuchlichen Größen, Schneckendrehzahl $n = \Omega/2\pi$ und Nenndurchmesser $d = 2R$, verwenden. Dadurch wird allerdings die Identität zwischen der Drehmoment- und der Leistungscharakteristik aufgehoben.

Im folgenden werden wir uns nur mit den linearen fördertechnischen Charakteristiken der Schnecken

$$\frac{\Delta p\, d}{\eta\, n\, L}, \quad \frac{P}{\eta\, n^2\, L\, d^2}, \quad \frac{K}{\eta\, n\, L\, d} = f\left(\frac{q}{n\, d^3}\right) \tag{6.2.33}$$

---

[1] Dies gilt jedoch nicht für die nicht-Newtonschen Stoffe: Wie wir in Abschn. 5.3 gezeigt haben, tritt bei den allgemeinen rheologischen Stoffen eine zusätzliche dimensionslose Prozeßvariable $\pi(\Theta)$ auf, die hier die Form $\pi(\Theta) = \Omega \cdot \Theta$ hat. Der entsprechende Ausdruck lautet daher $G_k(Q^*, -Re^*, -\Omega \cdot \Theta) - G_k(Q^*, Re^*, \Omega \cdot \Theta)$ und ist bei $Re^* = 0$ nicht notwendig gleich Null.

bei schleichender Bewegung Newtonscher Flüssigkeiten befassen. In Bild 6.2.3 sind die fördertechnischen Charakteristiken des dort skizzierten Schneckenprofils dargestellt, die an zwei Schnecken mit $d = 60$

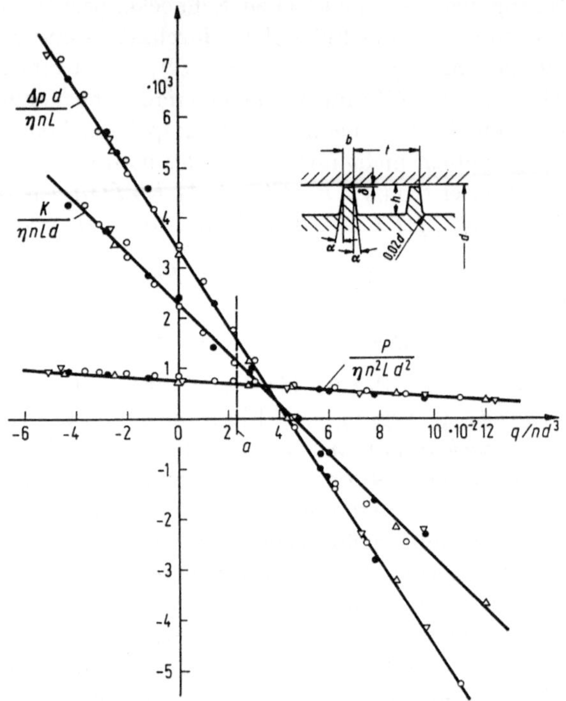

Bild 6.2.3 Fördertechnische Charakteristiken eines Schneckenprofils (schleichende Bewegung Newtonscher Flüssigkeiten). Die Messungen sind an zwei Schnecken mit $d = 60$ und 90 mm ($L = 320$ mm) und einem geometrisch ähnlichen Profil ($t/d = 0,33$, $b/d = 0,04$, $h/d = 0,15$, $\delta/d = 1,5 \cdot 10^{-2}$, $\alpha = 4°$) durchgeführt worden.

n Schneckendrehzahl; q Flüssigkeitsdurchsatz; P Leistungsaufnahme; K Axialkraft an der Spindel; η Viskosität der Flüssigkeit (Schneckendrehzahl zwischen 5 und 15 U/min, drei verschiedene Flüssigkeiten). Der Schnitt a entspricht dem Optimalbetrieb mit $P/(q \cdot \Delta p) =$ min, Bez. (6.2.47).

Zeichen: ($\bullet$) $d = 60$ mm, $\eta = 98$ Poise;

($\triangledown$) $d = 90$ mm, $\eta = 35$ Poise;

($\triangle$) $d = 90$ mm, $\eta = 73$ Poise;

($\bigcirc$) $d = 90$ mm, $\eta = 98$ Poise.

Die Achsenabschnitte ergeben folgende Werte der Profilparameter [Bez. (6.2.34—36)]:

$$A_1 = 4,23 \cdot 10^{-2}, \qquad A_2 = 3,36 \cdot 10^3;$$
$$B_1 = 21,0 \cdot 10^{-2}, \qquad B_2 = 0,78 \cdot 10^3;$$
$$C_1 = 4,55 \cdot 10^{-2}, \qquad C_2 = 2,30 \cdot 10^3.$$

und 90 mm ($L/d = 5,35$ bzw. 3,56) im Viskositätsbereich 35 bis 100 Poise bei verschiedenen Drehzahlen der Schnecke experimentell ermittelt worden sind[1].

---

[1] In der aufgenommenen Axialkraft, die auf die Spindel ausgeübt wird, ist auch die von Δp herrührende zusätzliche Kraft $\Delta p \cdot F$ (F ist die Größe der Stirnfläche der Spindel) mit erfaßt.

Werden die fördertechnischen Charakteristiken (6.2.33) auf die Form

$$\frac{1}{A_1}\,\frac{q}{n\,d^3} + \frac{1}{A_2}\,\frac{\Delta p\,d}{\eta\,n\,L} = 1 \qquad (6.2.34)$$

$$\frac{1}{B_1}\,\frac{q}{n\,d^3} + \frac{1}{B_2}\,\frac{P}{\eta\,n^2\,L\,d^2} = 1 \qquad (6.2.35)$$

$$\frac{1}{C_1}\,\frac{q}{n\,d^3} + \frac{1}{C_2}\,\frac{K}{\eta\,n\,L\,d} = 1 \qquad (6.2.36)$$

gebracht, so legen die Konstanten A_i, B_i und C_i die Achsenabschnitte der betreffenden Geraden fest. Wie auch die Größen $G_k(0,0)$ und $H_k(\infty,0)$ in (6.2.27) bzw. (6.2.28) hängen diese Konstanten nur von

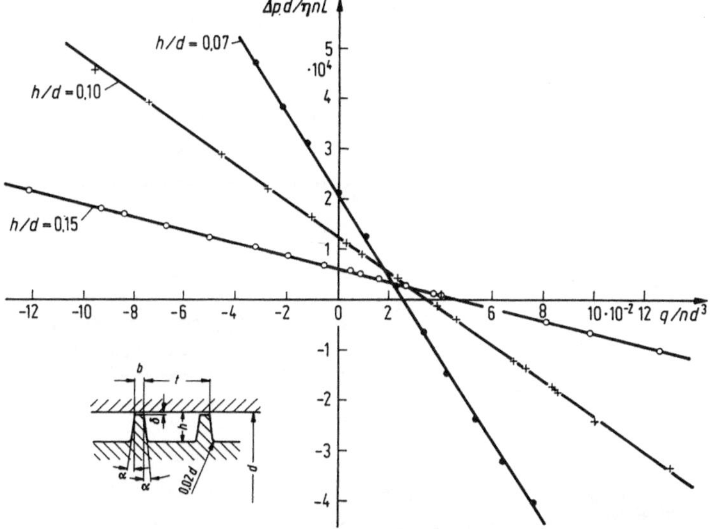

Bild 6.2.4 Einfluß von h/d auf die Druckcharakteristik ($t/d = 0{,}33$; $b/d = 0{,}04$; $\delta/d = 0{,}5\cdot10^{-2}$; $\alpha = 4°$).

der Profilgeometrie der Schnecke, also bei gleichmäßigen Profilen — nur von der profilerzeugenden Funktion Φ (Bild 6.1.3), ab. Wir werden daher diese Konstanten, die die Grundlage für die fördertechnische Berechnung von Schnecken bilden, als *fördertechnische Profilparameter* bezeichnen. In Bild 6.2.4 und 6.2.5 sind die Druckcharakteristiken für Profile mit unterschiedlichen Werten von h/d bzw. δ/d dargestellt. Außerdem bringen wir in Bild 6.2.6 die Druck- und die Leistungscharakteristik für ein Schneckenprofil komplizierterer Geometrie, um die Allgemeingültigkeit der durchgeführten Diskussion zu demonstrieren.

Bereits die im Bild 6.2.4 dargestellten Druckcharakteristiken zeigen, daß es *druckintensive* und *durchsatzintensive* Profile gibt. Die ersten

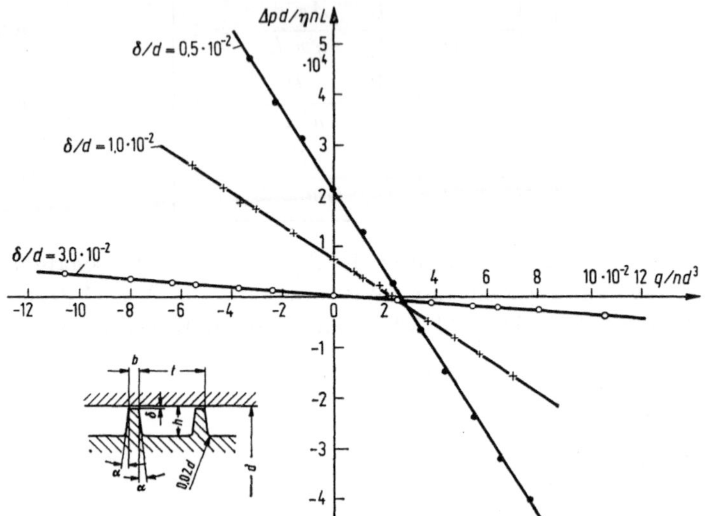

Bild 6.2.5 Einfluß von δ/d auf die Druckcharakteristik ($t/d = 0,33$; $b/d = 0,04$; $h/d = 0,07$; $\alpha = 4°$).

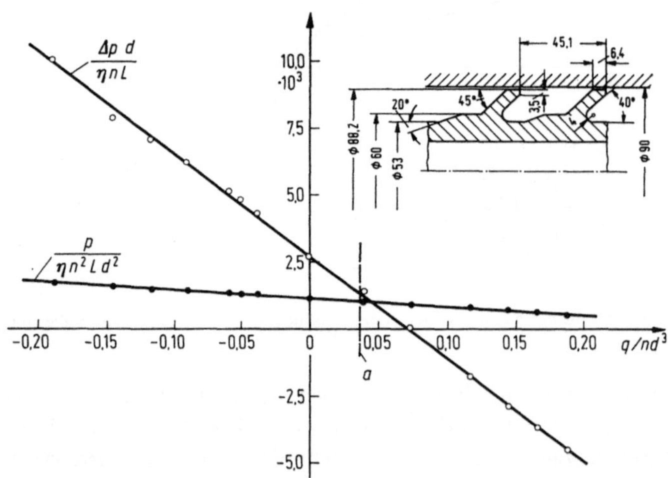

Bild 6.2.6 Druck- und Leistungscharakteristik eines Profils komplizierter Geometrie. Der Schnitt a entspricht dem Optimalbetrieb mit $P/(q \cdot \Delta p) = \min$, Bez. (6.2.47).

eignen sich vorwiegend für Extruder, die das Fördergut bei einem verhältnismäßig geringen Durchsatz gegen hohen Druck pressen, wogegen das eigentliche Anwendungsgebiet für durchsatzintensive Profile bei

Schneckenpumpen liegt, die einen großen Flüssigkeitsdurchsatz gegen geringeren Druck zu bewältigen haben. Es kommt also bei der Auslegung von Schneckenmaschinen darauf an, ein geeignetes Profil zu wählen.

Für die verfahrenstechnische Anwendung von Schnecken ist häufig die in der Flüssigkeit dissipierte Leistung H von Bedeutung, die gleich der Differenz zwischen der Antriebsleistung P und der Pumpleistung $q \cdot \Delta p$,

$$H = P - q\,\Delta p \tag{6.2.37}$$

ist (der Leistungsbetrag, der in die kinetische Energie der Flüssigkeit umgesetzt wird, ist bei zähen Flüssigkeiten vernachlässigbar gering). In Verbindung mit (6.2.34) und (6.2.35) erhält man aus (6.2.37) zwei verschiedene Formen der *Dissipationscharakteristik*

$$\frac{H}{\eta\, n^2\, L\, d^2} = \frac{A_2}{A_1}\left(\frac{q}{n\, d^3}\right)^2 - \left(A_2 + \frac{B_2}{B_1}\right)\frac{q}{n\, d^3} + B_2 \tag{6.2.38}$$

und

$$\frac{H}{q\,\Delta p} = \frac{A_1}{A_2}\frac{B_2}{B_1}\frac{B_1 - \dfrac{q}{n\, d^3}}{\left(A_1 - \dfrac{q}{n\, d^3}\right)\dfrac{q}{n\, d^3}} - 1, \tag{6.2.39}$$

die im Gegensatz zu der Leistungscharakteristik (6.2.35) keine linearen Funktionen von $q/n\, d^3$ sind und ein Minimum durchlaufen.

Zwischen den fördertechnischen Profilparametern bestehen *unabhängig von der Profilgeometrie* einige Zusammenhänge: Auf Grund des Impuls- und des Drehimpulssatzes der Mechanik haben die Axialkraft K und das Drehmoment M bei $\Delta p = 0$ dasselbe Vorzeichen wie bei $q = 0$, so daß die Ungleichungen

$$B_1/A_1 > 1, \tag{6.2.40}$$

und

$$C_1/A_1 > 1 \tag{6.2.41}$$

bestehen. Eine weitere Bedingung für die Profilparameter ergibt sich aus dem positiv definiten Charakter des Minimums von $H/\eta\, n^2\, L\, d^2$:

$$4\, B_2 \frac{A_2}{A_1} - \left(A_2 + \frac{B_2}{B_1}\right)^2 > 0. \tag{6.2.42}$$

Für die fördertechnische Berechnung der Schnecken ist die Kenntnis des Bereiches der Reynolds-Zahl $Re = \varrho\, n\, d^2/\eta$ wichtig, in dem die Voraussetzungen der schleichenden Bewegung zutreffend sind. Das Bild 6.2.7 zeigt die Druckcharakteristiken eines Profils in einem Re-Bereich zwischen 0,17 und 600 unter Beachtung der Isothermieforderung.

Die Ergebnisse stehen im Einklang mit der allgemeinen Beziehung

$$f(\Delta p\,d/\eta\,n\,L,\ q/n\,d^3,\ \varrho\,n\,d^2/\eta) = 0,\qquad(6.2.43)$$

vgl. Beziehung (6.2.18), und zeigen, daß die Druckcharakteristiken bis etwa $Re = 100$ eine von Re unabhängige Gerade bilden, die der Beziehung (6.2.34) entspricht. Der Gültigkeitsbereich der linearen Schneckencharakteristiken hängt von der Profilgeometrie und insbesondere

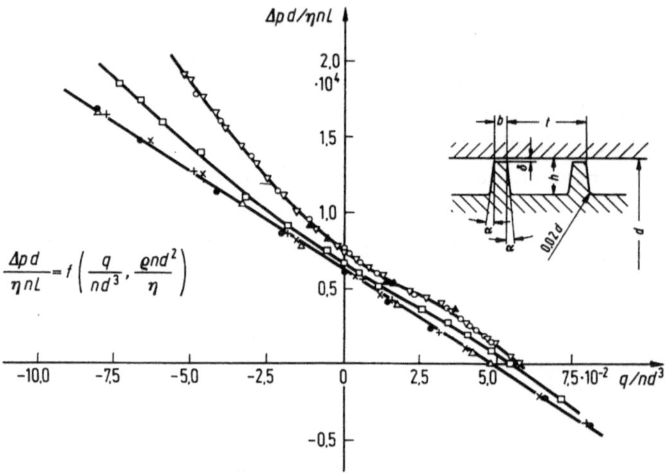

Bild 6.2.7 Einfluß der Reynolds-Zahl auf die Druckcharakteristik eines Profils
(aufgenommen mit Siliconölen).

(●) $Re = 0,17$, $\eta = 17,0$ Poise; (□) $Re = 240$, $\eta = 0,48$ Poise;
(+) $Re = 1,8$, $\eta = 6,4$ Poise; (○) $Re = 600$, $\eta = 0,48$ Poise;
(×) $Re = 9,2$, $\eta = 6,4$ Poise; (▽) $Re = 600$, $\eta = 0,30$ Poise;
(△) $Re = 40$, $\eta = 1,5$ Poise; (▲) $Re = 600$, $\eta = 0,11$ Poise.

Profilgeometrie: $d = 60$ mm; $t/d = 0,33$; $b/d = 0,04$; $h/d = 0,15$; $\delta/d = 0,5 \cdot 10^{-2}$; $\alpha = 4°$; $L/d = 5,34$.

vom Verhältnis h/d ab. Obwohl über diese Frage keine systematischen Untersuchungen bekannt sind, zeigt das Bild 6.2.7, daß dieser Bereich recht groß ist und wohl die meisten technisch interessanten Fälle umfaßt.

In diesem Zusammenhang soll jedoch beachtet werden, daß die Linearität der Schneckencharakteristiken nicht notwendigerweise bedeutet, daß die Massendichte ϱ völlig irrelevant ist: Die Schneckencharakteristiken bringen nur recht summarisch die Struktur des Strömungsfeldes zum Ausdruck. Je subtiler der Einfluß der Strömungsstruktur auf einen Vorgang ist, bei desto kleineren Re-Werten macht sich die Massenträgheit darauf bemerkbar (vgl. Abschn. 6.5).

Durch die Druckcharakteristik (6.2.34), die das fördertechnische Verhalten der Schnecken im engeren Sinne des Wortes erfaßt, wird die $(q/n\,d^3)$-Koordinate in drei Abschnitte, $q/n\,d^3 < 0$, $0 \leqq q/n\,d^3 \leqq A_1$

und $A_1 < q/n\,d^3$, unterteilt, die unterschiedlichen Fahrweisen einer Schnecke entsprechen: Im Bereich $0 \leqq q/n\,d^3 \leqq A_1$ herrscht das konventionelle Betriebsregime, bei dem die Schneckenmaschine, mehr oder weniger gedrosselt, aktiv fördert. Die beiden übrigen Betriebsbereiche können nur mit Hilfe einer zusätzlichen Fördervorrichtung, z. B. einer formschlüssigen Pumpe, realisiert werden. Bei $q/n\,d^3 > A_1$ wird die Flüssigkeit im Sinne der Schneckenförderung mit einem überhöhten Durchsatz durch die Schnecke gedrückt, wobei im Bereiche $q/n\,d^3 > B_1$ die Schnecke wie eine Turbine von der Flüssigkeit angetrieben wird. Dieser Bereich läßt sich zwar verwirklichen, ist jedoch verfahrenstechnisch ohne Bedeutung. Der Betriebsbereich $q/n\,d^3 < 0$ liegt vor, wenn die Flüssigkeit entgegen dem Fördersinn der Schnecke durch die Schneckenmaschine gedrückt wird. Diesen beiden Bereichen, in denen die Schnecke als ein Strömungswiderstand wirkt, kommt in misch- und wärmetechnischer Hinsicht besondere Bedeutung zu (s. Abschn. 6.4 und 6.5). Da die Werte $q/n\,d^3 = 0$ und $q/n\,d^3 = A_1$ die Betriebsbereiche abgrenzen, ist es zweckmäßig, die Abszisse der Druckcharakteristik durch Einführung eines *kinematischen Parameters*

$$\boxed{\;\Lambda \equiv \frac{1}{A_1}\,\frac{q}{n\,d^3}\;} \qquad (6.2.44)$$

zu normieren, so daß die obigen Grenzen durch $\Lambda = 0$ und $\Lambda = 1$ für alle Schneckenprofile fixiert werden[1]. Dieser kinematische Parameter wird gelegentlich Drosselparameter genannt, doch ist diese Bezeichnung nur für den Bereich $0 \leqq \Lambda \leqq 1$ zutreffend.

Das bereits erwähnte Minimum der Dissipationscharakteristik (6.2.39) liegt im Bereich der aktiven Förderung $0 < \Lambda \leqq 1$ und entspricht einem Betriebszustand mit der kleinsten Dissipationsleistung H bei vorgegebenen Werten von q und Δp. Für diesen *optimalen* Betriebszustand gelten die nachstehenden Zusammenhänge: Wird in (6.2.39) Λ substituiert, so folgt die Beziehung

$$\frac{P}{q\,\Delta p} = \frac{H}{q\,\Delta p} + 1 = \frac{B_2}{A_1 A_2}\,\frac{1 - \dfrac{A_1}{B_1}\Lambda}{(1 - \Lambda)\,\Lambda} \equiv f(\Lambda). \qquad (6.2.45)$$

Für das Minimum von $f(\Lambda)$ erhält man:

$$\Lambda_{\min} = \left(1 + \sqrt{1 - A_1/B_1}\right)^{-1}, \qquad (6.2.46)$$

$$R \equiv \left(\frac{P}{q\,\Delta p}\right)_{\min} = \frac{B_2}{A_1 A_2}\,\Lambda_{\min}^{-2} \qquad (6.2.47)$$

---

[1] Dies gilt nur für die schleichende Strömung der Newtonschen Flüssigkeiten: sowohl bei hinreichend großen Re-Werten als auch beim Fördern von nicht-Newtonschen Stoffen stimmt der Abszissenpunkt $\Lambda = 1$ mit $q_{\Delta p=0}/n\,d^3$ im allgemeinen nicht überein (s. Bild 6.2.7 und Bild 6.3.2).

bzw.

$$\frac{A_1}{B_1} = \frac{2\Lambda_{\min} - 1}{\Lambda_{\min}^2} \tag{6.2.48}$$

$$\frac{B_2}{A_1 A_2} = R\,\Lambda_{\min}^2, \tag{6.2.49}$$

so daß die Beziehung (6.2.45) auf die Form

$$\frac{P}{q\,\Delta p} = R\,\frac{\Lambda_{\min}^2 - (2\Lambda_{\min} - 1)\cdot\Lambda}{\Lambda\cdot(1 - \Lambda)} \tag{6.2.50}$$

gebracht werden kann, die wir noch benötigen werden.

Der Betriebszustand $\Lambda = \Lambda_{\min}$ entspricht der kleinsten spezifischen Dissipation H/q, d. h. der niedrigsten Wärmebelastung der Flüssigkeit, die bei vorgeschriebenen Werten von q und Δp in Verbindung mit einem gewählten Profil erreicht werden kann. In Bild 6.2.3 und 6.2.6 ist dieser optimale Betriebszustand markiert.

Bei der Auslegung von Schnecken ist es zweckmäßiger, neben den Profilparametern A_k die Parameter $\Lambda_{\min}$ und R anstatt der Profilparameter B_k heranzuziehen. Die letzteren lassen sich erforderlichenfalls aus (6.2.48) und (6.2.49) berechnen.

In Bild 6.2.8 und 6.2.9 sind die experimentell ermittelten *Berechnungsunterlagen* für eine größere Klasse von Schneckenprofilen zusammengestellt, mit denen praktisch alle Probleme der *fördertechnischen Auslegung* von Schnecken bewältigt werden können. Es handelt sich

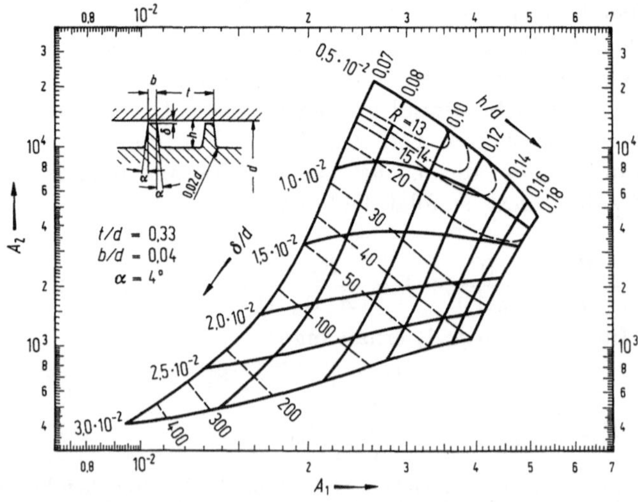

Bild 6.2.8 Ein Netznomogramm zur fördertechnischen Auslegung von Schnecken mit einem Profil der skizzierten Profilklasse.
A_1 und A_2 Profilparameter der Druckcharakteristik (6.2.34), R ein Parameter gemäß (6.2.47).

dabei um homologe Profile mit h/d und δ/d als Parameter. Das Netz-nomogramm 6.2.8 gibt die Zusammenhänge

$$A_k = A_k(h/d, \delta/d) \quad (k = 1, 2), \tag{6.2.51}$$

und

$$R = R(h/d, \delta/d) \tag{6.2.52}$$

wieder. Der entsprechende Zusammenhang $A_{\min}(h/d, \delta/d)$ reduziert sich praktisch auf eine Beziehung $A_{\min} = f(\delta/h)$, die in Bild 6.2.9 dargestellt ist. Nach (6.2.40) und (6.2.46) ist $A_{\min} > 0{,}5$[1] und nähert sich bei $\delta/h \to 1$ dem Wert 0,5.

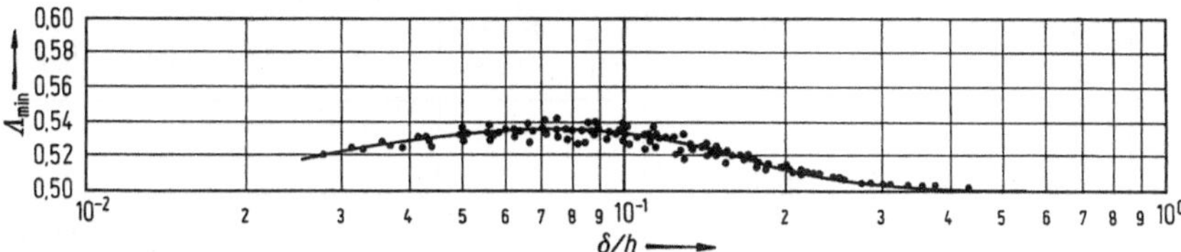

Bild 6.2.9 Abhängigkeit der Lage des Optimalzustandes ($A_{\min}$) von δ/h für die in Bild 6.2.8 dargestellte Profilklasse.

Aus der Vielzahl der möglichen Aufgaben, die mit diesen Unter-lagen gelöst werden können, wollen wir drei Gruppen von Auslegungs-problemen besprechen, die in der Tab. 6.2.1 zusammengefaßt dargestellt sind: Bei den beiden ersten Problemstellungen wird eine Schnecken-maschine für einen bestimmten, fördertechnisch festgelegten *Betriebs-zustand* gesucht, wogegen bei dem dritten in der Tabelle dargestellten Problem von einer Schnecke gefordert wird, daß sie für eine ge-gebene Flüssigkeit und $n = $ const eine vorgeschriebene *Arbeitsgerade* $f(q, \Delta p) = 0$ ergibt.

Bei dem ersten Auslegungsproblem wird eine Schnecke gesucht, die bei gegebener Viskosität η einen vorgeschriebenen Flüssigkeitsdurch-satz q gegen eine gegebene Druckdifferenz Δp fördert. Dies kann in Verbindung mit einem beliebigen Profil erreicht werden. Für die zu berechnenden Größen d, L und n liegen nur zwei Bestimmungsgleichun-gen (6.2.44) und (6.2.34) vor, wobei A einen beliebigen Wert im Inter-vall $0 < A < 1$ haben kann. Wie man sieht, stehen hier für den Schnek-kenentwurf, auch bei einem festgelegten Profil, mehrere Freiheits-grade zur Verfügung, so daß es möglich ist, die Auslegung der Schnecke nach irgendwelchen zusätzlichen Gesichtspunkten vorzunehmen.

Im Falle eines fördertechnischen Problems mit vorgegebenen Werten $(\eta, q, \Delta p, P)$ kommen von der untersuchten Profilklasse nur solche

---

[1] Da $A_{\min}$ auch für das recht ausgefallene Profil in Bild 6.2.6 einen Wert von 0,526 hat, kann man bei Überschlagsrechnungen für beliebige Schneckenprofile von dem Näherungswert $A_{\min} \cong 0{,}52$ ausgehen.

Tabelle 6.2.1

	Vorgegebene Größen	Einschränkungen für Profil	Bedingungen für Λ	Bestimmungsgleichungen für d, L, n (und P)
1	η, q, Δp	keine	freier Parameter	$n\,d^3 = q/(A_1\,\Lambda)$ $n\,L/d = \Delta p/(\eta\,A_2(1-\Lambda))$ P wird aus Gl. (6.2.50) berechnet
2	η, q, Δp, P	$R \leqq P/(q\cdot\Delta p)$	$\Lambda = \Lambda_1, \Lambda_2$ Wurzeln der Gl. (6.2.50)	$n\,d^3 = q/(A_1\,\Lambda_k)$ $n\,L/d = \Delta p/(\eta\,A_2(1-\Lambda_k))$
3	η, $q_{\Lambda=1}$, $\Delta p_{\Lambda=0}$	keine		$n\,d^3 = q_{\Lambda=1}/A_1$ $n\,L/d = \Delta p_{\Lambda=0}/(\eta\,A_2)$ $P_{\Lambda=0} = q_{\Lambda=1}\,\Delta p_{\Lambda=0}\,R\,\Lambda_{\min}^2$ [a]

[a] Diese Beziehung folgt aus (6.2.49), wenn dort, entsprechend der Definition von A_1, A_2 und B_2 als betreffende Achsenabschnitte, $A_1 = q_{\Lambda=1}/n\,d^3$, $A_2 = \Delta p_{\Lambda=0}\,d/\eta\,n\,L$ und $B_2 = P_{\Lambda=0}/\eta\,n^2\,L\,d^2$ eingesetzt wird.

Profile in Frage, deren Feldpunkte im Netznomogramm der Bedingung $R \leq P/(q\,\Delta p)$ genügen. Die gestellten Forderungen können für ein festgelegtes Profil nur bei zwei bestimmten Λ-Werten — den Wurzeln der quadratischen Gl. (6.2.50) — erfüllt werden. Diese beiden Λ_k-Werte genügen der Bedingung

$$0 < \Lambda_1 \leqq \Lambda_{\min} \leqq \Lambda_2 < 1 \tag{6.2.53}$$

und sind bei $R = P/(q\,\Delta p)$ gleich dem betreffenden Wert $\Lambda_{\min}$. Zwischen Λ_1 und Λ_2 besteht, wie man in Verbindung mit (6.2.50) leicht nachprüfen kann, die Beziehung

$$\Lambda_1 + \Lambda_2 - \frac{2\Lambda_{\min} - 1}{\Lambda_{\min}^2}\,\Lambda_1\,\Lambda_2 = 1. \tag{6.2.54}$$

Es werden somit jedem Profil, welches mit den gestellten fördertechnischen Forderungen verträglich ist, zwei Gruppen von Entwurfsmöglichkeiten zugeordnet, wobei $\Lambda_2 > \Lambda_{\min}$ kleinere, aber schneller laufende Schnecken ergibt als $\Lambda_1 < \Lambda_{\min}$, wenn man das L/d-Verhältnis festhält. Dieser Umstand ist für den Konstrukteur wie für den Verfahrensingenieur interessant: Es gibt zu jedem Schneckenentwurf mit den Abmessungen d und L stets eine *Alternativentwurfsmöglichkeit* (d', L') mit dem gleichen Profil, die für dieselbe Flüssigkeit übereinstimmende Werte von q, Δp, n und P gewährleistet. Zwischen den geometrischen Abmessungen beider Entwurfsvarianten bestehen die nachstehenden Zusammenhänge:

$$\left(\frac{d'}{d}\right)^3 = \frac{\Lambda\,[\Lambda_{\min}^2 - (2\,\Lambda_{\min} - 1)\,\Lambda]}{(1 - \Lambda)\,\Lambda_{\min}^2} \qquad (6.2.55)$$

und

$$\frac{L'/d'}{L/d} = \frac{(1 - \Lambda)\,[\Lambda_{\min}^2 - (2\,\Lambda_{\min} - 1)\,\Lambda]}{\Lambda\,(1 - \Lambda_{\min})^2} \qquad (6.2.56)$$

mit $\Lambda = \dfrac{1}{\Lambda_1}\,\dfrac{q}{n\,d^3}$, die man aus den Bestimmungsgleichungen in der
Tab. 6.2.1 mit Rücksicht auf (6.2.54) erhält. Falls dabei die Bedingung
$P/(q\,\Delta p) = R$ erfüllt ist $(\Lambda_1 = \Lambda_2 = \Lambda_{\min})$, sind beide Entwurfsvarianten identisch.

Während sich die beiden ersten Problemstellungen der Tab. 6.2.1
auf einen bestimmten fördertechnischen Betriebszustand beziehen, wird
bei dem dritten Problem von der Schnecke das Einhalten einer vorgeschriebenen (linearen) Druck-Durchsatz-Kennlinie $\Delta p\,(q)$ bei einer
konstanten (vorgeschriebenen oder frei zu wählenden) Drehzahl gefordert. Diese Fragestellung tritt u. a. auf, wenn die Schnecke in ein
Regelsystem einbezogen wird, so daß es auf ihr fördertechnisches Verhalten bei der Änderung von Betriebsparametern ankommt. Für den
Bereich der aktiven Förderung $0 < \Lambda \leqq 1$ gibt der Wert $P_{\Lambda=0}$ den
maximalen Leistungsbedarf bei völliger Drosselung des Durchsatzes an
(vgl. Bild 6.2.3), der für die Auslegung des Antriebes maßgebend ist.

Zur Wahl eines geeigneten Schneckenprofils, d. h. eines Aufpunktes
im Parameterfeld des Netznomogramms 6.2.8, sei noch folgendes bemerkt: Vom *fördertechnischen* Standpunkt aus ist die „Leckströmung"
im Spalt zwischen Spindelkamm und Zylinder ein reiner Verlust; man
würde daher Profile mit einem möglichst kleinen δ/d-Wert anstreben,
sich also, im Rahmen der untersuchten Profile, auf die Punkte der
Grenzlinie $\delta/d = 0{,}5 \cdot 10^{-2}$ des Netznomogramms beschränken und,
je nachdem, ob druck- oder durchsatzintensive Profile erwünscht sind,
kleinere oder größere h/d-Werte wählen. Soll jedoch eine Schnecke noch
weitere verfahrenstechnische Aufgaben, z. B. das Homogenisieren der
Flüssigkeit oder die Wärmeübertragung am Schneckenzylinder, erfüllen,
so ist die Wahl des Profils nach zusätzlichen Gesichtspunkten vorzunehmen: So zeigen z. B. einige Untersuchungen, daß bei kleinen Werten
der relativen Spaltweite δ/d die wärmetechnische und insbesondere die
mischtechnische Wirksamkeit einer Schnecke zurückgeht (vgl. Abschnitte 6.4 und 6.5 sowie Bild 6.5.3). Dieser Fragenkomplex ist zur
Zeit noch sehr wenig erforscht.

Abschließend soll gezeigt werden, daß die Charakteristiken (6.2.34)
bis (6.2.36), (6.2.38) und (6.2.39) auch für die Schnecken mit einem
ungleichförmigen Profil gültig sind: Es ist evident, daß das fördertechnische Verhalten (schleichende Strömung eines Newtonschen Fluids)

10*

dieser Schnecken durch die Zusammenhänge

$$\left.\begin{array}{l} \Delta p\,(n,\,q,\,\nu,\,d),\\[4pt] M\,(n,\,q,\,\nu,\,d),\\[4pt] K\,(n,\,q,\,\nu,\,d) \end{array}\right\} \qquad (6.2.57)$$

bestimmt wird, die durch die *Gesamtheit* der geometrischen Gegebenheiten, einschließlich der Schneckenlänge L, festgelegt sind. Handelt es sich dabei um eine Schnecke mit einem veränderlichen Durchmesser, so ist unter d ein charakteristischer, z. B. der größte Durchmesser der Schnecke zu verstehen.

Diese Zusammenhänge lassen sich analog zu (6.2.20) und (6.2.21) durch die dimensionslosen Gleichungen der Form

$$\Delta p\,d/\eta\,n\,L,\ M/\eta\,n\,L\,d^2,\ K/\eta\,n\,L\,d = f\,(q/n\,d^3) \qquad (6.2.58)$$

bzw.

$$\Delta p\,d^4/\eta\,q\,L,\ M\,d/\eta\,q\,L,\ K\,d^2/\eta\,q\,L = f\,(q/n\,d^3) \qquad (6.2.59)$$

darstellen, wobei die rechtsstehenden Funktionen durch die Schneckengeometrie festgelegt sind. Da es sich auch hier um Lösungen eines linearen Randwertproblems handelt, können die Größen Δp, M und K, ungeachtet der komplizierteren Schneckengeometrie, als Überlagerung zweier Teillösungen für $q = 0$ und $n = 0$ entsprechend den Gln. (6.2.26) interpretiert werden. Damit ist hier der gleiche mathematische Sachverhalt gegeben wie bei der Diskussion der gleichförmigen Schnecken, so daß die Schneckencharakteristiken (6.2.34) bis (6.2.36), (6.2.38) und (6.2.39) auch für nichtgleichförmige Schnecken gültig sind. Die Profilparameter sind allerdings jetzt, im Gegensatz zu den gleichförmigen Schnecken, durch die *Gesamtheit* der geometrischen Gegebenheiten, einschließlich der Länge L, bedingt.

Besteht eine Spindel bei $d = \text{const}$ aus m gleichförmigen Teilabschnitten, so gelten für die Effektivwerte der Profilparameter der zusammengesetzten Schnecke die Gleichungen

$$\left.\begin{array}{ll} (A_1)_{\text{eff}} = \dfrac{\displaystyle\sum_{k=1}^{m} \pm\, S_k\,(A_2)_k}{\displaystyle\sum_{k=1}^{m} S_k\,(A_2/A_1)_k}, & (A_2)_{\text{eff}} = \displaystyle\sum_{k=1}^{m} \pm\, S_k\,(A_2)_k,\\[28pt] (B_1)_{\text{eff}} = \dfrac{\displaystyle\sum_{k=1}^{m} S_k\,(B_2)_k}{\displaystyle\sum_{k=1}^{m} \pm\, S_k\,(B_2/B_1)_k}, & (B_2)_{\text{eff}} = \displaystyle\sum_{k=1}^{m} S_k\,(B_2)_k,\\[28pt] (C_1)_{\text{eff}} = \dfrac{\displaystyle\sum_{k=1}^{m} \pm\, S_k\,(C_2)_k}{\displaystyle\sum_{k=1}^{m} S_k\,(C_2/C_1)_k}, & (C_2)_{\text{eff}} = \displaystyle\sum_{k=1}^{m} \pm\, S_k\,(C_2)_k. \end{array}\right\} \qquad (6.2.60)$$

Mit $(A_1, A_2)_k$, $(B_1, B_2)_k$ und $(C_1, C_2)_k$ sind die Profilparameter der Teilabschnitte und mit $S_k = L_k/L$ deren Längenanteile bezeichnet. Diese Gleichungen ergeben sich aus (6.2.24) bis (6.2.36), wenn man $\varDelta p$, P und K für die gesamte Schnecke als algebraische Summe der entsprechenden Größen für die einzelnen Teilabschnitte darstellt. Das negative Vorzeichen gilt für die Teilabschnitte, deren Profile einen entgegengesetzten Drall besitzen, so daß diese Abschnitte im negativen $\varLambda$-Bereich als „Bremsschnecke" [53] betrieben werden. Diese Vorzeichenregel folgt aus den unmittelbar evidenten Beziehungen

$$\left.\begin{aligned}
\varDelta p_k \, d/\eta \, n \, L_k &= -f(-q/n \, d^3), \\
P_k/\eta \, n^2 \, L_k \, d^2 &= f(-q/n \, d^3), \\
K_k/\eta \, n \, L_k \, d &= -f(-q/n \, d^3),
\end{aligned}\right\} \qquad (6.2.61)$$

die für die „Bremsschnecken"-Teilabschnitte gelten.

Für Schnecken, deren Profil sich mit der z-Koordinate stetig verändert, und die über ihre ganze Länge einen gleichsinnigen Drall besitzen, gelten annähernd die Gleichungen

$$(R_2)_{\text{eff}} = 1/L \int_0^L R_2(z) \, dz \qquad (6.2.62)$$

und

$$(R_2)_{\text{eff}}/(R_1)_{\text{eff}} = 1/L \int_0^L R_2(z)/R_1(z) \, dz, \qquad (6.2.63)$$

worin R für die Symbole A, B und C steht. Die Funktionen $R_1(z)$ und $R_2(z)$ geben den Verlauf der „lokalen" Parameterwerte entlang der Schneckenachse wieder. Diese Gleichungen folgen aus (6.2.60), wenn man dort den Grenzübergang zu unendlich vielen elementaren Teilabschnitten vollzieht.

6.3 Fördertechnische Eigenschaften (nicht-Newtonsche Stoffe)

Die fördertechnischen Charakteristiken der Schnecken haben in Verbindung mit nicht-Newtonschen Stoffen vom Typ I (Abschn. 5.2), wenn man von den entsprechenden Gleichungen (6.1.8) ausgeht und den Korrespondenzzusammenhang (5.3.2) beachtet, die nachstehende Form:

$$\frac{\varDelta p \, d}{H \, n \, L}, \; \frac{P}{H \, n^2 \, L \, d^2}, \; \frac{K}{H \, n \, L \, d} = f\left(\frac{q}{n \, d^3}, \; \frac{\varrho \, n \, d^2}{H}, \; \frac{L}{d}, \; n \, \Theta, \; \pi_{\text{rheol}}\right), \; (6.3.1)$$

worin Θ und H zwei charakteristische dimensionsbehaftete und π_{rheol} dimensionslose Stoffkonstanten sind, s. (5.2.19). Bei den Stoffen, deren rheologisches Verhalten auch durch die „Vorgeschichte" mitbestimmt wird, hängen die f-Funktionen in (6.3.1) nicht nur von der Geometrie des Schneckenprofils, sondern auch von den Strömungsgegebenheiten ab, die *vor* der Schnecke wirksam sind. Zu beachten ist ferner, daß der

(L/d)-Parameter hier einen stärkeren Einfluß haben kann als bei Newtonschen Flüssigkeiten (die rheologische Einlaufstrecke ist unter Umständen wesentlich länger als die hydrodynamische):

Im Falle der schleichenden Bewegung, die gerade beim Fördern von hochkonsistenten Kunststoffmassen in der Regel vorliegt, geht (6.3.1) in die Beziehungen

$$\frac{\Delta p\, d}{H\, n\, L}\,,\ \frac{P}{H\, n^2\, L\, d^2}\,,\ \frac{K}{H\, n\, L\, d} = f\left(\frac{q}{n\, d^3}\,,\ n\, \Theta\,,\ \frac{L}{d}\,,\ \pi_{\text{rheol}}\right) \qquad (6.3.2)$$

über[1].

Diese Zusammenhänge sind nachstehend am Beispiel der Druckcharakteristiken zweier geometrisch ähnlicher Schnecken in Verbindung mit einem verhältnismäßig komplizierten rheologischen Stoffsystem (Bild 6.3.1) experimentell verifiziert: Das System hat eine Fließgrenze $\tau_0 = 5 \cdot 10^2$ dyn/cm², die das asymptotische Anschmiegen der Fließkurve an die Gerade a bedingt. Bei höherer Schergeschwindigkeit strebt die Viskosität des Systems einem konstanten Wert zu (Asymptote b).

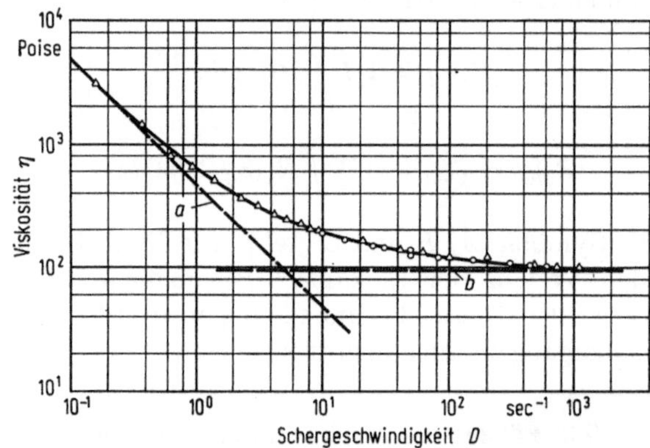

Bild 6.3.1 Gleichgewichtsfließkurve einer Mischung aus Heißdampfzylinderöl und Al-Stearat (etwa 7%), aufgenommen in einem Rotationsviskosimeter (Radienverhältnis $\alpha = 0,935$) bei 22 °C. Die Asymptote a entspricht einer Fließgrenze $\tau_0 = 5 \cdot 10^2$ dyn/cm², die Asymptote b bestimmt den Wert der rheologischen Konstante $H = 97$ Poise. Die Zeitkonstante ist als $\Theta = H/\tau_0 = 0,194$ s definiert.

Die Druckcharakteristiken $\Delta p\, d/H\, n\, L = f(q/n\, d^3,\, n\, \Theta)$ sind in Bild 6.3.2 dargestellt: Als Stoffkonstanten des Systems sind dabei

$$H = \lim_{D \to \infty} \eta \qquad (6.3.3)$$

und

$$\Theta = \frac{H}{\tau_0} \qquad (6.3.4)$$

gewählt. Die Kurven b und c sind bei jeweils konstanter Drehzahl, d. h. bei $\pi(\Theta) \equiv n\, \Theta = $ const [s. (5.3.2)] aufgenommen. In Bild 6.3.2

---

[1] Man beachte die Fußnote auf Seite 137.

ist ferner die Druckcharakteristik (*a*) für den Newtonschen Fall ein-
gezeichnet. Mit wachsendem n, d. h. mit zunehmender Beanspruchung

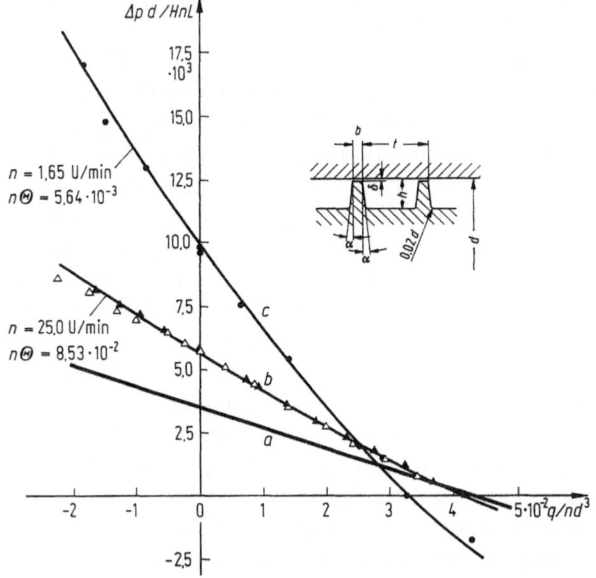

Bild 6.3.2 Druckcharakteristik einer Schnecke in Verbindung mit dem Stoffsystem von Bild 6.3.1
bei 21,8 °C. Die Meßpunkte (▲, ●) sind bei $d = 60$ mm, (△) bei $d = 90$ mm ermittelt worden.
Rheologische Konstanten: $H = 103$ Poise, $\Theta = 3,42 \cdot 10^{-3}$ min. Die Gerade *a* entspricht dem
Newtonschen Fall ($t/d = 0,33$; $b/d = 0,04$; $h/d = 0,152$; $\delta/d = 0,015$; $L/d = 3,55$).

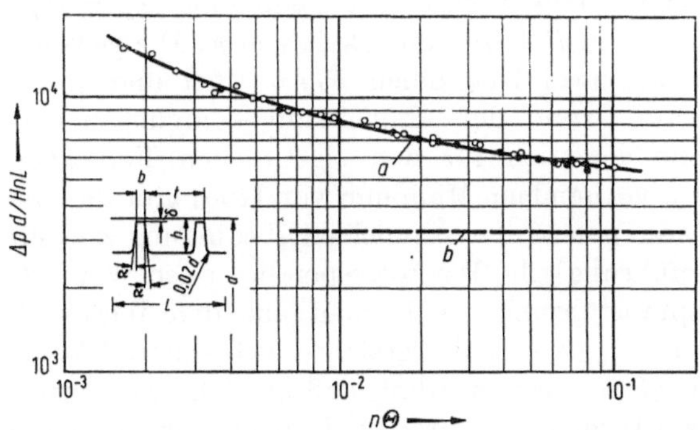

Bild 6.3.3 Innere Druckcharakteristik $\Delta p\, d/H\, n\, L = f(n\,\Theta)$ bei $q/n\, d^3 = 0$ für das Stoffsystem
von Bild 6.3.1 und zwei geometrisch ähnliche Schnecken mit $d = 60$ mm und 90 mm. Profil wie
in Bild 6.3.2. Asymptote *b* entspricht dem Ordinatenabschnitt der linearen Druckcharakteristik
des Newtonschen Falles.

der Substanz, gehen die Kurven allmählich in diese Gerade über, weil
sich die Substanz dabei in zunehmendem Maß wie eine Newtonsche
Flüssigkeit verhält. In Bild 6.3.3 ist schließlich für $q = 0$ die Beziehung
$\Delta p\, d/H\, n\, L = f(n\, \Theta)$ dargestellt (innere Charakteristik der Schnecke),

die sich asymptotisch der Geraden b nähert, deren Lage durch den Wert des Profilparameters A_2 (6.2.34) festgelegt ist.

Der Habitus der Schneckencharakteristiken und insbesondere der Einfluß der pi-Variablen $\pi(\Theta)$ darauf hängen von der Definition der rheologischen Parameter H und Θ ab und sind daher, auch bei einer gegebenen Schnecke und einem gegebenen rheologischen Stoff, nicht eindeutig, solange die Definitionen von H und Θ nicht festgelegt sind. Allerdings lassen sich Charakteristiken, die bei derselben Substanz mit unterschiedlich definierten H und Θ dargestellt sind, leicht ineinander überführen.

Wir haben in Abschn. 5.3 gezeigt, daß bei der Verwendung ein und derselben rheologischen Substanz eine Ähnlichkeitsübertragung möglich ist, sofern es sich um isotherme schleichende Bewegung handelt. Dieser grundsätzliche Sachverhalt wird nachstehend am Beispiel einer Schneckenauslegung erläutert: Es sollen für eine gegebene nicht-Newtonsche Substanz aus Versuchen mit einer Modellschnecke die Größe (d) und die Drehzahl n einer geometrisch ähnlichen Schnecke bestimmt werden, die diese Substanz mit einem Minimum der Antriebsleistung bei gegebenen Werten q_0 und Δp_0 fördert [vgl. Beziehung (6.2.47) für den Newtonschen Fall].

Werden die Modellversuche mit der Originalsubstanz bei schleichender Strömung durchgeführt, so folgt aus (6.3.2) mit $L/d =$ idem, $n =$ idem und $\Delta p =$ idem, daß zugleich auch die Relationen q/d^3 = idem und $P/q =$ idem gelten. Daraus ergibt sich folgendes *Versuchs- und Auswertungsprogramm*: Man führe in einer Modellschnecke fördertechnische Versuche unter der Bedingung $\Delta p = \Delta p_0$ durch und ermittle dabei q und P in Abhängigkeit von n. Die gewonnenen Ergebnisse werden als zwei Kennlinien $P/q = f_1(n)$ und $q/d^3 = f_2(n)$ dargestellt, die auf Grund der Ähnlichkeitsbedingungen sowohl für die Modellversuche als auch für den eigentlichen Fördervorgang gültig sind. Das etwa vorhandene Minimum von (P/q) gibt die optimale Drehzahl n_{opt} an, die gemäß der Ähnlichkeitsbedingung $n =$ idem auch für die Hauptausführung gilt. Die korrespondierenden Werte d_{opt} und P_{opt} für die Hauptausführung erhält man aus den Werten $(q/d^3)_{n_{opt}}$ und $(P/q)_{n_{opt}}$ mit $q = q_0$, womit die gestellte Aufgabe vollständig gelöst ist.

Abschließend sei noch erwähnt, daß im Falle des Ostwald-de Waeleschen Fluids (Abschn. 5.4) in den Beziehungen (6.3.2) anstelle von H die Gruppe $K\,n^{m-1}$ tritt[1], während rechts nur die Argumente $q/(n\,d^3)$ und m stehen[2]; die Druckcharakteristik hat in diesem Falle

---

[1] K ist hier nicht die Axialkraft, sondern die Stoffkonstante, vgl. Beziehung (5.4.1).

[2] Der Parameter L/d ist insofern praktisch irrelevant als bei dem Ostwald-de Waeleschen Fluid das momentane Einstellen des jeweiligen rheologischen Zustandes (keine Zeiteffekte) vorausgesetzt wird.

die Form

$$\frac{\Delta p\, d}{K\, n^m L} = f\left(\frac{q}{n\, d^3}, m\right). \tag{6.3.5}$$

Sie ist für einen Rechteckkanal numerisch ausgewertet worden [50; 52]. Auf die Unvollständigkeit des damit festgelegten pi-Raumes haben wir schon in Abschn. 5.4 hingewiesen.

6.4 Ähnlichkeitstheoretische Diskussion der Mischvorgänge in Schnecken

Die gute Homogensierwirkung der Schnecken, insbesondere beim Mischen von hochviskosen Flüssigkeiten, beruht auf der komplizierten Strömungsstruktur im Schneckenkanal, wobei der „Leckströmung" im Spalt zwischen dem Zylinder und dem Spindelkamm eine wichtige Rolle zufällt. In Bild 6.4.1 ist ein Modell dargestellt, das einen Teil

Bild 6.4.1 Stationärer Verlauf und fortschreitende Verzweigung einer Strömungsröhre in der Schnecke (ruhende Spindel, rotierender Zylinder).

Die den Punkt a am Grund des Schneckenkanals passierende Röhre wird vom Zylinder erfaßt und um die Schneckenachse herumgeführt (b). Im Punkt c wird ein Teil der Röhre durch die „Leckströmung" am Spindelkamm als Sekundärröhre d abgezweigt, die eine ähnliche Situation durchläuft wie die Primärröhre. Im Modell sind Primär- bis Tertiarröhren dargestellt. Alle Röhren zeigen im Strömungsfeld ein periodisches Muster (Länge der Periode ist durch A gegeben); e Rotationssinn des Zylinders; f Förderrichtung. Das Modell gibt die Verhältnisse etwa bei $A = 0{,}2$ wieder.

der Strömungsstruktur zeigt, die für die Mischwirkung der Schnecken bestimmend ist. Diesem Modell liegen visuelle Beobachtungen und Aufnahmen der Strömungslinien zugrunde, die an einer Schnecke mit ruhender Spindel und rotierendem durchsichtigem Zylinder gemacht worden sind: Das Modell zeigt den stationären Verlauf und die fortschreitende Verzweigung einer Flüssigkeitsröhre, die im Punkt a am

Grund des Schneckenkanals ihren „Ursprung" hat (Einfärbung durch eine stationäre Markierungsquelle). Der dargestellte Strömungszustand entspricht ungefähr dem Wert $\Lambda = 0{,}2$ s. Beziehung (6.2.44). Die markierte Röhre steigt in einem Bogen an der rückwärtigen Spindelflanke (vgl. Bild 6.2.1) bis zum rotierenden Zylinder, wird von ihm erfaßt und um die Schneckenachse herumgeführt (b) bis die Röhre nunmehr von der Vorderflanke der Spindel wieder auf den Grund des Schneckenkanals geleitet wird, wo sie einen zu Punkt a homologen Punkt durchläuft und in den nächsten Bewegungszyklus eintritt. Beim Auflaufen gegen die Vorderflanke (c) wird von dieser Röhre eine Sekundärröhre abgezweigt und vom Zylinder über den Spindelkamm hinweg um die Schneckenachse herumgeführt (d). Die Sekundärröhre durchläuft den gleichen (azimutal verschobenen) Bewegungszyklus wie die Primärröhre, zweigt ihrerseits eine Tertiärröhre ab usw., so daß schließlich ein weitverzweigtes kompliziertes Strömungsmuster entsteht. Die Axialausdehnung A eines Zyklus hängt vom Betriebszustand der Schnecke, d. h. von Λ, ab (Bild 6.4.2). Die Homogenisierwirkung einer Schnecke

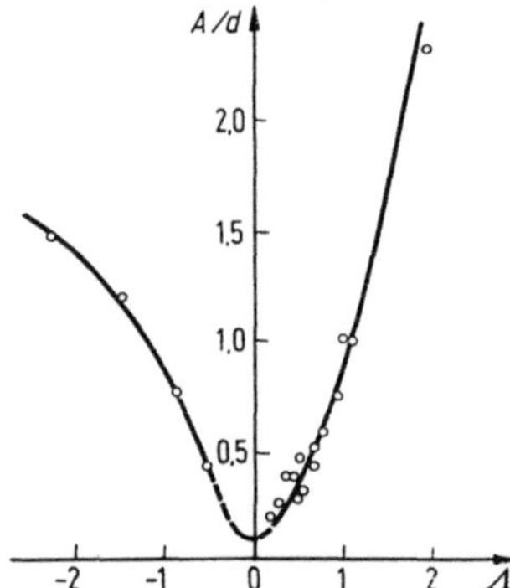

Bild 6.4.2 Abhängigkeit der relativen Zykluslänge A/d (s. Bild 6.4.1) von Λ. Je kleiner A/d ist, desto intensiver ist die Homogenisierwirkung der Schnecke.

ist um so besser, je kleiner das Verhältnis A/d ist. Der Verzweigungsmechanismus läßt die Bedeutung der „Leckströmung" erkennen; er ist (für $\Lambda = $ const) besonders wirksam, wenn bei der Verzweigung (Punkt c) zwei gleich starke Röhren entstehen.

Nachstehend werden die ähnlichkeitstheoretische Erfassung der Homogenisiereigenschaften der Schnecken und einige Fragen der *Modellübertragung* diskutiert: Durch eine Schnecke mit gleichmäßigem Profil und hinreichender Länge ströme eine Newtonsche Flüssigkeit, welcher im Eintrittsquerschnitt der Schnecke markierte Flüssigkeit mit gleichen Stoffeigenschaften stationär zugeführt wird. Für die quantitative Erfassung der fortschreitenden Vermischung kann der *Variationskoeffizient v* (relative Streuung) der Verteilung beider Komponenten im Schneckenquerschnitt als eine Funktion der Mischlänge L herangezogen werden[1]. Nach einer gewissen Mischlänge kommt es schließlich zu einer *vollständigen Vermischung* beider Komponenten bzw., falls die Markierung des Teilstromes durch dispergierte Partikel (z. B. Farbpigmente) erfolgte, zu einer *stochastisch homogenen Verteilung* dieser Partikel [54]. Bei den verfahrenstechnischen Mischprozessen ist es jedoch im allgemeinen nicht erforderlich, den Mischvorgang bis zum Erreichen der vollständigen (bzw. der stochastischen) Homogenität fortzuführen. Es gibt in der Regel einen *kleinsten Bereich* mit der charakteristischen Länge a, innerhalb dessen die noch vorhandene Inhomogenität der Zusammensetzung nicht mehr relevant ist. Die Größe eines solchen Mindestbereiches hängt von den mischtechnischen Forderungen ab, die an das Mischgut gestellt werden: So verlangt z. B. das Mischen von pharmazeutischen Komponenten ein wesentlich geringeres a als das Mischen von Betonmassen. Die Varianz eines *gegebenen* Inhomogenitätsfeldes nimmt mit wachsendem a monoton ab, so daß diese charakteristische Längenabmessung, obwohl keine eigentliche Einflußgröße des Mischvorganges, dennoch als ein Parameter in der Prozeßgleichung

$$v = f(L, d, n, q, \nu, D, \varphi, a) \tag{6.4.1}$$

auftritt, welche die Abhängigkeit des Variationskoeffizienten v von der Mischlänge L, dem Schneckendurchmesser d, der Schneckendrehzahl n, dem Durchsatz q der Flüssigkeit, der kinematischen Viskosität ν der Flüssigkeit, dem Diffusionskoeffizienten D der Mischkomponenten, dem Anteil φ der markierten Flüssigkeit im Durchsatz und der charakteristischen Länge a erfaßt. Die entsprechende pi-Beziehung kann in der Form

$$v = f(a/d, \Lambda, Re, Sc, \varphi, L/d) \tag{6.4.2}$$

dargestellt werden, wobei der kinematische Parameter Λ, Beziehung (6.2.44), die Reynolds-Zahl Re und die Schmidt-Zahl Sc entsprechend den Gleichungen

$$\Lambda \equiv \Lambda_1^{-1} \, q/n \, d^3, \qquad Re \equiv n \, d^2/\nu, \qquad Sc \equiv \nu/D \tag{6.4.3}$$

definiert sind. Die Funktion in (6.4.2) hängt sowohl von der Profilgeometrie der Schnecke als auch von der Art der Zugabe der einzumischenden Komponente (am Eintrittsstutzen oder durch den Schneckenzylinder usw.) ab.

Beim Homogenisieren von hochviskosen Flüssigkeiten unter den Bedingungen der schleichenden Bewegung wird weder die Struktur der Strömung durch die Masseträgheit der Flüssigkeit beeinflußt, noch findet bei der hohen Viskosität der Flüssigkeit ein nennenswerter diffusiver Stofftransport statt, so daß dabei Re und Sc als Einflußgrößen

---

[1] Wir gehen hier auf andere aus der Literatur bekannte Homogenitätsmaße nicht ein. Näheres s. z. B. in [24].

10a*

entfallen. Das Mischen ist unter diesen Bedingungen ein *rein kinematischer* Vorgang, eine Folge der bereits erläuterten komplizierten Strömungsstruktur (Bild 6.4.1).

In Bild 6.4.3 ist der Variationskoeffizient v der Verteilung von Eisenpulver (Teilchengröße $<10\ \mu$m) in Silikonöl (kinematische Viskosität $\nu = 1{,}4$ bzw. 6,8 St) als Funktion des kinematischen Parameters

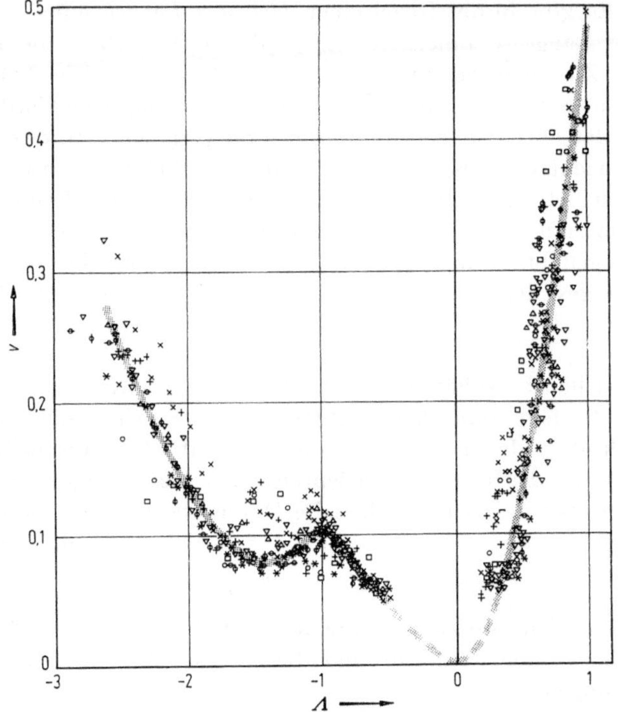

Bild 6.4.3 Homogenisierwirkung einer Schnecke. Einfluß des kinematischen Parameters Λ auf den Variationskoeffizient v der Verteilung von Eisenpulver im Flüssigkeitsstrom am Schneckenaustritt. Der Nebenstrom mit Eisenpulver tritt durch den Schneckenzylinder ein.

Daten der Schnecke: $d = 80$ mm, $L/d = 5{,}23$, Schneckenprofil wie in Bild 6.2.3.

Silikonöl (1,4 und 6,8 St), $\varphi = 0{,}14$, $a/d = 2 \cdot 10^{-2}$. Zeichenerklärung: $\Lambda \cdot Re = 2{,}14$ ($\times$), 2,85 ($+$), 3,57 ($\bigcirc$), 4,28 ($\square$), 10,4 ($\triangle$), 13,9 (∇), 17,4 ($\ominus$), 19,1 (Φ), 20,8 (∗). Die Werte für $\Lambda \cdot Re < 10$ sind mit Silikonöl $\nu = 6{,}8$ St, für $\Lambda \cdot Re > 10$ mit Silikonöl $\nu = 1{,}4$ St ermittelt worden.

dargestellt [60]. Der Vermischungsgrad wurde am Austrittsstutzen einer Schnecke ($d = 80$ mm, $L/d = 5{,}23$) durch optische Transmissionsmessung im Abtastverfahren erfaßt, wobei $a/d = 2 \cdot 10^{-2}$ ist. In der Umgebung von $\Lambda = 0$ geht v im apparatetechnisch bedingten Störpegel unter. Bei $\Lambda = 0$ ist mit $q = 0$ die Verweilzeit des Mischgutes in der Schnecke unendlich groß, so daß sich dabei mit Sicherheit die *stochastische Homogenität* einstellt; der dazugehörige Wert von v

unterscheidet sich nur wenig von Null. Der wahrscheinliche Verlauf der Kurve in der Meßlücke ist durch eine gestrichelte Linie angedeutet. Die Versuche sind bei $\varphi = 0{,}14$ und gleichbleibendem mittlerem Eisenpulvergehalt im Bereich der Reynolds-Zahlen $10^0 < Re < 10^2$ durchgeführt worden. Jedes Zeichen im Bild 6.4.3 entspricht einem konstanten Wert von $q/\nu\,d = A_1\,\Lambda\,Re$ (und zugleich einem konstanten Wert der mittleren Verweilzeit der Flüssigkeit in der Schnecke). Ein eventueller Einfluß von $\Lambda\,Re$ (und somit von Re) ist wegen der Streuung der Punkte nicht signifikant. Die Schmidt-Zahl Sc ist bei diesen Versuchen irrelevant (Feststoffpartikel). Der asymmetrische Verlauf der Kurve $v(\Lambda)$ spiegelt die bekannte verfahrenstechnische Erfahrung wider [53], wonach die Schnecken im Bereich $-1 < \Lambda < 0$ eine bessere Mischwirkung haben als im Bereich $0 < \Lambda \leqq 1$. Zwischen dem Verlauf von $v(\Lambda)$ im Bild 6.4.3 und der Funktion $A/d = f(\Lambda)$ im Bild 6.4.2 besteht offensichtlich eine enge Korrelation; es erscheint daher möglich, die schwierigen Messungen des Homogenisierzustandes durch die experimentell einfachere Bestimmung von Zykluslängen A/d zu ersetzen.

Eine pi-Beziehung der Form (6.4.2) sowie die Darstellung im Bild 6.4.3 bringen einen *kumulierten* Mischeffekt zum Ausdruck, der im Mischgut nach Zurücklegen einer gewissen Mischlänge L bzw. nach einer bestimmten mittleren Mischdauer Θ erreicht wird. Es liegt daher nahe, die Homogenisiereigenschaften eines *Schneckenprofils* durch eine geeignete *Intensitätsgröße* — einen effektiven *Mischkoeffizienten* D_eff der Quervermischung — zu beschreiben, wobei man im Sinne der Fragestellung a/d als sehr klein voraussetzen sollte.

Eine der Möglichkeiten zur Definition von D_eff besteht in der Herstellung einer Korrespondenz zwischen der Homogenisierung des Misch-

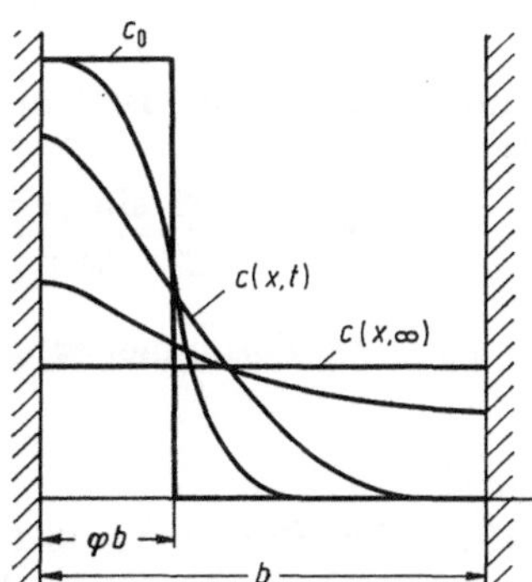

Bild 6.4.4 Ausgleichsvorgang im Kastenmodell (schematisch).

gutes im Schneckenquerschnitt und dem *Ausgleichsvorgang im Kastendiffusionsmodell*, Bild 6.4.4: Ist die Konzentrationsverteilung einer Markierungskomponente zum Zeitpunkt $t = 0$ durch das skizzierte

Kastenprofil gegeben, so genügt bekanntlich [59] der zeitliche Konzentrationsverlauf der Gleichung

$$\frac{c}{c_0} = \varphi + \frac{2}{\pi} \sum_{k=1}^{\infty} \frac{1}{k} \exp\left(-k^2 \pi^2 \frac{Dt}{b^2}\right) \cos\left(k \pi \frac{x}{b}\right) \sin(k \pi \varphi), \quad (6.4.4)$$

deren Mittelwert μ, Streuung σ^2 und Variationskoeffizient v durch die Beziehungen

$$\mu \equiv 1/b \cdot \int_0^b c \cdot dx = \varphi \cdot c_0, \quad (6.4.5)$$

$$\sigma^2 \equiv 1/b \cdot \int_0^b (c - \mu)^2 \cdot dx$$

$$= 2 c_0^2/\pi^2 \cdot \sum_{k=1}^{\infty} 1/k^2 \cdot \sin^2(k \pi \varphi) \cdot \exp(-2 k^2 \pi^2 \cdot Dt/b^2), \quad (6.4.6)$$

$$v^2 \equiv (\sigma/\mu)^2 = 2 \cdot \sum_{k=1}^{\infty} \frac{\sin^2(k \pi \varphi)}{(k \pi \varphi)^2} \cdot \exp(-2 k^2 \pi^2 \cdot Dt/b^2) \quad (6.4.7)$$

gegeben sind. Mit D ist der Diffusionskoeffizient der Markierungssubstanz bezeichnet. Die Bedeutung der übrigen Größen geht aus dem Bild 6.4.4 hervor.

Die Beziehung (6.4.7) kann zur Definition von D_{eff} und einer dimensionslosen *Mischkennzahl*

$$M \equiv D_{\text{eff}} \cdot d/q \quad (6.4.8)$$

verwendet werden. Zu diesem Zweck ordnen wir dem zeitlichen Diffusionsvorgang im Kastenmodell den Homogenisiervorgang entlang der Schnecke zu:

$$t \cong L \, d^2/q \sim \Theta, \quad b \cong d, \quad D \cong D_{\text{eff}} \quad (6.4.9)$$

und interpretieren die Beziehung (6.4.7) als eine *Definitionsgleichung* für M:

$$v^2 = 2 \cdot \sum_{k=1}^{\infty} \frac{\sin^2(k \pi \varphi)}{(k \pi \varphi)^2} \cdot \exp(-2 k^2 \pi^2 \cdot M \cdot L/d), \quad (6.4.10)$$

die somit einen Zusammenhang

$$v = f_1(\varphi, M \cdot L/d) \quad (6.4.11)$$

vermittelt.

Sofern die Beziehung (6.4.10) den Homogenisiervorgang in der Schnecke hinreichend adäquat beschreibt, hängt M von L/d und von φ nicht ab und ist somit im Gegensatz zu v eine Intensitätsgröße. Es besteht mit $a/d \to 0$ eine Beziehung der Form

$$M = f_2(\Lambda, Re, Sc), \quad (6.4.12)$$

wobei f_2 durch das Schneckenprofil gegeben ist. Durch die Heranziehung des Kastenmodells zur Definition von M nimmt die Beziehung (6.4.2) eine speziellere Form an:

$$v = f_1 \left\{ \varphi, \frac{L}{d} \cdot f_2(\varLambda, Re, Sc) \right\}, \qquad (6.4.13)$$

wobei f_1 durch die Beziehung (6.4.10) festgelegt ist, so daß die experimentelle Erforschung der Homogenisiereigenschaften von Schnecken auf die Bestimmung der inneren Funktion f_2 reduziert wird.

Die durch (6.4.10) festgelegte Beziehung $v = f_1(\varphi, M \cdot L/d)$ ist im Bild 6.4.5 für einige Werte von φ dargestellt und kann zur Berechnung

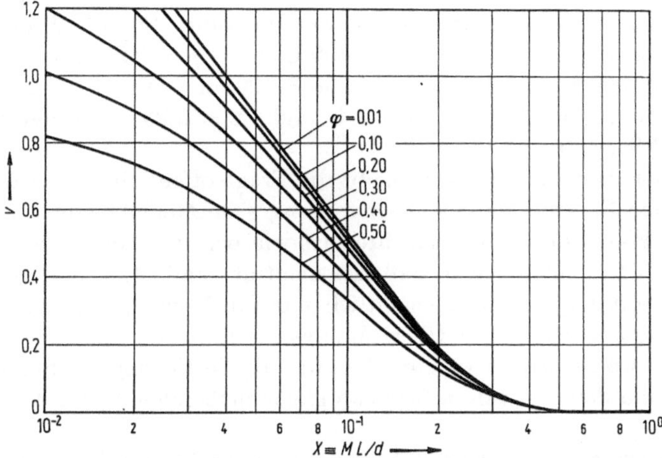

Bild 6.4.5 Zusammenhang zwischen der Mischkennzahl M, dem Mischverhältnis φ und dem Variationskoeffizient v der Zusammensetzung im Schneckenquerschnitt gemäß der Beziehung (6.4.10).

von M aus experimentell ermittelten v-Werten verwendet werden, wie es z. B. die im Bild 6.4.6 dargestellte Abhängigkeit $M(\varLambda)$ zeigt, der die experimentellen Ergebnisse aus dem Bild 6.4.3 zugrunde liegen.

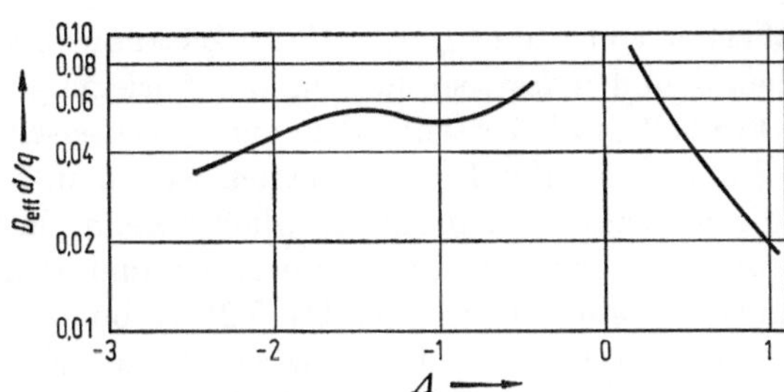

Bild 6.4.6 Einflnß von $\varLambda$ auf $M = D_{eff} \cdot d/q$. Die Kurve entspricht den experimentellen Ergebnissen in Bild 6.4.3.

11*

Ist der Zusammenhang (6.4.12) für ein Schneckenprofil bekannt, so kann man Schnecken mit dem betreffenden Profil mischtechnisch berechnen: Soll, z. B. ausgehend vom Bild 6.4.6, eine Schnecke zum Einmischen von Farbpigmenten bei gegebenen q und φ ausgelegt werden, die einen vorgeschriebenen Wert des Variationskoeffizienten v gewährleistet, so wird zunächst in Bild 6.4.5 für gegebene v und φ ein Abszissenwert X abgelesen. Zur Festlegung von d, L und n dienen die Gleichungen

$$q/n\, d^3 = A_1 \cdot \Lambda,$$
$$L/d = X/M\,(\Lambda),$$

$$(6.4.14)$$

wobei Λ frei ist und nach weiteren Gesichtspunkten (z. B. Überbrückung einer vorgegebenen Druckdifferenz Δp bei gegebener Viskosität der Flüssigkeit) festgelegt werden kann. So erhält man beispielsweise für $q = 5\ \mathrm{l/min}$, $n = 400\ \mathrm{U/min}$, $\varphi = 0{,}2$, $v = 0{,}10$ und für einen gegebenen Durchmesser $d = 100\ \mathrm{mm}$ mit $A_1 = 4{,}23 \cdot 10^{-2}$ die Werte $\Lambda = 0{,}296$, $M = 0{,}064$ und $X = 0{,}25$, aus denen sich $L/d = 11{,}8$ ergibt.

Mit der Annahme $a/d \cong 0$ bleibt die Frage offen, ob die tatsächliche statistische Beurteilung des Mischvorganges im Modellversuch mit dem gleichen Wert von a durchzuführen ist wie bei dem Hauptprozeß. Wir werden im folgenden sehen, daß dies nicht der Fall ist, so daß die erläuterte Berechnungsmethode eigentlich nur für Modellübertragungen geeignet ist, bei denen der Übertragungsmaßstab von Eins nicht stark abweicht, wo es also im wesentlichen um die Festlegung der Schneckenlänge L und der Drehzahl n bei etwa gleichbleibendem Schneckendurchmesser d geht.

Zur Diskussion der Modellübertragbarkeit bei wesentlich verschiedenen d-Werten sei angenommen, daß die Modellversuche in geometrisch ähnlichen Schnecken ($L/d =$ idem) mit dem Stoffsystem des Hauptprozesses bei $\varphi =$ idem und $v =$ idem durchgeführt werden. Unter diesen Voraussetzungen reduziert sich die Beziehung (6.4.2) auf den Zusammenhang

$$f(a/d, \Lambda, Re) = 0.$$

$$(6.4.15)$$

Bei fixierten Werten von a und q legt dieser Zusammenhang eine Beziehung zwischen d und n fest, so daß für die Auslegung einer Mischschnecke ein Freiheitsgrad besteht, der eine wechselseitig bedingte Variation von d und n erlaubt. Im allgemeinen wird man bestrebt sein, für einen gegebenen Durchsatz q eine möglichst kleine Mischschnecke zu entwerfen, was mit einer größeren Drehzahl n und somit mit einer höheren Dissipationsleistung H (s. Abschn. 6.2) verbunden ist.

Man wird daher in der Regel entweder die spezifische Wärmebelastung H/q des Mischgutes oder die spezifische Wärmebelastung H/Ld der Austauschfläche der Schnecke limitieren und dadurch d und n eindeutig festlegen. Werden mit ε_0 und ξ_0 die beiden im *Hauptprozeß* zu limitierenden spezifischen Wärmebelastungen

$$\varepsilon_0 = (H/q)_0,$$
$$\xi_0 = (H/L\,d)_0 \qquad (6.4.16)$$

bezeichnet, so wird durch die Bedingung $\varepsilon_0 = \text{const}$ bzw. $\xi_0 = \text{const}$ zwischen Λ und Re je ein Zusammenhang herbeigeführt, der sich aus der Dissipationscharakteristik (6.2.38) $H/\eta\,n^2\,L\,d^2 = f(Q) \equiv \Psi(\Lambda)$ ergibt: Führt man zwei dimensionslose Parameter $(\lambda \equiv L/d)$

$$\sigma_1 = (\varrho\,\nu^4\,\lambda/\varepsilon_0\,q_0^2)^{1/3}, \qquad (6.4.17)$$
$$\sigma_2 = (\varrho\,\nu^6/\xi_0\,q_0^3)^{1/5} \qquad (6.4.18)$$

ein, die nur bekannte Größen enthalten, so folgen aus (6.2.38) für Λ und Re die Bedingungsgleichungen

$$\sigma_1\,Re = g_1(\Lambda) \qquad (6.4.19)$$

bzw.

$$\sigma_2\,Re = g_2(\Lambda), \qquad (6.4.20)$$

worin mit g_1 und g_2 die Funktionen

$$g_1(\Lambda) = [\Lambda \cdot \Psi(\Lambda)]^{-1/3}, \qquad (6.4.21)$$
$$g_2(\Lambda) = [\Lambda^3 \cdot \Psi(\Lambda)]^{-1/5} \qquad (6.4.22)$$

bezeichnet sind, die nur vom Schneckenprofil abhängen. Sie können im voraus berechnet werden, sofern die Profilparameter A_1, A_2 und B_1, B_2 [Bez. (6.2.34) und (6.2.35)] gegeben sind.

Eine Ähnlichkeitsübertragung gemäß der Beziehung (6.4.15) ist gewährleistet, wenn für den Modellvorgang und für den Hauptprozeß die Bedingungen

$$a/d = \text{idem}, \quad \Lambda = \text{idem}, \quad Re = \text{idem} \qquad (6.4.23)$$

erfüllt sind. Da die Größe $a = a_0$ für den Hauptprozeß gewöhnlich durch technologische Erwägungen festgelegt ist, wirft die Ähnlichkeitsbedingung $a/d = \text{idem}$ die Frage nach der zweckentsprechenden Größe $a = a_M$ für den Modellvorgang auf. Die Aufgabe eines Modellmischversuches ist also sowohl die Ermittlung des Betriebszustandes der Modellschnecke als auch die Bestimmung der geeigneten Größe a_M, die der Prüfung des Modellmischvorganges zugrunde gelegt werden soll.

Die Übertragungsmethode beruht auf folgendem mathematischem Sachverhalt: Führt man einen Parameter

$$\beta \equiv a_M/a_0 \qquad (6.4.24)$$

ein, so erhält man aus den Ähnlichkeitsbedingungen (6.4.23) die Gleichungen

$$q_M/q_0 = \beta \qquad (6.4.25)$$

und

$$(d_M/d_0)^2 = n_0/n_M = \beta^2. \qquad (6.4.26)$$

Mit $a/d = \mathrm{idem} = a_M/d_M = \beta \cdot a_0/d_M$ geht die Beziehung (6.4.15) mit Rücksicht auf die Konstanz von a_0/d_M in

$$f(\beta\, a_0/d_M, \Lambda, Re) \equiv f^*(\beta, \Lambda, Re) = 0 \qquad (6.4.27)$$

über.

Die Durchführung der Modellversuche mit einer Modellschnecke sei anhand der Skizze in Bild 6.4.7 erläutert: Die an sich nicht bekannte Kurvenschar K möge den Zusammenhang (6.4.27) veranschaulichen,

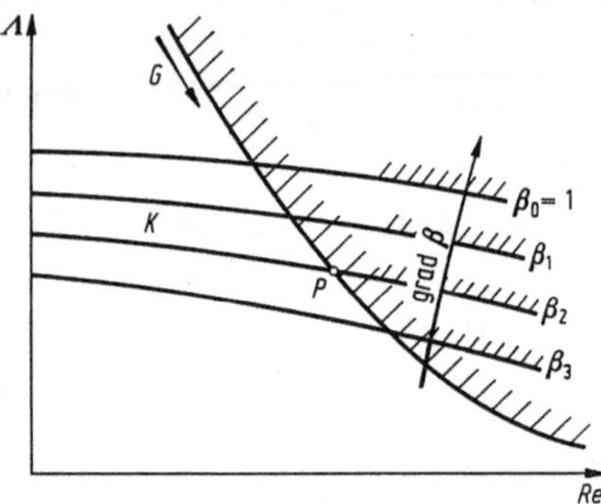

Bild 6.4.7   Zur Durchführung von Modellmischversuchen (schematisch).

während die Grenzkurve G der Beziehung (6.4.19) oder (6.4.20) entsprechen soll. Bei den Modellmischversuchen wird durch Variation von a ein geeigneter β-Wert gesucht, bei dem der Flüssigkeitsdurchsatz q_M der Gl. (6.4.25) genügt. Man verfährt dabei zweckmäßigerweise wie folgt: Zunächst wird geprüft, ob die Größe der Modellschnecke für den Hauptprozeß bereits ausreichend ist. Zu diesem Zweck wird sie mit $\beta_0 = 1$, d. h. mit $a_M = a_0$, entlang der Grenzkurve G in der angedeuteten Richtung getestet, indem man die Prozeßparameter (q, n) solange verändert, bis das Mischgut den erforderlichen Homogenitätsgrad mit dem vorgeschriebenen Wert von v erreicht hat. Der sich dabei einstellende Wert $(q_M)_1$ wird mit q_0 verglichen: Bei $(q_M)_1 < q_0$ ist die Modellschnecke für den Hauptprozeß zu klein. Es wird daraufhin ein zweiter Mischversuch mit einem kleineren a_M durchgeführt, das sich aus (6.4.24) mit $\beta_1 = (q_M)_1/q_0$ errechnet. Nachdem die erforderliche Mischgüte wieder erreicht ist, wird der neue Wert $(q_M)_2$ im Sinne von (6.4.25) geprüft. Ist diese Gleichung noch nicht befriedigt, so wird ein weiterer Mischversuch mit $\beta_2 = (q_M)_2/q_0$ durchgeführt, usw. Infolge der geringen Schärfe, mit der der Homogenitätsgrad beurteilt werden kann, dürfte man bereits nach wenigen Schritten einen sich praktisch nicht mehr verändernden β-Wert erreichen (Punkt P), mit dem aus (6.4.26) d_0 und n_0 errechnet werden.

Der vorgeschriebene Wert ε_0 für H/q (bzw. ξ_0 für $H/L\,d$) wird nur beim Hauptprozeß, nicht aber beim Modellversuch eingehalten: Mit $\Lambda = \mathrm{idem}$ und $Re = \mathrm{idem}$ folgt aus (6.4.19) $\sigma_1 = \mathrm{idem}$ bzw. aus (6.4.20)

$\sigma_2 = $ idem. Für die Durchmesserabhängigkeit der spezifischen Wärmebelastung H/q bzw. $H/L\,d$ ergeben sich daraus die Gleichungen

$$\frac{H}{q} \cdot d^2 = \text{const} \qquad (6.4.28)$$

bzw.

$$\frac{H}{L\,d} \cdot d^3 = \text{const.} \qquad (6.4.29)$$

Somit treten bei Modellversuchen (gleiches Stoffsystem, $d_M < d_0$) größere Wärmebelastungen als ε_0 bzw. ξ_0 auf. Dieser Umstand ist von
allgemeinerem Interesse, weil man bei Modellübertragungen häufig von
der Annahme der Gleichheit der spezifischen Wärmebelastung (der
spezifischen Leistung) im Haupt- und im Modellprozeß ausgeht.

6.5 Wärmetechnische Eigenschaften (Newtonsche Flüssigkeiten)

Das wärmetechnische Verhalten der Schnecken umfaßt den Wärmeaustausch an der Schneckenspindel und am Zylinder sowie den Aufbau
eines stationären Temperaturfeldes im Fluid. Wir diskutieren zunächst
den Wärmeübergang zwischen den Begrenzungsflächen einer Schnecke
und einer Newtonschen Flüssigkeit mit temperaturunabhängigen Stoffgrößen. Das thermisch entkoppelte Strömungsfeld hat, abgesehen von
Endstörungen, in allen Querschnitten der Schnecke die gleiche Struktur (s. Abschn. 6.2), so daß an der Schneckenspindel ein stationäres
Feld der Wärmeübergangszahl α herrscht, dessen Niveaulinien durch
homologe Orte der Spindeloberfläche verlaufen. Das α-Feld auf dem
Schneckenzylinder bildet hingegen ein stationäres fortschreitendes
Wellenfeld, dessen Wellenlänge gleich der Steigung der Schneckenspindel
und dessen Fortpflanzungsgeschwindigkeit proportional der Schneckendrehzahl ist. Die Amplitude dieses Wellenfeldes nimmt mit steigender
Drehzahl n monoton ab, so daß bei hinreichend hohen Werten von n
am Schneckenzylinder praktisch ein gleichmäßiges, konstantes α-Feld
herrscht.

Bei der dimensionsanalytischen Diskussion beider α-Felder ist folgendes zu beachten: Man benötigt zwar zur experimentellen Bestimmung
von α ein geeignetes Temperaturfeld, um entsprechende Wärmestrom-
dichten zu erzeugen, doch gelten diese α-Felder dank der vorausgesetzten thermischen Entkopplung ($\eta = $ const) auch für isotherme
Strömung, so daß eine charakteristische Temperaturdifferenz nicht zu
den problemrelevanten Einflußgrößen zählt. Für das α-Feld an der
Spindeloberfläche besteht demnach ein Zusammenhang

$$\alpha = f(s, d, q, n, \varrho, \eta, \lambda, c), \qquad (6.5.1)$$

worin s ein Ortsparameter der profilerzeugenden Funktion $\Phi(x)$, Bild 6.1.3, ist. Für den zeitlichen Mittelwert $\bar{\alpha}$ am Schneckenzylinder gilt ein ähnlicher Zusammenhang, jedoch ohne s. Dieser Sachverhalt kann durch pi-Beziehungen der Form

$$Nu = f_1(\Lambda, Re, Pr, s) \tag{6.5.2}$$

und

$$Nu = f_2(\Lambda, Re, Pr) \tag{6.5.3}$$

erfaßt werden, worin $Nu \equiv \alpha\, d/\lambda$ bzw. $\bar{\alpha}\, d/\lambda$, $\Lambda \equiv A_1^{-1} \cdot q/n\, d^3$, s. (6.2.44), $Re \equiv \varrho\, n\, d^2/\eta$ und $Pr \equiv c\, \eta/\lambda$ sind. Bei der schleichenden Strömung treten Re und Pr nur als Produkt $Re \cdot Pr \equiv Pe$ auf (vgl. Diskussion der Tab. 2.4.1).

Wir haben in Abschn. 6.2 bereits darauf hingewiesen, daß die Massenträgheit des Fluids in einem bestimmten Re-Bereich einige subtilere Vorgänge beeinflussen kann, obwohl sie sich in der Druck- und in der Leistungscharakteristik nicht auswirkt. Wie die nachstehend erläuterten experimentellen Untersuchungen zeigen, hängt die Wärmeübergangszahl am Schneckenzylinder von Pe *und* von Pr ab (vgl. Tab. 2.4.1, Gr. b), obwohl das fördertechnische Verhalten der Schnecke der schleichenden Bewegung des Fluids entspricht und eine von Re unabhängige lineare Druckcharakteristik (6.2.34) ergibt.

Die Beziehung (6.5.2) ist unseres Wissens bis jetzt experimentell noch nicht untersucht worden. Über die Ortsabhängigkeit $Nu(s)$ geben nur Messungen des Stoffüberganges an Schneckenflanken, auf Grund der Analogie zwischen Stoff- und Wärmetransport, ungefähren Aufschluß [51]. Der Zusammenhang (6.5.3) ist hingegen an mehreren Schneckenprofilen für $Pr = 5 \cdot 10^2$ bis $8 \cdot 10^4$ und $Re = 0{,}2$ bis 20 systematisch untersucht worden [22], wobei sich zeigte, daß die Wärmeübertragungszahl im wesentlichen durch die Richtung und Intensität der „Leckströmung" im Spalt zwischen Spindelkamm und Zylinder bestimmt wird und daß sich ein vollständiges Bild des wärmetechnischen Verhaltens einer Schnecke erst in einem Λ-Bereich ergibt, der sich weit über den Betriebsbereich der aktiven Förderung ($0 < \Lambda \leqq 1$) erstreckt.

In Bild 6.5.1 ist die experimentell ermittelte Abhängigkeit der Größe $Nu \cdot Pe^{-0,2}$ vom Anströmwinkel ψ im Spalt als Polardiagramm dargestellt. Die stark ausgeprägte Asymmetrie der Polarkurve (vgl. z. B. Punkte A und B) ist durch den Einfluß der Sekundärzirkulation Z der Kanalströmung (vgl. Bild 6.4.1) bedingt.

Die in Bild 6.5.2 zusammenfassend dargestellten Meßergebnisse werden im Sinne der pi-Beziehung (6.5.3) durch

$$\left[\frac{Nu \cdot Pe^{-0,2}}{\varphi\,(\delta/d)}\right]^{g\,(Pr,\,\delta/d)} = f\left(\Lambda \cdot \frac{d}{t}\right) \tag{6.5.4}$$

mit

$$g(Pr, \delta/d) = 0{,}6 + 3 \cdot 10^{-3} \cdot \left[\left(\frac{\delta}{d}\right)^{-1} + 7 \cdot 10^{-4} \cdot \left(\frac{\delta}{d}\right)^{-2}\right] \cdot \lg(10^5/Pr) \quad (6.5.5)$$

erfaßt. Die Funktion $\varphi(\delta/d)$, die zugleich den Wert $(Nu \cdot Pe^{-0.2})_{\max}$ angibt, ist in Bild 6.5.3 dargestellt.

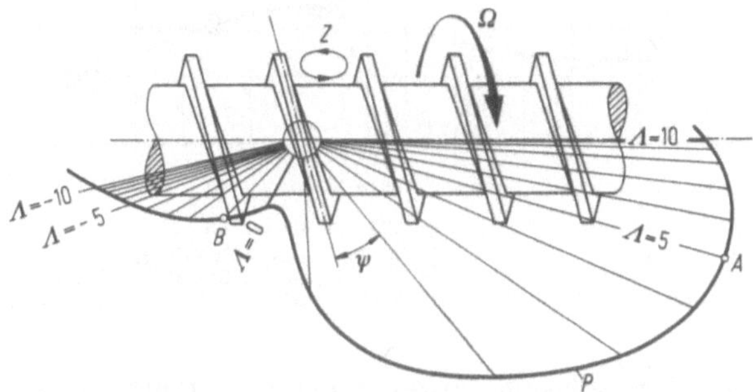

Bild 6.5.1 Zusammenhang zwischen dem Anströmwinkel ψ der Spaltströmung und der Intensität des Wärmeaustausches am Schneckenzylinder [22].

Die Polarkurve P gibt die Zuordnung $Nu\,Pe^{-0{,}2} = f(\psi)$ wieder. Die Strahlen entsprechen den ganzzahligen Λ-Werten. Der Pfeil Ω kennzeichnet den Drehsinn des Zylinders relativ zur Spindel. Fördersinn der Schnecke von links nach rechts; Z Sekundärzirkulation, A und B sind zwei Zustände mit spiegelsymmetrischen Anströmwinkeln.

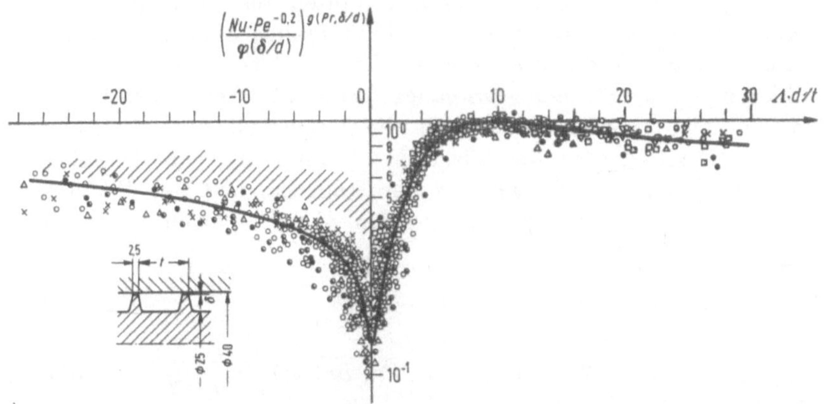

Bild 6.5.2 Wärmeübergang am Schneckenzylinder [22].

($\triangle$) $\delta/d = 0{,}25 \cdot 10^{-2}$, $t/d = 0{,}5$; ($\times$) $\delta/d = 0{,}50 \cdot 10^{-2}$, $t/d = 0{,}5$; ($\bigcirc$) $\delta/d = 1{,}25 \cdot 10^{-2}$, $t/d = 0{,}5$; ($\bullet$) $\delta/d = 1{,}25 \cdot 10^{-2}$, $t/d = 0{,}5$ (Polyamidspindel); ($\obullet$) $\delta/d = 1{,}25 \cdot 10^{-2}$, $t/d = 0{,}35$; ($\triangledown$) $\delta/d = 2{,}5 \cdot 10^{-2}$, $t/d = 0{,}5$; ($\square$) $\delta/d = 5{,}0 \cdot 10^{-2}$, $t/d = 0{,}5$ (bei $\Lambda < 0$ liegen die Meßpunkte im schraffierten Gebiet). Alle Spindeln sind, bis auf eine, aus Stahl (Verhältnis der Wärmeleitzahlen $\lambda_{\text{Stahl}} : \lambda_{\text{Polyamid}} \simeq 1{,}7 \cdot 10^2$). Die Meßpunkte sind mit mehreren Silikonölen (0,5 bis 90 Poise) ermittelt.

Der Umstand, daß das Maximum von Nu bei allen untersuchten Profilen (unabhängig von Pr) außerhalb des normalen Betriebsbereiches liegt, zeigt, daß bei Schneckenwärmeaustauschern die wärme- und die fördertechnischen Forderungen nicht mit ein und demselben Schneckenprofil optimal zu realisieren sind und daß daher diese beiden Aufgaben z. B. durch Verwendung zweier hintereinander angeordneter Profile gelöst werden sollten (s. Ausführungen über zusammengesetzte Schnekken in Abschn. 6.2).

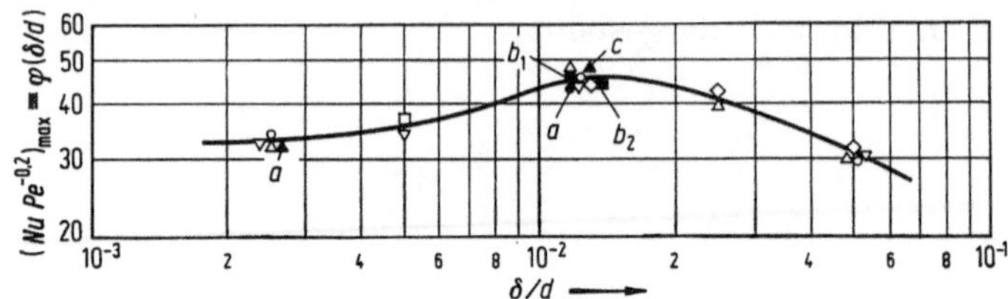

Bild 6.5.3 Einfluß der relativen Spaltweite δ/d auf $(Nu\,Pe^{-0,2})_{\max}$ [22].
($\bigtriangledown$) $Pr = 4,9 \cdot 10^2$; ($\triangle$, $\blacktriangle$) $Pr = 1,9 \cdot 10^3$; ($\square$, $\blacksquare$) $Pr = 6,8 \cdot 10^3$; ($\bigcirc$, $\bullet$) $Pr = 3,4 \cdot 10^4$; ($\Diamond$) $Pr = 8,4 \cdot 10^4$; helle Zeichen Stahlspindeln mit $b/d = 0,062$, $t/d = 0,5$; a Polyamidspindel, $b/d = 0,062$, $t/d = 0,5$; b_1 und b_2 Stahlspindeln mit $b/d = 0,125$ und $0,187$, $t/d = 0,5$; c Stahlspindel, $b/d = 0,062$, $t/d = 0,35$.

Nach diesen Versuchsergebnissen scheint es dank der engen Korrelation zwischen Nu und der Struktur der „Leckströmung" möglich, die experimentell schwierigen wärmetechnischen Untersuchungen durch einfachere strömungstechnische Testversuche zu ersetzen und diese Methode auch auf die Untersuchung der wärmetechnischen Vorgänge in Verbindung mit nicht-Newtonschen Stoffen auszudehnen.

Bei dem allgemeineren Fall einer Newtonschen Flüssigkeit mit *temperaturabhängiger Viskosität*, werden die α-Felder durch thermische Rückkopplung des Strömungsvorganges beeinflußt. Setzt man die Stofffunktion (3.5.3) voraus, so umfaßt die Relevanzliste zusätzlich den Temperaturkoeffizienten der Viskosität γ und eine charakteristische Temperaturdifferenz ΔT zwischen der Schnecke und der Flüssigkeit am Eintrittsstutzen. Die entsprechenden pi-Beziehungen lauten nunmehr

$$\text{Spindel:} \quad Nu = f_1\left(\Lambda, Re, Pr, Br, \gamma\,\Delta T, \frac{L}{d}, \frac{z}{d}, s\right), \quad (6.5.6)$$

$$\text{Zylinder:} \quad Nu = f_2\left(\Lambda, Re, Pr, Br, \gamma\,\Delta T, \frac{L}{d}, \frac{z}{d}\right) \quad (6.5.7)$$

mit der Brinkman-Zahl $Br \equiv \dfrac{\eta_0\,n^2\,d^2}{\lambda\,\Delta T}$. Interessiert man sich nur für die mittleren Effektivwerte von Nu, so entfallen in diesen Beziehungen die Ortskoordinaten s und z/d.

Abschließend sei die Änderung der *spezifischen Enthalpie* ΔH diskutiert, die eine Newtonsche Flüssigkeit in der Schnecke erfährt. Ist die Temperatur der Flüssigkeit am Eintrittsstutzen T_0 und die Temperatur der Schnecke $T_s = T_0 + \Delta T$ (dabei kann entweder die Schneckenspindel oder der Schneckenzylinder auch als adiabatisch isoliert vorausgesetzt werden), so kann die betreffende pi-Beziehung in der Form

$$B = f(\Lambda, Re, Pr, Br, \gamma\, \Delta T, L/d) \tag{6.5.8}$$

mit $B \equiv \dfrac{\Delta H\, \varrho}{\eta_0\, n}$ dargestellt werden, die bei schleichender Bewegung der Flüssigkeit in

$$B = f(\Lambda, Re\, Pr, Br, \gamma\, \Delta T, L/d) \tag{6.5.9}$$

übergeht (vgl. Tab. 2.4.1). Die Größe B bleibt durch das Irrelevantwerden von ϱ unberührt, da $\Delta H\, \varrho$ eine volumenbezogene Größe ist.

Wird in (6.5.8) die *Energiedissipation* vernachlässigt, so darf man in dieser Beziehung Br nicht einfach streichen, wie dies z. B. bei der Diskussion der Tab. 2.4.1, Spalte 9, der Fall war: Hier muß beachtet werden, daß die Größe B ebenso wie Br im Dimensionssystem (L, T, M, Θ, W), Tab. 1.4.1, das mechanische Wärmeäquivalent J als eine Dimensionskonstante enthält (s. Abschn. 1.4 und 2.5). Ist nun J wegen Vernachlässigung der Energiedissipation problemirrelevant, so muß es aus B *und* Br eliminiert werden. Die Beziehung (6.5.8) geht daher bei vernachlässigbarer Dissipation in

$$B\, Br = \frac{\Delta H\, \varrho\, n\, d^2}{\lambda\, \Delta T} = f(\Lambda, Re, Pr, \gamma\, \Delta T, L/d) \tag{6.5.10}$$

über.

Ist schließlich $\Delta T = 0$ oder sind der Zylinder *und* die Spindel der Schnecke adiabatisch isoliert, so geht die Beziehung (6.5.8) nach Eliminieren von ΔT entsprechend (3.5.17) in einen Zusammenhang der Form

$$B = f(\Lambda, Re, Pr, Br \cdot \gamma\, \Delta T, L/d) \tag{6.5.11}$$

über.

Für die *wärmetechnische Auslegung von Schnecken* ist der in Bild 6.5.4 skizzierte Fall von Bedeutung: Zwischen der die Schnecke passierenden Newtonschen Flüssigkeit (Produkt) mit $\gamma = 0$ und dem

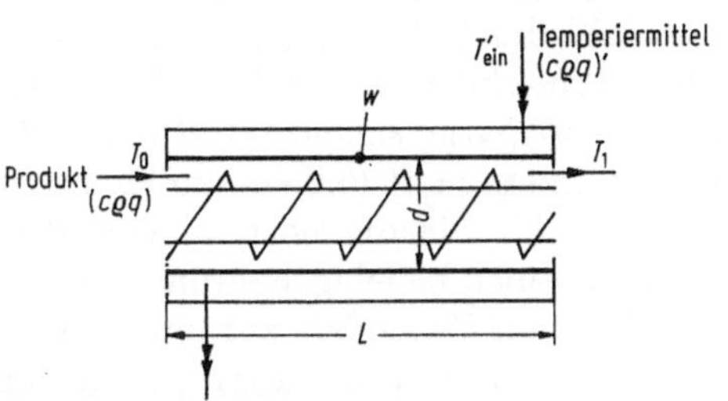

Bild 6.5.4 Schnecke als ein dissipativer Wärmeaustauscher (Gegenstrombetrieb). $c\,\varrho\,q$ und $(c\,\varrho\,q)'$ Wasserwerte der Produkt- und der Temperierflüssigkeit; T'_{ein} Eintrittstemperatur des Temperiermittels (auch im Gleichstrombetrieb); T_0 und T_1 Eintritts- und mittlere Austrittstemperatur der Produktflüssigkeit; w Wärmeübergangswiderstand vom Temperiermittel zur Innenseite des Schneckenzylinders.

Temperiermittel findet ein Wärmeaustausch statt. Die charakteristische Temperaturdifferenz zwischen dem eintretenden Temperiermittel (T'_{ein}) und dem Produkt sei $\Delta T \equiv T'_{\text{ein}} - T_0$. Die Austrittstemperatur T_1 des Produktes genügt einer dimensionslosen Prozeßgleichung der Form

$$\frac{T_1 - T_0}{\Delta T} = f(\Lambda, Re, Pr, Br, \lambda\, w/d, p, L/d), \qquad (6.5.12)$$

worin w der Wärmeübergangswiderstand zwischen dem Temperiermittel und der Innenwand (produktseitig) des Schneckenzylinders, λ die Wärmeleitzahl der Produktflüssigkeit und $p = \pm c\, \varrho\, q/(c\, \varrho\, q)'$ das Verhältnis der Wasserwerte von Produkt und Temperiermittel sind (das positive Vorzeichen gilt für Gleichstrom-, das negative für Gegenstrombetrieb). Wird die Schnecke als ein *dissipativer idealdurchströmter Wärmeaustauscher* aufgefaßt, so geht die Beziehung (6.5.12) in

$$\frac{T_1 - T_0}{\Delta T} = f_1(m, p) + r \cdot f_2(m, p) \qquad (6.5.13)$$

über [57], mit

$$f_1(m, p) \equiv \frac{1 - \exp[-(1 + p)\, m]}{1 + p \cdot \exp[-(1 + p)\, m \cdot \varepsilon]}, \qquad (6.5.14)$$

$$f_2(m, p) \equiv \frac{m^{-1} - \varepsilon \cdot p}{1 + p} \cdot f_1(m, p) + \frac{p}{1 + p} \qquad (6.5.15)$$

$$\varepsilon = \begin{cases} 0 & \text{(Gleichstrom)} \\ 1 & \text{(Gegenstrom)} \end{cases}, $$

$$r \equiv \frac{\Psi(\Lambda)}{A_1^2 \cdot \Lambda} \cdot \frac{Br}{Re \cdot Pr} \cdot \frac{L}{d}, \qquad (6.5.16)$$

$$m^{-1} \equiv \frac{1}{\pi} \cdot (L/d)^{-1} \cdot \Lambda \cdot Re \cdot Pr \cdot (\lambda\, w/d + Nu^{-1}). \qquad (6.5.17)$$

Es sind dabei: A_1 der Profilparameter der Druckcharakteristik (6.2.34) und Nu die Nusselt-Zahl des Wärmeüberganges zwischen dem Schneckenzylinder und dem Produkt gemäß (6.5.4). Die Funktion $\Psi(\Lambda)$ gibt die Abhängigkeit der Dissipationskennzahl $H/\eta\, n^2\, L\, d^2$ von Λ an, die sich aus (6.2.38) in Verbindung mit (6.2.44) ergibt. Es ist somit möglich, Schnecken mit Profilen, für die die notwendigen Parameter bekannt sind, wärmetechnisch für einen beliebigen strömungstechnischen Betrieb zu berechnen. In [57] sind Methoden zur optimalen Auslegung von Schneckenwärmeaustauschern mit kleinsten Abmessungen (d, L) angegeben.

Literaturverzeichnis

1. LANGHAAR, H. L.: Dimensional Analysis and Theory of Models, New York/London/Sydney 1965.
2. SEDOV, L. I.: Similarity and Dimensional Methods in Mechanics, London 1959.
3. KLINE, S. J.: Similitude and Approximation Theory, New York 1965.
4. SKOGLUND, V. J.: Similitude, Theory and Application, Scranton Pens. 1967.
5. DUNCAN, W. J.: Physical Similarity and Dimensional Analysis, London 1955.
6. BRIDGMAN, P. W.: Dimensional Analysis, Cambridge, Mass., 1921.
7. WALLOT, J.: Größengleichungen, Einheiten und Dimensionen, Leipzig 1957.
8. QUADE, W.: Abh. d. Braunschweig. Wiss. Ges. 13, 24 (1961).
9. THOMA, J.: Bull. Mech. Engng. Educ. 7, 213 (1968).
10. GÖRTLER, H.: ZAMM 46 (1966), Sonderheft T3.
11. GUKHMAN, A. A.: Introduction to the Theory of Similarity, New York/London 1965.
12. ZURMÜHL, R.: Matrizen, Berlin/Göttingen/Heidelberg: Springer 1950.
13. WAERDEN, B. L., van der: Algebra, I, Berlin/Göttingen/Heidelberg: Springer 1955.
14. ZLOKARNIK, M.: Chemie-Ing.-Technik 38, 357 (1966).
15. ZLOKARNIK, M., JUDAT, H.: Chemie-Ing.-Technik 39, 1163 (1967).
16. NEWITT, D. M., RICHARDSON, J. F., GLIDDON, B. J.: Trans. Instn. Chem. Engrs. 39, 93 (1961).
17. OEDJOE, D., BUCHANAN, R. H.: Trans. Instn. Chem. Engrs. 44, T364 (1961).
18. ZLOKARNIK, M.: Chemie-Ing.-Technik, 42, 1009 (1970).
19. HINZE, J. O.: A. I. Ch. E. Journ. 1, 3, 289 (1955).
20. JUDAT, H.: Unveröffentl. Berichte Farbenfabr. Bayer (1968).
21. BIRD, R. B., STEWART, W. E., LIGHTFOOT, E. N.: Transport Phenomena, New York/London 1960.
22. PAWLOWSKI, J., VILHELMSSON, T.: Chemie-Ing.-Technik 38, 1229 (1966).
23. PAWLOWSKI, J.: Chemie-Ing.-Technik 39, 1180 (1967).
24. SCHMAHL, G.: VDI-Forschungsheft 533, Düsseldorf (1968).
25. TAYLOR, G. J.: Phil. Trans. 223, 289 (1923).
26. WIEGHARDT, K.: Theoretische Strömungslehre, Stuttgart 1965.
27. KATTANEK, S., GRÖDER, R., BODE, C.: Ähnlichkeitstheorie, Leipzig 1967.
28. ENGEL, F. V. A.: VDI Z. 107, 671, 793 (1965).
29. LEVICH, V. G.: Physicochemical Hydrodynamics, Englewood Cliffs 1962.
30. LEE, S. Y., AMES, W. F.: A. I. Ch. E. Journal 12, 4, 700 (1966).
31. GRÖBER/ERK/GRIGULL: Die Grundgesetze der Wärmeübertragung, 3. Aufl., Berlin/Göttingen/Heidelberg: Springer 1963.
32. RAYLEIGH, L.: Nature, Lond. 95, 66, 664 (1915).
33. RIABOUCHINSKY, D.: Nature, Lond. 95, 591 (1915).
34. MCKELVEY, J. M.: Polymer Processing, New York/London 1962.
35. CRANK, J.: The Mathematics of Diffusion, Oxford 1956.
36. MEIER, E.: Chemie-Ing.-Technik 41, 472 (1969).
37. SIEDER, E. N., TATE, G. E.: Ind. Engng. Chem. 28, 1429 (1936).

38. GRUNTFEST, I. J.: Trans. Soc. Rheol. **9**, 1, 425 (1965).
39. MARTIN, B.: Int. J. Non-Linear Mechanics **2**, 285 (1967).
40. CHODOROV, E. I.: Journ. techn. phys. (russ.) **28**, 2324 (1958).
41. ZABLOTNY, W. W.: Przemysl Chemiczny (poln.) **11**, 633 (1964).
42. PAWLOWSKI, J.: Rheol. Acta **6**, 1, 54 (1967).
43. GIESEKUS, H.: Rheol. Acta **9**, 1 (1970).
44. PAWLOWSKI, J.: Unveröffentl. Berichte Farbenfabr. Bayer (1957—1960).
45. PAWLOWSKI, J., DORES, K.: Unveröffentl. Berichte Farbenfabr. Bayer (1960).
46. FREDRICKSON, A. G.: Principles and Applications of Rheology, Englewood Cliffs, N. J., 1964.
47. METZNER, A. B., WHITE, J. L., DENN, M. M.: A. I. Ch. E. Journal **12**, 5, 863 (1966).
48. ULBRECHT, J.: Rheol. Acta **3**, 4, 249 (1964).
49. SCHENKEL, G.: Kunststoff-Extrudertechnik, München 1963.
50. ZAMODITZ, H. J., PEARSON, J. R. A.: Trans. Soc. Rheology **13**, 3, 357 (1969).
51. PAWLOWSKI, J.: Chemie-Ing.-Technik **34**, 749 (1962).
52. MIDDLEMAN, S.: Trans. Soc. Rheology **9**, 1, 83 (1965).
53. MESKAT, W., PAWLOWSKI, J.: DBP 949162, Kl. 12e, Gr. 4/01 (1956).
54. PAWLOWSKI, J.: Chemie-Ing.-Technik **36**, 1089 (1964).
55. COURANT, R.: Vorlesungen über Differential- und Integralrechnung, Bd. 2, Berlin/Göttingen/Heidelberg: Springer 1963.
56. FRANK-KAMENETZKI, D. A.: Stoff- und Wärmeübertragung in der chemischen Kinetik, Berlin/Göttingen/Heidelberg: Springer 1959.
57. PAWLOWSKI, J.: Chemie-Ing.-Technik **40**, 349 (1968).
58. ELGETI, K., WOHLFARTH, A.: Aufbereitungs-Technik **10**, 477 (1969).
59. FRANK, PH., MISES, R.: Die Differential- und Integralgleichungen der Mechanik und Physik, Bd. II, New York 1943.
60. **PAWLOWSKI, J., HACK, H.-J.: Unveröffentl. Berichte Farbenfabr. Bayer (1970).**

Sachverzeichnis